U0620087

普通高等教育智能飞行器系列教材
航天科学与工程教材丛书

目标探测、识别与定位技术

朱学平　李亚超　李　玥　罗海波　杨　军　编著

科学出版社
北　京

内 容 简 介

本书以探测、识别与定位技术在航空航天领域中的工程应用为背景，结合当前智能技术的发展，重点讲解目标探测与识别、定位与跟踪两部分内容。全书共 12 章，主要内容包括目标探测基础理论、雷达工作原理及探测方法、光电成像探测系统及图像处理技术、激光探测原理及应用、目标定位与跟踪的滤波算法、无源定位与跟踪、机动目标跟踪等。通过学习本书，读者能系统且深入地了解目标探测、识别与定位技术的基本知识和专业技术。

本书可供飞行器控制与信息工程、探测制导与控制等相关专业本科生、研究生使用，也可作为相关专业本科生的专业选修内容，同时可供科研工作者及相关专业技术人员参考。

图书在版编目（CIP）数据

目标探测、识别与定位技术 / 朱学平等编著. --北京 : 科学出版社，2024. 12. --（普通高等教育智能飞行器系列教材）（航天科学与工程教材丛书）. -- ISBN 978-7-03-080231-6

Ⅰ. V249

中国国家版本馆 CIP 数据核字第 2024R0E519 号

责任编辑：宋无汗　杨向萍　郑小羽/ 责任校对：崔向琳
责任印制：徐晓晨 / 封面设计：迷底书装

科学出版社 出版
北京东黄城根北街 16 号
邮政编码：100717
http://www.sciencep.com
北京中石油彩色印刷有限责任公司印刷
科学出版社发行　各地新华书店经销
*
2024 年 12 月第　一　版　开本：787×1092　1/16
2024 年 12 月第一次印刷　印张：12 3/4
字数：295 000

定价：80.00 元

（如有印装质量问题，我社负责调换）

序

星河瑰丽，宇宙浩瀚。从辽阔的天空到广袤的宇宙，人类对飞行、对未知的探索从未停歇。一路走来，探索的路上充满了好奇、勇气和创新。航空航天技术广泛融入了人类生活，成为了推动社会发展、提升国家竞争力的关键力量。面向"航空强国""航天强国"的战略需求，如何培养优秀的拔尖人才十分关键。

"普通高等教育智能飞行器系列教材"的编写是一项非常具有前瞻性和战略意义的工作，旨在适应新时代航空航天领域与智能技术融合发展的趋势，发挥教材在人才培养中的关键作用，牵引带动航空航天领域的核心课程、实践项目、高水平教学团队建设，与新兴智能领域接轨，革新传统航空航天专业学科，加快培养航空航天领域新时代卓越工程科技人才。

该系列教材坚持目标导向、问题导向和效果导向，按照"国防军工精神铸魂、智能飞行器领域优势高校共融、校企协同共建、高层次人才最新科研成果进教材"的思路，构建"工程单位提需求创背景、学校筑基础拔创新、协同提升质量"的教材建设新机制，联合国内航空航天领域著名高校和科研院所成体系规划和建设。系列教材建设团队成功入选了教育部"战略性新兴领域'十四五'高等教育教材体系建设团队"。

在教材建设过程中，持续深化国防军工特色文化内涵，建立了智能航空航天专业知识和课程思政育人同向同行的教材体系；以系列教材的校企共建模式为牵引，全面带动校企课程、实践实训基地建设，加大实验实践设计内容，将实际工程案例纳入教材，指导学生解决实际工程问题、增强动手能力，打通"从专业理论知识到工程实际应用问题解决方案、再到产品落地"的卓越工程师人才培养全流程，有力推动了航空航天教育体系的革新与升级。

希望该系列教材的出版，能够全面引领和促进我国智能飞行器领域的人才培养工作，为该领域的发展注入新的动力和活力，为我国国防科技和航空航天事业发展作出重要贡献！

侯晓

中国工程院院士　侯晓

前　言

目标探测、识别与定位技术在预警探测系统、侦察定位系统、火力控制系统、精确制导系统及智能引信等诸多军事领域有着广泛的应用。本书重点讲解目标探测与识别、定位与跟踪两部分内容。前者包括雷达、光电成像和激光等不同探测模式的探测原理，以及目标识别方法；后者包括目标定位方法和机动目标跟踪理论。

本书作者长期从事探测制导、光电目标检测与识别、光电信息技术、智能化雷达目标检测与定位、电子对抗等技术的理论及应用研究，承担了多项与之相关的研究课题，并且取得了众多理论与工程实践研究成果。本书是在综合国内外相关研究的基础上，结合作者的理论、实践研究成果，进一步提炼和总结完成的。

全书从目标探测、识别与定位技术的基础理论出发，全面、系统地向读者介绍了该领域的发展情况与前沿研究成果，加入了理论知识的延伸性阅读内容，力争做到兼顾理论与实践、理念与方法，以及前沿性与实践性，旨在及时将科研成果转化为教学成果，不断推动人才培养质量的提升。

目标探测与识别技术、定位与跟踪技术在航空航天领域有着广泛的应用。本书紧密结合教育部高等教育“新工科”建设要求，既注重基本概念、基本原理和基本方法，又提供了一些拓展阅读内容。本书主要章节给出了应用实例，章后参考文献可供复习和查询相关资料，旨在培养学生专业思考能力和解决工程实际问题的能力。本书在保证编写完整性和严谨性的同时，具有兼顾学术性、工程性和创新性的鲜明特色，是培养目标探测、识别与定位领域以及相关领域高素质专门人才的前沿性基础教材。

朱学平负责编写第 1、2、11 章并负责全书统稿，李亚超负责编写第 3～6 章，罗海波负责编写第 7、8 章，杨军负责编写第 9 章，李玥负责编写第 10、12 章。在本书撰写过程中，西安电子科技大学焦玲玲老师及西北工业大学祁永乐、王欣兴、蔡海悦、郜梦雨、史昊楠、张雨格、徐一心等研究生协助完成了资料准备和书稿校对工作，在此表示衷心感谢。

本书引用了一些参考文献的研究成果，在此向各位参考文献的作者致以诚挚的谢意。

本书涉及内容广泛，限于作者的水平，书中难免存在不妥之处，欢迎读者批评指正。

目　　录

第1章

绪　论

1.1　目标探测与识别、定位与跟踪的含义

古往今来，战争的成败很大程度上取决于能否及时、有效地获取关于战场尽量多的有用信息。作战指挥员想知道的关于目标的信息无外乎四个方面：有没有？是什么？在哪里？怎么动？具体来说，即战场上有没有指挥员感兴趣的目标？目标是什么属性、什么类型？目标当前在什么位置上？目标如何运动？

前两个问题属于目标探测与识别问题，后两个问题属于目标定位与跟踪问题。

1.1.1　目标探测与识别的含义

目标探测与识别是一种综合多学科的应用技术，是以传感器技术、物理学、电子学、信息处理和人工智能等多学科理论为基础，对固定或者移动目标进行非接触测量，并对测量信号进行信息处理得到相关信息的过程[1]。

地球上所有物质都对外界辐射或反射带有自身独特信息的电磁波谱，可利用传感器(探测器)接收目标辐射或反射的电磁波，再通过信息分离、提取、增强、融合、识别等手段，最终达到信息被应用的目的。

现代化的目标信息获取可利用多种手段，包括被动目标信息获取技术(如红外成像、可见光系统等)和主动目标信息获取技术(如主动雷达或主动激光系统等)。

目标信息获取的过程从概念上可以按以下区分。

(1) 搜寻：确定场景中含有潜在目标的区域；

(2) 探测：从背景(噪声)中发现一个目标；

(3) 识别：识别出目标是哪一类型；

(4) 确认：能认清目标并确定它的类型。

1.1.2　目标定位与跟踪的含义

目标定位与跟踪是依据最优估计理论，采用线性或非线性滤波算法，对传感器(探测器)接收到的量测信息进行处理，估计目标运动要素的过程。量测信息是指被噪声污染的、与目标状态相关的传感器(探测器)观测信息，如斜距、方位角、高低角以及时差、多

普勒频率等信息。目标运动要素一般指目标运动状态，如位置、速度和加速度等[2]。

严格来说，定位和跟踪是两个有所区别的概念。定位是指某一特定时刻的目标位置参数信息，它在时空中对应的是一个个离散的点迹；跟踪是将这些离散的点迹按照一定规则串联起来，得到目标的连续运动轨迹，同时获得目标的运动状态信息。由于它们之间是密切关联的，通常也把目标定位与跟踪简称为目标跟踪。

根据定位与跟踪的定义，目标定位与跟踪的本质是一个混合系统的状态估计问题，即利用传感器对目标的离散测量值来估计目标的连续状态，滤除随机噪声和求解目标运动要素。

1.2 目标探测、识别与定位技术的应用

1.2.1 预警探测系统

目前，新型弹道导弹威胁、太空目标威胁、隐身目标威胁愈发严重，对我国预警探测系统的发展提出了更高的要求。

全方位全领域的预警探测系统由五大作战预警体系构成：一是反导作战预警体系，重点实现对弹道导弹目标上升段、中段到末段的全流程情报获取，支撑战略反击和反导拦截作战；二是空间攻防作战预警体系，重点对空间目标实施高精度、高时效态势感知，有效支持空间攻防作战；三是战区联合作战预警体系，通过融合战区内陆海空天多源信息，实现高质量信息获取，引导武器系统实施多层次、立体化制空及拦截作战；四是远洋作战预警体系，以编队协同探测系统为基础，接入天基信息，实现全方位、大空域海空情报态势感知和武器信息保障，支持远海机动作战；五是全球监视和打击预警体系，不断提升天基平台的侦察测绘、预警、监视能力，支撑对全球大区域、高价值目标的监视和快速打击。

五大作战预警体系适用于五大作战场景。第一个场景是反导作战。在反导作战预警体系中，通过反导预警中心把各个雷达传感器连接起来，组成探测网络，统一管理，统一调度，统一分配，有机融合、全程无缝链接，有序实现对弹道导弹目标的远程发现、探测识别、制导拦截，形成一个完整的反导作战流程。第二个场景是空间攻防作战。在空间攻防作战预警体系中，构建天地一体、覆盖全轨道的空间态势感知传感器网络，通过先进的多源数据融合与处理技术，对空间目标实施高精度、高时效态势感知，精细识别目标，快速有效支撑空间攻防作战，掌握制空间权。第三个场景是战区联合作战。在战区联合作战预警体系中，融合战区内陆海空天多源信息，实现大范围、全目标、多维度范围内高质量信息获取，自动获取目标的位置参数、运动参数、状态参数，并将相关信息发送给武器系统，引导武器实施多层次、立体化制空及拦截作战。第四个场景是远洋作战。在远洋作战预警体系中，通过舰艇编队协同探测系统，实现对空中、水面、陆地和水下的各种目标进行探测和预警，自动给出目标的威胁等级，分析战术意图，实现全方位、大空域海空情报态势感知和武器信息保障，控制舰上的相关武器系统在合适的时候进行打击，支持远海机动作战。第五个场景是全球监视和打击作战。在全球监视和

打击预警体系中，把空间地理上分散的陆海空天多种平台上的传感器，如天基系统、长航时无人机、远程隐形战机和水下系统等结合起来，构建成一个网络，形成对全球范围内目标的侦察测绘、预警监视能力，支持武器系统在数小时甚至数分钟内对全球大区域、高价值目标实施监视和打击。

目标探测与识别技术、定位与跟踪技术是预警探测系统的基础，探测感知装备是作战部队的“眼睛”，要能够对战场环境、己方信息、对方信息有足够的感知，并提供足够有力的保障信息。

1.2.2 侦察定位系统

现代战争战场态势和战场目标瞬息变化，需要利用侦察定位系统实时获取作战区域的高精度图像，并完成目标识别与定位，为作战决策、火力打击和毁伤评估等提供情报保障。

侦察目标定位一般可由无人机、有人机或卫星等平台搭载各种侦察设备获取侦察区域不同的信息，信息经过处理通过数据链传输到地面站，处理形成情报产品分发到各作战单元。侦察设备单独或组合装载在侦察平台上，完成对地面(水面)情报信息及目标特性的获取，包括照相侦察设备、电视侦察设备、雷达类侦察设备、激光测距设备及数据记录设备等。以图像侦察无人机为例，其任务载荷可分为光电类和雷达类，其中光电类侦察载荷主要以可见光、红外侦察手段为主，雷达类侦察载荷主要包括合成孔径雷达(SAR)和地面运动目标检测(GMTI)雷达。现阶段，一般采用光轴稳定平台，将电视摄像机、红外热像仪和激光测距机安装在稳定平台上，增强侦察定位精度和图像效果。随着电子信息技术的发展，可以在全天时、全天候条件下工作的SAR/GMTI 雷达也装备无人侦察机，实现了多手段复合侦察[3]。

获取侦察区域图像仅能判定目标的动向、态势等，实际军事行动还需要获取目标的精确地理位置。因此，目标定位功能是侦察系统的基本功能。目标定位精度是侦察定位系统的一项重要的、系统性的指标，直接影响作战决策、打击行动和毁伤评估等。现代战争高精度打击、“零伤亡”等要求，给高精度目标定位提出新的挑战。实时、快速、精确目标定位是侦察定位系统的关键技术，也是各型侦察系统装备研制的难点。

1.2.3 火力控制系统

火力控制系统是控制导弹等武器瞄准和发射的装置，是武器系统的重要组成部分。火力控制系统一般由目标探测和跟踪系统、导航设备和大气参数测量系统、火力控制计算机、发射装置位置控制系统、操作控制台 5 个子系统组成，如图 1.1 所示。火力控制系统的主要功用如下：

(1) 接收目标指示信息和载体参数测量装置的信息，对目标进行定位跟踪；

(2) 预测导弹与目标的遭遇点，解算射击诸元；

(3) 完成发射瞄准和适时开火，控制发射全过程。

目标探测和跟踪系统的主要任务是测量目标的距离、方位、高低角或其各阶变化率、速度、航向或距变率和横移率，并将这些数据送至火力控制计算机。常见的测量跟踪装置有光学瞄准镜、红外跟踪装置、被动雷达、测距机、主动雷达和激光雷达等。

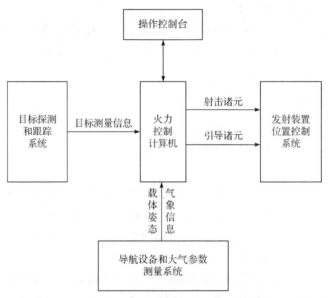

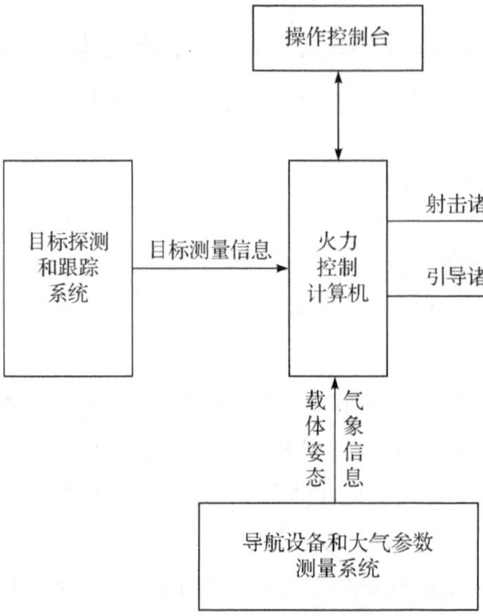

图 1.1 火力控制系统组成框图[4]

火力控制系统作为控制和管理射击武器的关键装备，必须不断提升精准性和自动化水平，包括采用先进的探测技术，通过数据融合和人工智能技术提高目标识别和定位的准确度。现代战争中，作战环境的多样性要求火力控制系统能够适应不同的战术需求和作战场景，如城市战、海战和高空战等，同时支持多种作战模式，从精确打击到大范围火力覆盖，以及针对高速移动和隐蔽目标的打击能力。

总之，未来火力控制系统将是高度综合化、信息化和智能化的复杂系统。它们不仅是提升作战平台打击精度和反应速度的关键，还是实现战场优势和作战效果的重要保障。通过目标探测和跟踪技术、基于人工智能的目标识别技术的不断创新和进步，火力控制系统将在多维战场环境中发挥越来越重要的作用，确保军事行动的成功和安全。

1.2.4 精确制导系统

导弹制导系统分为四种类型：自主式制导系统、自动寻的制导系统、遥控制导系统和复合制导系统。自主式制导系统用于打击已知坐标的静止目标或将导弹导引至目标附近；自动寻的制导系统和遥控制导系统既可以用于打击静止目标，也可以实现对运动目标甚至高速大机动目标的精确打击；复合制导系统将制导过程分为初制导段、中制导段和末制导段，不同制导阶段可采用不同类型的制导方式，兼具不同类型制导方式的优点，使导弹具备远程超视距精确打击能力。

导弹要实现精确制导需要实时测量导弹与目标的相对运动参数，利用这些信息按照给定的制导规律生成制导指令，并利用稳定控制系统控制导弹改变速度矢量方向和飞行轨迹，最终以一定的精度命中目标。自动寻的制导系统利用导引头接收目标辐射或反射的信号对目标进行探测和识别。遥控制导系统利用制导雷达同时对导弹和目标进行跟踪和测量。因此，制导系统对目标的探测和识别是实现精确制导的前提，对目标的探测性能和识别能力影响制导系统的性能。特别是在复杂电磁对抗环境下或复杂背景条件下，在各种人工干扰和环境干扰的影响下，制导系统对目标的探测性能和识别能力是决定武器系统制导性能的关键因素。多模复合制导技术是提高制导系统抗干扰能力、对目标的探测性能和识别能力的有效途径之一。

此外，打击高速大机动目标时，采用传统的经典比例导引律或广义比例导引律，难以满足制导精度的要求，需要采用基于现代控制理论的制导规律，如最优导引律等。此时，除目标视线角速度和相对速度等制导信息之外，还需要目标加速度和剩余时间。因此，需要通过目标跟踪算法获取目标加速度估计值等制导信息。机动目标跟踪是实现最优导引律的必要途径，目标跟踪性能很大程度上影响制导性能。

1.2.5　智能引信

引信是利用目标信息和环境信息，在预定条件下引爆或引燃战斗部装药的控制装置或系统。现代引信采用先进的传感器和数字技术，以提高弹药的毁伤性能为主要目的，具备目标探测、识别、抗干扰及起爆控制能力，而目标探测和识别功能是实现引信智能化的前提。

智能引信是指具备感知、思维、推理、学习判断、控制决策等能力的引信。对于多目标拦截作战场景，要求引信具备从多个目标中识别特定目标的能力，保证导弹掠过非指定目标时引信不作用。防空导弹打击飞机类目标时，如果引信具备识别目标易损部位的能力，将会大大提高毁伤效果。识别目标易损部位是指引信能够感知目标的结构，识别出其易损部位并予以适时起爆战斗部装药。具备敌我识别能力的引信则是未来引信的最高技术层次。

智能引信是一种以信息技术、传感器技术和微机电技术为基础，以软件为核心的信息探测、识别与控制系统。探测系统是智能引信的基础，由各种传感器组成，其功能是感知或探测目标的信息，并从探测到的目标的多种信息中提取获得有用信息。因此，复合探测是智能引信发展的需要。另外，模式识别技术也是引信智能化的基础。目前以神经网络为基础的模式识别技术得到广泛研究，该技术在引信中的应用将会对引信智能化起到重要作用[5]。

总之，探测与识别技术和人工智能技术是实现智能引信的关键技术，单一探测模式技术的发展、复合探测和仿生探测的应用、基于逻辑推理与人工智能的目标识别技术的进步等，都将会大大提高引信的智能化水平。

习　　题

1.1　简述目标探测与识别的含义。

1.2 简述目标定位和跟踪的含义。

1.3 举例说明目标探测、识别与定位技术在军事领域中哪些方面有应用。

参考文献

[1] 张河. 探测与识别技术[M]. 北京: 北京理工大学出版社, 2005.

[2] 石章松, 刘志坤, 吴中红. 目标定位跟踪方法与实践[M]. 北京: 电子工业出版社, 2019.

[3] 樊邦奎, 段连飞, 赵炳爱, 等. 无人机侦察目标定位技术[M]. 北京: 国防工业出版社, 2014.

[4] 李相民, 孙瑾, 谢晓方. 火力控制原理[M]. 北京: 国防工业出版社, 2007.

[5] 周晓东, 李超旺, 文健. 弹药目标探测与识别[M]. 北京: 北京理工大学出版社, 2019.

第 2 章

目标探测基础理论

2.1　电磁波与电磁波谱

课件

按照波长或频率的顺序将电磁波排列起来，以图谱形式展现出来，即电磁波谱，如图 2.1 所示。

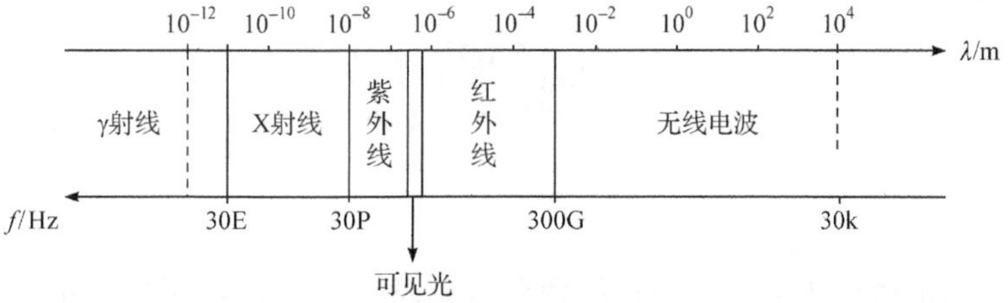

图 2.1　电磁波谱

(1) 无线电波。通常把频率低于 300GHz(波长大于 1mm)的电磁波称为无线电波，按照波长的大小，无线电波被分为长波、中波、短波、微波等，其中微波又分为米波、分米波、厘米波、毫米波等。其中，中波和短波用于无线电广播和通信，微波用于电视、手机和无线电定位(雷达)等。

(2) 红外线。红外线是波长介乎微波与可见光之间的电磁波，其波长为 7.6×10^{-7}～10^{-3}m，是波长比红色光长的非可见光，所有温度高于绝对零度的物质都会发出红外线。

(3) 可见光。可见光是人类眼睛所能感受到的极狭窄的一个波段，其波长为 390～760nm，波长不同的可见光引起人眼颜色感觉不同。

(4) 紫外线。紫外线的波长为 10～390nm，比可见光短，与紫色光相邻。

(5) 伦琴射线(X 射线)。伦琴射线(X 射线)是原子的内层电子由一个能态跃迁至另一个能态时或电子在原子核电场内减速时所发出的电磁波，其波长为 0.1～100Å(在光谱学中常采用“Å”作单位来表示波长，$1Å = 10^{-10}$m)。X 射线具有较强的穿透能力，广泛地应用于医学成像、安全检查、无损检测等方面。

(6) 伽马射线(γ 射线)。伽马射线是波长小于 0.01Å 的电磁波。这种不可见的电磁波是从原子核内发出来的，放射性物质或原子核反应中常伴随有这种辐射的发出。γ 射线的穿透力很强，对生物和电子设备的破坏力很大，可用于工业金属件的无损检测和探伤[1]。

无线电波、红外线、可见光、紫外线、X 射线和 γ 射线，本质上说这些电磁波是相同的，其频率 f 和波长 λ 之间都遵守同样的关系式：

$$f\lambda = c \tag{2.1}$$

式中，$c = 3\times10^8\,\mathrm{m/s}$，为真空中电磁波传播的速度。

电磁波在不同介质中的传播速度会发生变化，但频率保持不变，因而其波长在不同介质中会发生变化。

2.2 辐射度学基本概念和基本定律

2.2.1 辐射度学基本概念

1. 辐射功率

辐射功率就是单位时间内发射(传输或接收)的辐射能，其单位为 W (J/s)，辐射功率 P 的表达式为

$$P = \lim_{\Delta t\to 0}\left(\frac{\Delta Q}{\Delta t}\right) = \frac{\partial Q}{\partial t} \tag{2.2}$$

2. 辐射度

辐射源表面单位面积上发射的辐射功率称为辐射度，单位为 $\mathrm{W/cm^2}$，辐射度 M 的表达式为

$$M = \lim_{\Delta A\to 0}\frac{\Delta P}{\Delta A} = \frac{\partial P}{\partial A} \tag{2.3}$$

对于表面发射不均匀的辐射源，辐射度 M 应该是源表面上位置的函数。

3. 辐射强度

辐射强度用来描述点源发射的辐射功率在空间不同方向的分布情况。如图 2.2 所示，若一个点源在围绕某指定方向的小立体角元 $\Delta\Omega$ 内发射的辐射功率为 ΔP，则 ΔP 与 $\Delta\Omega$ 的比值的极限值，就定义为辐射源在该方向上的辐射强度 I：

$$I = \lim_{\Delta\Omega\to 0}\frac{\Delta P}{\Delta\Omega} = \frac{\partial P}{\partial\Omega} \tag{2.4}$$

立体角 Ω 是指顶点在球心的一个锥体所包围的那部分空间角度的大小，其单位为球面度(sr)。立体角为被锥体所截的球面面积 A 和球半径 R 平方之比，即

$$\Omega = \frac{A}{R^2} \tag{2.5}$$

如图 2.3 所示，当 $A = R^2$ 时，对应的立体角为一个球面度。由于球面总面积为 $4\pi R^2$，

所以一个球面共有 4π 个球面度，即整个空间对应 4π 个球面度。

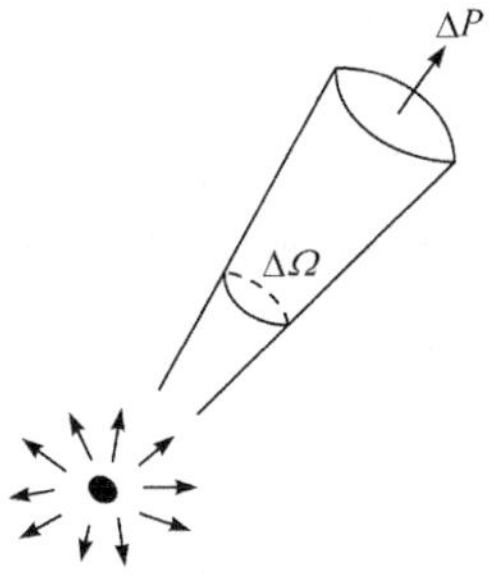

图 2.2　辐射强度

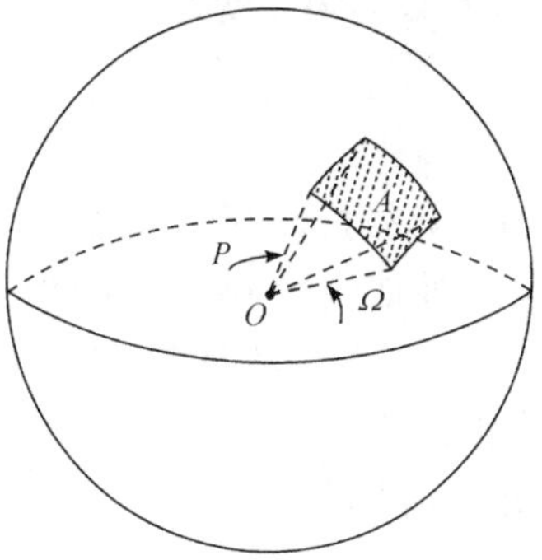

图 2.3　立体角

由辐射强度的定义可知，辐射强度就是点源在某方向上单位立体角内发射的辐射功率，其单位为 $\mathrm{W/sr}$ 。一个给定辐射源向空间不同方向的发射性能可能不同，所以辐射强度的物理意义表征为点源发射的辐射功率在某方向上角密度的度量，或者说是点源发射功率在空间分布特性的描述。

4. 辐亮度

辐亮度用来描述扩展源的辐射功率在空间和源表面上的分布特性。如图 2.4 所示，在扩展源表面上某点 x 附近取一个面积元 ΔA ，该面积元向半球空间发射的辐射功率为 ΔP ；在与面积元 ΔA 的法线的夹角为 θ 的方向取一个小立体角元 $\Delta\Omega$ ，则从面积元 ΔA 向立体角元 $\Delta\Omega$ 内发射的辐射功率是二级小量 $\Delta(\Delta P)=\Delta^2 P$ 。由于从 ΔA 向 θ 方向发射的辐射就是在 θ 方向观测到的来自 ΔA 的辐射，而在 θ 方向上看到的源面积是 ΔA 的投影面积 $\Delta A_\theta=\Delta A\cdot\cos\theta$ ，所以在 θ 方向的立体角元 $\Delta\Omega$ 内发射的辐射，就相当于从源的投影面积 ΔA_θ 上发射的辐射。因此，在 θ 方向上观测到的源面上 x 点的辐亮度 L ，就定义为 $\Delta^2 P$ 与 ΔA_θ 及 $\Delta\Omega$ 之比的极限值：

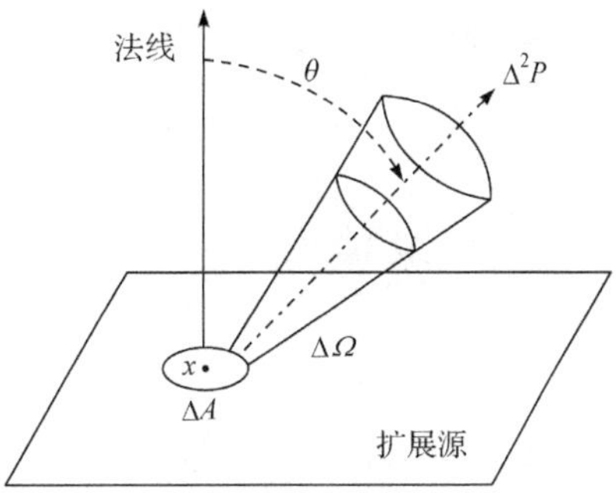

图 2.4　辐亮度

$$L=\lim_{\substack{\Delta A\to 0\\ \Delta\Omega\to 0}}\left(\frac{\Delta^2 P}{\Delta A_\theta \Delta\Omega}\right)=\frac{\partial^2 P}{\partial A_\theta \partial\Omega}=\frac{\partial^2 P}{\partial A\partial\Omega\cos\theta} \tag{2.6}$$

扩展源某方向的辐亮度，就是扩展源在该方向上单位投影面积向单位立体角发射的辐射功率，其单位为 $\mathrm{W/(m^2\cdot sr)}$ 。

5. 辐照度

辐照度表征被照表面上单位面积接收到的辐射功率，其单位为 $\mathrm{W/m^2}$ 。某被照表面

上位置 x 附近的面积元 ΔA 接收的辐射功率为 ΔP，则 ΔP 与 ΔA 之比的极限值，就定义为被照表面 x 点处的辐照度 E：

$$E=\lim_{\Delta A\to 0}\frac{\Delta P}{\Delta A}=\frac{\partial P}{\partial A} \tag{2.7}$$

各个基本辐射量均有一定的光谱(或波长)分布特征，均应有相应的光谱辐射量。在指定波长 λ 处取一个小波长间隔 $\Delta\lambda$，设在此小波长间隔内的辐射量 X (可以泛指 P、M、I、L 和 E)的增量为 ΔX，则 ΔX 与 $\Delta\lambda$ 之比的极限值就定义为相应的光谱辐射量，并记为 X_λ [1]。

(1) 光谱辐射功率：

$$P_\lambda=\lim_{\Delta\lambda\to 0}\left(\frac{\Delta P}{\Delta\lambda}\right)=\frac{\partial P}{\partial\lambda}(\mathrm{W/\mu m}) \tag{2.8}$$

它表征在波长 λ 处单位波长间隔内的辐射功率。

(2) 光谱辐射度：

$$M_\lambda=\frac{\partial M}{\partial\lambda}[\mathrm{W/(m^2\cdot\mu m)}] \tag{2.9}$$

(3) 光谱辐射强度：

$$I_\lambda=\frac{\partial I}{\partial\lambda}[\mathrm{W/(sr\cdot\mu m)}] \tag{2.10}$$

(4) 光谱辐亮度：

$$L_\lambda=\frac{\partial L}{\partial\lambda}[\mathrm{W/(m^2\cdot sr\cdot\mu m)}] \tag{2.11}$$

(5) 光谱辐照度：

$$E_\lambda=\frac{\partial E}{\partial\lambda}[\mathrm{W/(m^2\cdot\mu m)}] \tag{2.12}$$

在上述光谱辐射量的定义表达式中，均用下脚标 λ 表示该光谱辐射量是在指定波长 λ 处的辐射量，并且是对波长 λ 求偏导数来定义的。

2.2.2 辐射度学基本定律

1. 基尔霍夫定律(黑体辐射定律)

任何物体都不断吸收和发出辐射功率，当物体从周围吸收的功率等于辐射功率时，便达到热平衡。基尔霍夫定律指出，在热平衡条件下，所有物体在给定温度下，对某一波长而言，物体的发射本领和吸收本领的比值与物体自身的性质无关，它对于一切物体都是恒量，即物体在该波长上的辐射度 $M(\lambda,T)$ 与吸收率 $\alpha(\lambda,T)$ 之比，对所有物体来说，都是波长和温度的普适函数，即

$$\frac{M(\lambda,T)}{\alpha(\lambda,T)}=f(\lambda,T) \tag{2.13}$$

吸收率定义为被物体吸收的辐射功率与入射的辐射功率之比。$\alpha(\lambda,T)=1$ 的物体定义为绝对黑体，即绝对黑体是能够在任何温度下，全部吸收任何波长的入射辐射功率的物体。自然界中不存在理想的黑体，物体的吸收率总是小于 1。

2. 普朗克辐射定律

普朗克辐射定律描述了黑体辐射的光谱分布。黑体的光谱辐射度 $M(\lambda,T)$ 与其表面的热力学温度 T 及波长 λ 的关系为

$$M(\lambda,T)=\frac{c_1}{\lambda^5}\cdot\frac{1}{\exp\left(\frac{c_2}{\lambda T}\right)-1} \tag{2.14}$$

式中，$M(\lambda,T)$ 为光谱辐射度 $[\mathrm{W/(m^2\cdot\mu m)}]$；$\lambda$ 为波长 $(\mu\mathrm{m})$；T 为热力学温度(K)；c_1 和 c_2 为辐射常数，$c_1=3.7418\times10^8[\mathrm{W/(m^2\cdot\mu m^4)}]$，$c_2=1.4388\times10^8\mu\mathrm{m}\cdot\mathrm{K}$。

3. 维恩位移定律

普朗克辐射定律表明，当黑体的温度升高时，光谱辐射度的峰值波长向短波方向移动。维恩位移定律以简单的形式给出这种变化的定量关系。将普朗克辐射定律公式对 λ 偏微分求极值，得到光谱辐射度的峰值波长 λ_{m} 与黑体的热力学温度 T 的关系：

$$\lambda_{\mathrm{m}}=\frac{b}{T} \tag{2.15}$$

式中，λ_{m} 为光谱辐射度的峰值波长；T 为热力学温度；$b\approx2898\mu\mathrm{m}\cdot\mathrm{K}$。

4. 斯特藩-玻尔兹曼定律

斯特藩-玻尔兹曼定律表示黑体总辐射与温度的函数关系。对普朗克辐射定律中光谱辐射度在全谱段范围内积分，可以得到黑体总辐射度 M 的表达式为

$$M=\int_0^{\infty}M(\lambda,T)\mathrm{d}\lambda=\sigma T^4(\mathrm{W/m^2}) \tag{2.16}$$

式中，$\sigma=5.67\times10^{-8}\mathrm{W/(m^2\cdot K^4)}$，为斯特藩-玻尔兹曼常数。

2.3　目标探测模式

目标探测可采用单一探测模式或复合探测模式。其中，单一探测模式可分为光电探测模式和雷达探测模式，光电探测模式包括可见光探测、红外探测、紫外探测和激光探测等；雷达探测模式按雷达频段可以分为 S 频段雷达、C 频段雷达、X 频段雷达、Ku 频段雷达、Ka 频段雷达和 W 频段雷达等[2]。两种或两种以上的单一探测模式组合起来，形成复合探测系统。例如，机载光电吊舱通常由电视摄像机、红外热像仪和激光测距机组成；美国小直径制导炸弹三模复合导引头包含红外成像、主动毫米波和激光半主动三种制导模式。

按照探测器接收到的电磁波来源，目标探测模式可分为主动探测、半主动探测和被动探测三种类型。

习　题

2.1　简述辐亮度的含义并写出其表达式。

2.2　写出光谱辐射度的峰值波长与黑体的热力学温度的关系式。

2.3　简述目标探测模式的分类。

参考文献

[1] 卢晓东, 周军, 刘光辉. 导弹制导系统原理[M]. 北京: 国防工业出版社, 2015.

[2] 周立伟. 目标探测与识别[M]. 北京: 北京理工大学出版社, 2002.

第 3 章

雷达工作原理

3.1　雷达探测基本原理

雷达是一种利用电磁波信号进行目标探测的装备，其英文全称为 radio detection and ranging，含义是利用无线电对目标进行探测和测距。

雷达通过辐射电磁波信号到空间，并根据目标散射电磁波的回波信号来检测目标是否存在以及位置、速度、形状等信息。其基本构成如图 3.1 所示，由发射机、接收机、信号处理机、显示器等组成。雷达在进行目标探测时，由发射机产生电磁波信号并由天线辐射到空间。电磁波在空间传播遇到目标后会发生散射，目标散射的电磁波一小部分会返回到雷达，被雷达天线接收，并送到接收机进行滤波放大等处理，随后送入信号处理机进行分析处理以确定目标是否存在，以及位置、速度、形状等信息，再由显示器显示出来[1-2]。

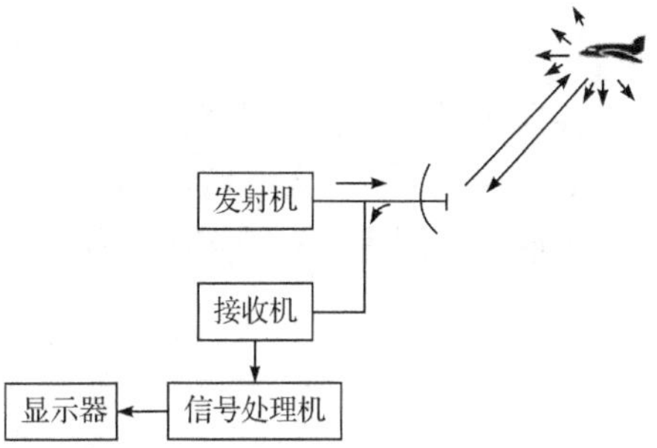

图 3.1　雷达基本构成

3.1.1　雷达对目标的探测

雷达是否能够发现目标，能够发现多远距离的目标，由两方面确定，一方面是目标的雷达截面积，另一方面是雷达方程。

1. 目标的雷达截面积

雷达是通过分析目标散射回的电磁波来获得目标信息的。大小、形状、性质不同的目标，对电磁波的散射特性是不同的，因此雷达获得的回波能量是不同的。为了便于讨论和估算，人们把实际目标等效为一个垂直于电磁波入射方向的截面积，且这个截面积所截获的入射功率向各个方向均匀散射时，在雷达处产生的电磁波功率密度与实际目标所产生的功率密度相同。这个等效截面积称为雷达截面积(RCS)。表 3.1 列出了一些典型目标的雷达截面积。

表 3.1 典型目标的雷达截面积

目标	雷达截面积/m²
巨型客机	100
大型轰炸机或客机	40
中型轰炸机或客机	20
大型歼击机	6
小型歼击机	2

2. 雷达方程

雷达作用距离决定了雷达能够发现目标的最远距离，是雷达最重要的性能指标之一。雷达的作用距离与雷达本身、目标以及环境因素有关。研究雷达方程可以探索影响雷达探测距离有关因素之间的相互关系，并可以用于估算雷达的作用距离。

设在理想无损耗、自由空间传播的单基雷达。

假设雷达发射机的功率为 P_t，由各向同性天线发射，如图 3.2 所示。

那么与雷达的距离为 R 处任意点的功率密度 S_1' 为

$$S_1' = \frac{P_t}{4\pi R^2}(\mathrm{W/m^2})$$

各向同性天线是不存在的，实际天线为定向天线，将发射机功率集中在某些方向上，如图 3.3 所示。天线增益 G 表示相对于各向同性天线，实际天线在辐射方向上功率增加的倍数。因此，对于实际增益为 G 的天线，距离雷达 R 处某一点的功率密度为

$$S_1 = \frac{P_t G}{4\pi R^2}(\mathrm{W/m^2})$$

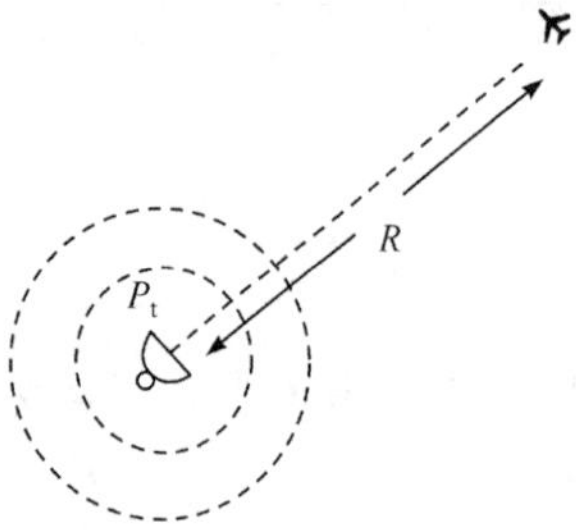

图 3.2 各向同性均匀辐射

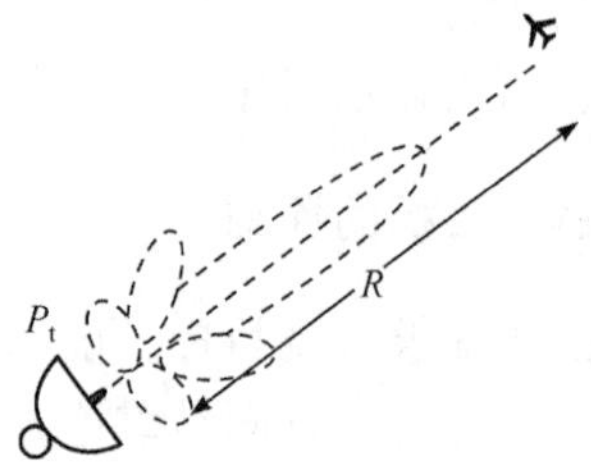

图 3.3 方向性辐射

天线辐射的电磁波在距离雷达 R 处碰到目标后将向不同方向散射，其中一部分能量会向雷达反射。这部分反射回的能量由目标所在处的功率密度和目标的雷达截面积σ决定。

那么目标的反射功率为

$$P_1 = \sigma S_1 = \frac{P_t G\sigma}{4\pi R^2}(\mathrm{W})$$

于是，在雷达天线处的回波功率密度为

$$S_2 = \frac{P_t G}{4\pi R^2} \cdot \sigma \cdot \frac{1}{4\pi R^2} (\mathrm{W/m^2})$$

σ 的大小随具体目标的变化而变化。

回波功率只有一部分能被雷达接收天线所接收。设天线有效接收面积为 A_e，雷达接收到的回波功率 P_r 为

$$P_r = S_2 \cdot A_e = \frac{P_t G \sigma}{4\pi R^2} \cdot \frac{1}{4\pi R^2} \cdot A_e = \frac{P_t G A_e \sigma}{(4\pi)^2 R^4} (\mathrm{W})$$

通常收发共用天线，天线有效孔径和增益之间的关系为

$$A_e = \frac{G\lambda^2}{4\pi}$$

所以此时雷达接收的回波功率可写为

$$P_r = \frac{P_t G^2 \lambda^2 \sigma}{(4\pi)^3 R^4} (\mathrm{W})$$

显然，只有接收到的回波功率 P_r 超过雷达接收机灵敏度(最小可检测信号功率 $S_{i_{min}}$)，雷达才能可靠地发现目标。那么 P_r 等于 $S_{i_{min}}$ 时，就可得到雷达检测该目标的最大作用距离 R_{max}，如式(3.1)或式(3.2)所示。超过这个距离，接收的信号功率进一步减小，就不能可靠地检测到目标。

$$P_r = S_{i_{min}} = \frac{P_t G^2 \lambda^2 \sigma}{(4\pi)^3 R_{max}^4} (\mathrm{W}) \tag{3.1}$$

$$R_{max} = \left[\frac{P_t G^2 \lambda^2 \sigma}{(4\pi)^3 S_{i_{min}}} \right]^{\frac{1}{4}} \tag{3.2}$$

式(3.1)和式(3.2)就是雷达方程的基本形式，表明了雷达作用距离和其参数以及目标特性间的关系。

实际情况中，雷达接收的回波信号总会受接收机内部噪声和外部干扰的影响，为此引入噪声系数 F：

$$F = \frac{N_o}{N_i G_a} = \frac{S_i / N_i}{S_o / N_o} = \frac{(\mathrm{SNR})_i}{(\mathrm{SNR})_o} \tag{3.3}$$

式中，N_o 为实际接收机的输出噪声功率；N_i 为接收机的输入噪声功率；G_a 为接收机的增益；S_i 为输入信号功率；S_o 为输出信号功率；$(\mathrm{SNR})_i$ 为输入信噪比；$(\mathrm{SNR})_o$ 为输出信噪比。

接收机输入端的热噪声是随机的，其功率大小为

$$N_i = kT_0 B$$

式中，k 为玻尔兹曼常数；T_0 为标准室温，一般取 290K；B 为接收机噪声带宽。

代入式(3.3)，输入端信号功率为

$$S_i = kT_0 BF(\mathrm{SNR})_o (\mathrm{W})$$

若雷达接收机检测门限设置为最小输出信噪比 $(\mathrm{SNR})_{omin}$，则最小可检测信号功率

可表示为

$$S_{i_{min}} = kT_0BF(\text{SNR})_{omin}(\text{W}) \tag{3.4}$$

将式(3.4)代入式(3.2)，并用 L 表示雷达各部分损耗，可得

$$R_{max} = \left[\frac{P_t G^2 \lambda^2 \sigma}{(4\pi)^3 kT_0 BFL(S/N)_{omin}}\right]^{\frac{1}{4}} \tag{3.5}$$

$$(S/N)_{omin} = \frac{P_t G^2 \lambda^2 \sigma}{(4\pi)^3 kT_0 BFLR_{max}^4} \tag{3.6}$$

式(3.5)为雷达方程的常见形式。

雷达工作方式有两种，一种是连续波雷达，另一种是脉冲雷达。连续波雷达的发射机持续产生射频信号并由天线向空间辐射，因此连续波雷达发射机需要的能量比较大，同时由于天线持续发射信号，无法用同一天线进行信号接收。脉冲雷达发射机并不持续产生射频信号，而是间隔一定时间产生射频信号，再由天线发射出去。这种工作方式的优点是发射机不需要太大的能量，并且，由于发射间隙发射机不工作，不占用天线，可以收发共用一个天线。同时，发射机也不会干扰接收机工作。鉴于脉冲雷达的种种优点，其应用较为广泛。以下以脉冲雷达为例来详细介绍雷达测距、测角以及测速的原理。

3.1.2 雷达测距

雷达能够利用电磁波对目标距离、角度、速度等参数进行探测的前提是电磁波在均匀介质中是沿直线传播的，并且其传播速度是一常数 $c = 3\times10^8$m/s。

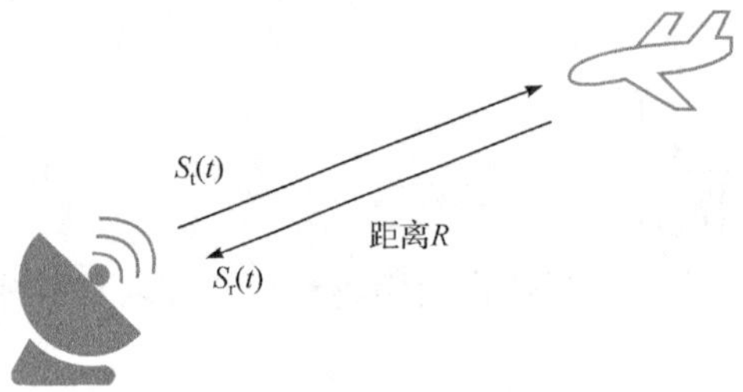

图 3.4 雷达测距过程

雷达对目标进行距离测量过程如图 3.4 所示。雷达与目标的距离为 R。雷达向空间发射射频脉冲信号 $S_t(t)$，射频脉冲信号遇到目标被目标散射，其中一部分返回雷达，称为回波信号 $S_r(t)$。从雷达发射信号到接收到回波信号所用时间为 t_r。

显然，t_r 这段时间内，电磁波所走的距离是 $2R$。电磁波传播速度为 c，那么就有

$$2R = c \times t_r$$

于是目标与雷达的距离为

$$R = \frac{c \times t_r}{2} \tag{3.7}$$

这是雷达测量目标距离的基本公式。从公式可知，只要测出时间 t_r，就可以计算出目标与雷达的距离。

由图 3.5 可以看出，脉冲雷达是按重复周期 T_r 发射电磁波，其脉冲宽度为 τ。图 3.5 为雷达测距原理图，电磁波遇目标形成回波被雷达接收，回波信号相对于发射电磁波信号延时为 t_r[3]。

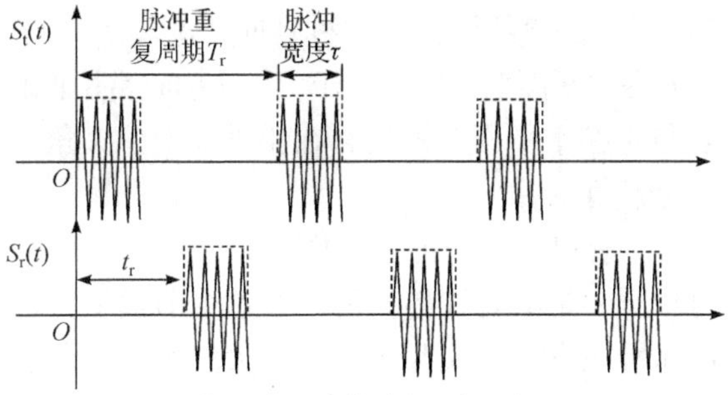

(a) 目标距离较近的回波延时

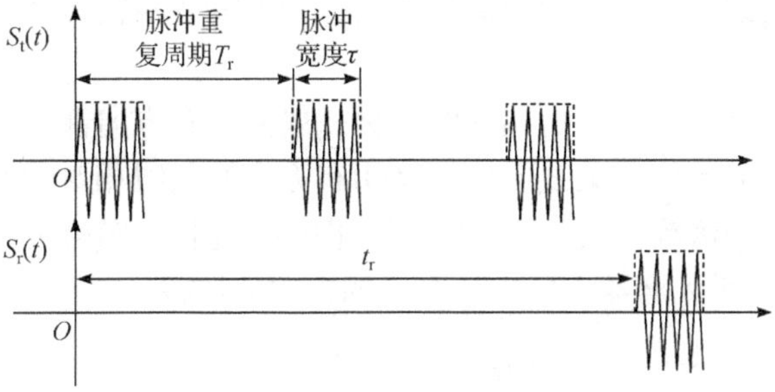

(b) 目标距离较远的回波延时

图 3.5　雷达测距原理图

如果目标距离较近，回波延时 t_r 小于脉冲重复周期 T_r，如图 3.5(a)所示，那么直接测量 t_r 计算距离不会有其他问题；如果目标距离较远，回波延时大于脉冲重复周期 T_r，此时无法确定收到的回波信号是哪个脉冲的回波信号。如图 3.5(b)所示，第 1 个脉冲的回波在第 2 个和第 3 个脉冲发射之后才回来，此时雷达无法判断接收到的回波是第 1 个脉冲的，还是第 2 个或者第 3 个的，因为第 2 个或第 3 个脉冲遇到较近目标的回波也有可能在这个时间回来。这样，测量 t_r 的值就会产生混淆，从而产生距离模糊问题。因此，为了保证 $t_r < T_r$，避免产生距离模糊问题，通常脉冲雷达的重复周期 T_r 与最大作用距离 R_{max} 要满足表达式(3.8)的关系：

$$R_{max} \leqslant \frac{cT_r}{2} \tag{3.8}$$

但有些雷达出于其他目的，最大作用距离和重复周期不满足这样的关系，也就是允许 $t_r > T_r$，这就要采用特殊方法来解决测距的模糊问题，常用的方法有重频参差法、舍脉冲法。

3.1.3　雷达测角

得到了目标与雷达之间的距离并不能够确定目标的位置，还需要测定目标的方向。雷达测角就是用于测量目标的方向，包括目标的方位角和俯仰角。图 3.6 为用极坐标系表示目标位置示意图。

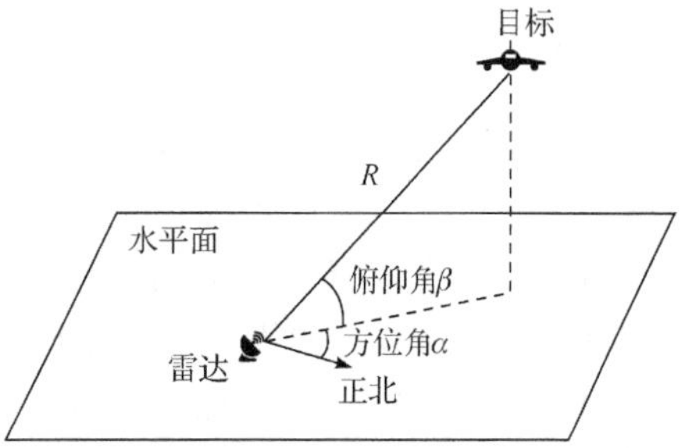

图 3.6　极坐标系表示目标位置示意图

目标斜距 R：雷达到目标的直线距离，也称径向距离。

方位角 α：目标斜距 R 在水平面上的投影与某一参考方向(常用正北)在水平面上的夹角。

俯仰角 β：斜距 R 与它在水平面上的投影在铅垂面上的夹角。相对雷达波束指向而言，上视为仰角，下视为俯角。

雷达测角确定目标方向有以下两个前提条件。

一是电磁波在均匀介质中是沿直线传播的。在这个前提下，才能将反射的电磁波波前到达的方向确定为目标所在方向。实际中，由于大气密度、湿度的不均匀等影响，电磁波并不是沿直线传播的，因此会造成测角误差。通常近距离测角时，由于误差不大，近似认为电磁波是直线传播的。远距离测量时，一般需要根据传播介质的情况对测量数据进行修正。

二是雷达天线具有方向性。雷达探测目标一般使用有方向性天线。雷达天线的方向性由雷达天线方向图来确定。天线方向图是指有方向性天线相对于无方向性天线来说在某个方向上功率增加的倍数。图 3.7 为天线方向图示意图。$F(\theta)$为天线方向函数，G 为最大增益，GF(θ)为与最大增益方向夹角为 θ 的方向的增益。

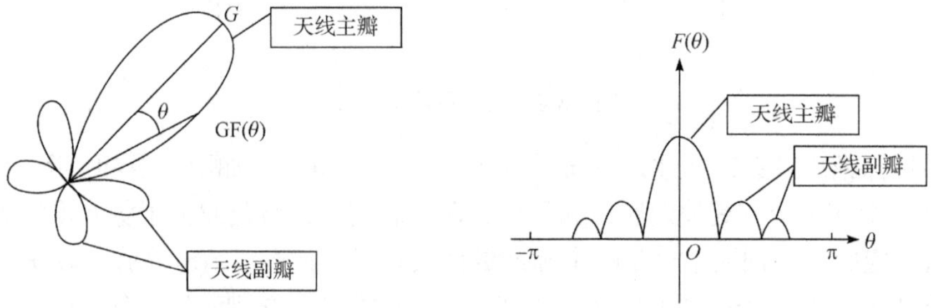

(a) 极坐标　　(b) 直角坐标

图 3.7　天线方向图示意图

天线主瓣越窄，天线方向性越好，因此波束宽度是天线的一项重要技术指标。一般取归一化的天线方向函数值为 0.5 所对应的 θ 的宽度：

$$F\left(\pm\frac{\theta_{0.5}}{2}\right)=\frac{1}{2}$$

波束宽度如图 3.8 所示。

雷达对目标角度测量的方法有两种，一种是相位法测角，另一种是振幅法测角。

1. 相位法测角

相位法测角是利用多个雷达天线接收的回波信号之间的相位差进行测角的。图 3.9 是两天线相位法测角示意图。

假设目标在 θ 方向，并且目标距离较远，此时天线 1 和天线 2 的回波近似为平行的，其与天线法线夹角为 θ。天线 1 和天线 2 的间距为 d。ΔR 表示两个天线回波的波程差。由于波程差的存在，天线 1 和天线 2 收到的回波信号必然存在相位差，且根据几何关系相位差为

$$\varphi = \frac{2\pi}{\lambda}\Delta R = \frac{2\pi}{\lambda} d \sin\theta$$

式中，λ 为雷达波长。显然使用相位计测出相位差 φ，就可以确定目标方向：

$$\theta = \arcsin\left(\frac{\varphi\lambda}{2\pi d}\right)$$

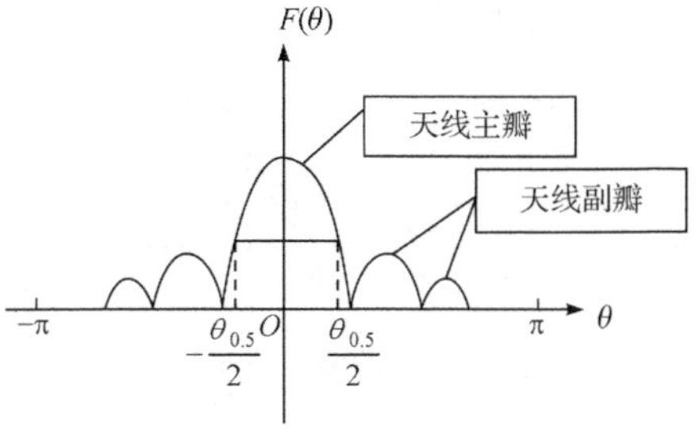

图 3.8　波束宽度示意图

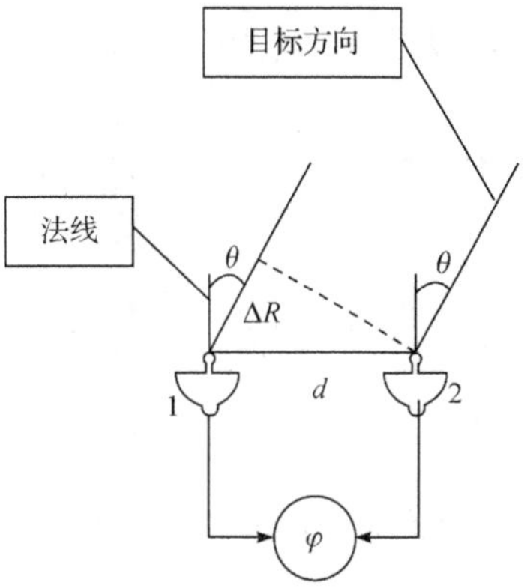

图 3.9　相位法测角示意图

2. 振幅法测角

振幅法测角是利用天线回波信号的幅度值来测量目标角度的，而天线方向图与天线的扫描方式决定了回波信号幅度值的变化规律。振幅法测角有两种，一种是最大信号法，另一种是等信号法。

1) 最大信号法

最大信号法测角是让雷达天线波束进行圆周扫描或者在一定扇形内均匀扫描，当天线波束扫过目标时，回波信号在时间上呈现从无到有，从小变大，再变小，最后消失。整个过程中当天线波束的轴线对准目标时，回波强度达到最大值。最大信号法测角如图 3.10 所示。

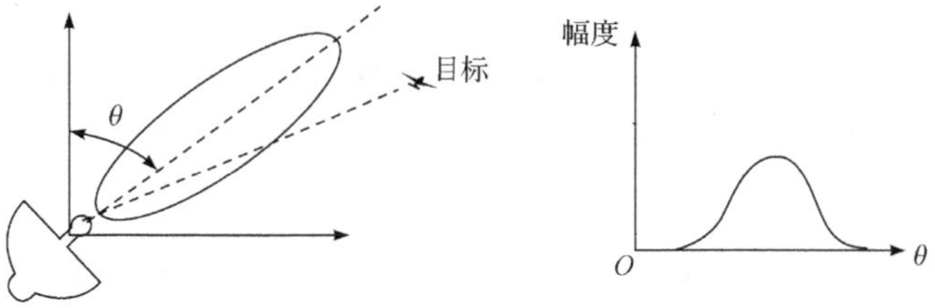

图 3.10　最大信号法测角示意图

最大信号法是利用天线方向图最大值测角，因此回波信号最强，信噪比最大，对发现目标十分有利。但由于天线方向图最大值附近比较平坦，最大值点不易准确判别，因此其测角精度不是很高。另外，由于最大信号法不能判别目标偏离波束轴线的方向，因此也不能用于对目标进行角度跟踪。

2) 等信号法

等信号法测角原理如图 3.11 所示。采用两个相同的波束，且两个波束彼此部分重叠，交叠位置大约在 3dB 处。*OA* 为两个波束的交叠轴，当目标处在 *OA* 方向时，则两波束收到的信号强度相等，因此 *OA* 常称为等信号轴。如果目标在 *OB* 方向，波束 2 的回波比波束 1 强；如果目标在 *OC* 方向，波束 1 的回波比波束 2 强。因此，对两波束回波强度进行比较就可以判断目标偏离等信号轴的方向，最终获得目标角度。

设 $F(\theta)$为天线的电压方向函数，θ_0 为等信号轴 *OA* 的指向。图 3.12 为两波束方向图。

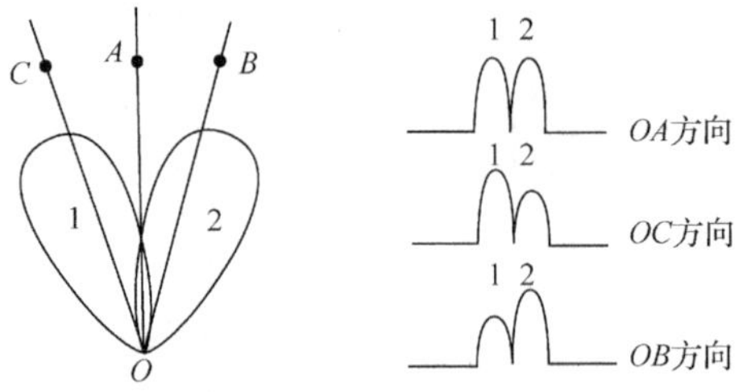

图 3.11 等信号法测角原理

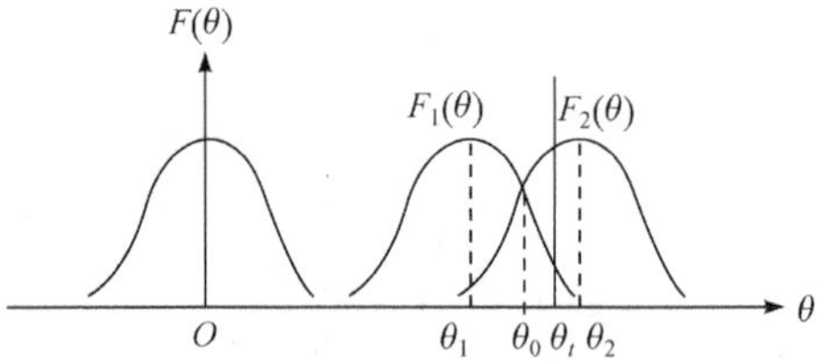

图 3.12 两波束方向图

显然有 $\theta_0-\theta_1=\theta_2-\theta_0=\theta_k$ ，θ_k 为 θ_0 与波束最大值方向的偏角，则波束 1 和波束 2 的电压方向函数可以分别写成：

$$F_1(\theta)=F(\theta-\theta_1)=F(\theta-(\theta_0-\theta_k))=F(\theta-\theta_0+\theta_k)=F(\theta_t+\theta_k)$$
$$F_2(\theta)=F(\theta-\theta_2)=F(\theta-(\theta_0+\theta_k))=F(\theta-\theta_0-\theta_k)=F(\theta_t-\theta_k)$$

式中，$\theta_t=\theta-\theta_0$，为目标方向偏离等信号轴的角度。等信号轴 θ_0 角度是已知的，要得到目标的角度 θ ，只要得到 θ_t 就可以求出。

通过测量可以得到波束 1 接收到的回波信号 $u_1=KF_1(\theta)=KF_1(\theta_t+\theta_k)$，波束 2 接收到的回波信号 $u_2=KF_2(\theta)=KF_1(\theta_t-\theta_k)$，对 u_1 和 u_2 进行处理，就可以获得 θ_t。处理方法有两种，一种是比幅法，另一种是和差法。

(1) 比幅法：

$$\frac{u_1(\theta)}{u_2(\theta)}=\frac{F(\theta_t+\theta_k)}{F(\theta_t+\theta_k)}$$

式中，u_1 和 u_2 可以测得，θ_k 已知，天线方向函数已知，通过查找预先指定的表格就可以得到 θ_t 的值，从而计算出目标角度 θ 。

(2) 和差法：

$$\Delta(\theta_t)=u_1(\theta)-u_2(\theta)=K\left[F(\theta_t+\theta_k)-F(\theta_t+\theta_k)\right]\approx 2K\theta_t F'(\theta_k)$$

$$\sum(\theta_t)=u_1(\theta)-u_2(\theta)=K\left[F(\theta_t+\theta_k)+F(\theta_t+\theta_k)\right]\approx 2KF(\theta_k)$$

$$\frac{\Delta(\theta_t)}{\sum(\theta_t)}=\frac{\theta_t}{F(\theta_k)}F'(\theta_k)$$

等信号法的实现方法有两种，一种是顺序波瓣法：波束绕 *OA* 轴做圆锥运动，在 1 和 2 位置交替出现波束，只用一套接收系统工作；另一种是同时波瓣法：使用两套相同的接收系统同时工作，两个波束同时存在。

微课

3.1.4　雷达测速

有时候不仅要测量目标的距离和角度，还需要测量目标速度，如测量飞机或导弹飞行时的速度。雷达是基于多普勒效应测速的。多普勒效应是物理学家多普勒观察声波发现的，随着雷达技术的发展，又被引入雷达领域。多普勒效应指出，波源和观察者有相对运动时，观察者接收到的频率和波源发出的频率会产生差别：两者相互接近时，观察者接收到的频率升高；两者相互远离时，观察者接收到的频率降低。相对速度越快，频率变化就越明显。

多普勒效应反映的是目标与雷达的相对运动速度，通常称为径向速度。如图 3.13 所示，目标 1 的速度方向为径向方向；目标 2 的速度方向与其和雷达连线方向垂直，因此其径向速度为 0；目标 3 的速度方向与其和雷达连线方向夹角为 θ，其相对于雷达的径向速度为速度 v 在连线方向上的投影 $v' = v\cos\theta$ 。

一般目标运动方向与雷达照射方向间的关系为空间三维投影：

$$v' = v\cos\theta_\alpha \cos\theta_\beta$$

式中，θ_α 为目标速度 v 方向与雷达波束指向的水平夹角；θ_β 为目标速度 v 与雷达波束垂直夹角。目标速度投影如图 3.14 所示。

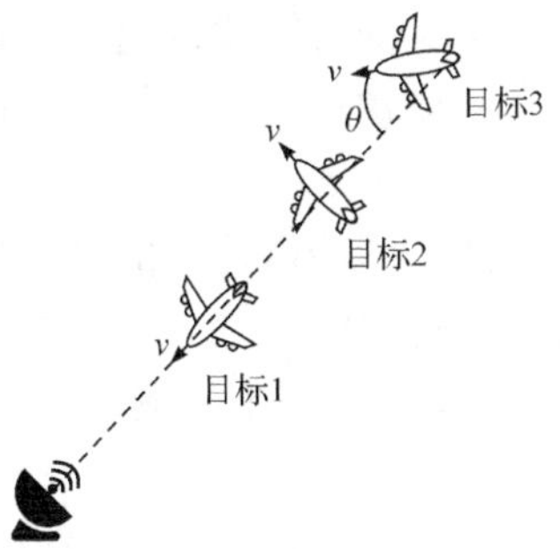

图 3.13　径向速度示意图

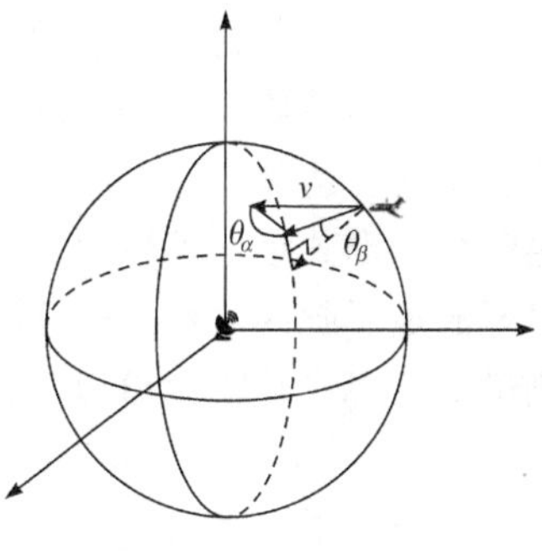

图 3.14　目标速度投影

多普勒频率推导如下。

设雷达发射信号为

$$S_\mathrm{t}(t) = A\cos(2\pi f_0 t + \varphi_0)$$

式中，A 为幅度；f_0 为雷达发射信号的频率；φ_0 为雷达发射信号的初始相位。假设目标向雷达运动，雷达与目标之间的距离可以写为

$$R(t) = R_0 - v't$$

式中，R_0 为目标的起始距离；v' 为目标的径向运动速度。因此，回波信号可以写为

$$S_\mathrm{r}(t) = S_\mathrm{t}(t - t_\mathrm{r}) = KA\cos[2\pi f_0(t - t_\mathrm{r}) + \varphi_0]$$

式中，K 为衰减系数；t_r 为回波信号的延时，可写为

$$t_{\mathrm{r}}=\frac{2R(t)}{c}=\frac{2(R_0-v't)}{c}$$

将 t_{r} 代入 $S_{\mathrm{r}}(t)$ 有

$$S_{\mathrm{r}}(t)=KA\cos\left(2\pi f_0t+2\pi f_0\frac{2v'}{c}t-4\pi f_0\frac{R_0}{c}+\varphi_0\right)$$

回波信号频率 $f_{\mathrm{r}}=f_0+f_0\dfrac{2v'}{c}$，那么发射信号与接收信号频率差，即多普勒频移为

$$f_{\mathrm{d}}=f_{\mathrm{r}}-f_0=f_0\frac{2v'}{c}=\frac{2v'}{\lambda}=\frac{2v\cos\theta_\alpha\cos\theta_\beta}{\lambda}$$

雷达只要能够测量出回波信号的多普勒频移 f_{d}，就可以根据以上公式计算出目标与雷达的径向速度，从而计算出目标速度。

3.2 雷达的类型与工作体制

3.2.1 雷达的类型

雷达技术发展迅速，在军事和民用各个领域有着广泛的应用，各种各样的雷达也层出不穷。下面总结几种主要的雷达分类。

按用途雷达可以分为军用、民用两大类。军用雷达常见的有舰载雷达、机载雷达、星载雷达、弹载雷达等；民用雷达包括气象雷达、汽车防撞雷达、自动驾驶雷达、港口管制雷达、测速雷达等。

按照信号的形式雷达可以分为脉冲雷达和连续波雷达。脉冲雷达的信号是按一定重复周期出现的矩形脉冲信号；连续波雷达发射连续的正弦波信号。

按测量的目标参数雷达可以分为两坐标(距离、方位)雷达、三坐标(距离、方位、仰角或高度)雷达、测高雷达、测度雷达、成像雷达等。

按天线波束扫描形式雷达可以分为机械扫描雷达、电扫描雷达以及机械与电扫描相结合雷达。

按角度跟踪方式雷达可以分为圆锥扫描雷达、单脉冲雷达等。

3.2.2 雷达的工作体制

雷达最初采用最经典的技术体制，即发射简单的脉冲或连续波信号，目标反射的回波由幅度检波器检波后，送显示器显示。随着需求的不断推动，发展了一系列雷达系统新技术体制。下面是几种主流雷达技术体制[4]。

1. 非相参波形雷达技术体制

非相参波形雷达技术体制是指雷达发射机产生的雷达电磁信号是窄带非相参信号，其主要特征是相邻脉冲的载波相位是随机的，即所谓的非相参信号。典型的非相参波形雷达有两坐标雷达、三坐标雷达、测高雷达、炮瞄雷达等。这类雷达抗干扰能力差、分

辨能力低。

2. 相参波形雷达技术体制

相参波形雷达技术体制的雷达采用相参窄带电磁波信号。这种信号主要有 3 个特征：①脉冲之间的相位是相参(连续相关)的，因而回波信号可以在检波前进行相干积累，大大提高了雷达距离探测性能；②可以检测回波信号中的多普勒频移，因而一方面可用来测量目标速度，另一方面可用于运动目标检测和杂波抑制；③窄带信号目标是一个“点”。动目标显示(MTI)雷达技术、动目标检测(MTD)雷达技术、脉冲压缩(PC)雷达技术、脉冲多普勒(PD)雷达技术、相控阵雷达技术等都属于相参波形雷达技术体制。

3. 宽带电磁信号雷达技术体制

宽带电磁信号雷达技术体制的雷达采用宽带相参信号。这种宽带相参信号对目标有精细的分辨率，可以高分辨地展示目标的径向物理结构。雷达所看到的目标不再是 A/R 显示器上的一个尖头或平面位置显示器(PPI)上的一个亮点，而是目标的一个“物理图像”，即目标沿径向方向反射强度的分布图。高距离分辨(HRR)雷达、合成孔径与逆合成孔径成像雷达、脉冲压缩雷达、弹道导弹防御雷达等都属于这类雷达技术体制。

4. 微多普勒信号雷达技术体制

现代化信息战条件下，雷达目标研究除了目标整体运动信息，还需要更多、更精细的目标数据，如目标所处状态及其姿态变化等信息，在这种需求下，微多普勒效应成为一个新的技术热点。微多普勒雷达技术建立了相参信号回波的多普勒频率与目标微运动参数(转动、振动、旋转、翻滚等)之间的对应关系。例如，一个径向表面振动偏离为 $x(t)$ 的目标，回波中的微多普勒频率为

$$f_{\mathrm{m}} = -\frac{2}{\lambda}\frac{\mathrm{d}x(t)}{\mathrm{d}t}$$

提取目标的微多普勒信号，从而可反演出目标或其构建的微动特性。

5. 单站多波束雷达技术体制

这类雷达采用了多波束技术，在发射站同时发射多个波束，或者在接收站同时形成多个波束。相控阵雷达在发射端或接收端采用多波束技术后，雷达数据率、抗干扰能力等都得到了改善。常用于对空警戒的三坐标雷达也采用多波束技术。

6. 多站及组网波束雷达技术体制

多站及组网波束雷达技术体制，基于不同基地波束照射和接收，可获得目标在不同侧面的散射特性，从而提高雷达系统的反隐身性能等。多输入多输出(multiple-input multiple-output，MIMO)技术即多天线发送和接收信号技术，就是通过多个发射波束和多个接收波束的巧妙组合提高雷达系统的功能和性能。

7. 基于移动波束的雷达技术体制

合成孔径与逆合成孔径雷达技术通过雷达波束和目标之间的多普勒频移，大大提高雷达探测的角度分辨率，从而产生了合成孔径和逆合成孔径成像雷达。

习　题

3.1 假设星载雷达为 L 频段，轨道距离为 3.8×10^{8} m，平均发射功率为 2MW，天线工作频率为 3000MHz。计算：

(1) 地球表面的功率密度；

(2) 雷达信号到达地球所需要的时间；

(3) 用直径为 50in*的蝶形天线接收器在地球表面接收到的信号功率(假设传输是无损坏的)。

3.2 假设使用 24.5GHz 的 K 频段雷达进行测速，汽车以 110km/h 的速度向固定的测速雷达驶去，汽车的速度矢量与雷达视线成 30°角。

(1) 计算多普勒频移；

(2) 假设车辆以与雷达视线成 45°角的速度离去，其他条件不变，计算多普勒频移；

(3) 接收到的回波信号频率是多少？

3.3 某低脉冲重复频率(PRF)雷达的峰值功率为 15kW，脉冲重复频率为 10kHz，占空比是 20%。计算：

(1) 平均发射功率、脉冲重复周期、脉冲宽度和前 10ms 的脉冲发射能量；

(2) 最大不模糊距离；

(3) 相应的距离分辨率和所需带宽。

参 考 文 献

[1] 陈伯孝. 现代雷达系统分析与设计[M]. 西安: 西安电子科技大学出版社, 2012.

[2] 丁鹭飞, 耿富禄, 陈建春. 雷达原理[M]. 6 版. 北京: 电子工业出版社, 2020.

[3] 王小谟, 张光义. 雷达与探测: 信息化战争的火眼金睛[M]. 2 版. 北京: 国防工业出版社, 2016.

[4] 曾瑞琪, 刘方正, 姜秋喜, 等. 雷达通信一体化的六种主要技术体制[J]. 现代雷达, 2019, 41(2): 11-30.

* 非法定单位，1in = 2.54cm。

第 4 章

雷达系统组成和参数

4.1 雷达系统的基本组成

雷达系统根据功能的不同种类繁多，其形态和组成也各不相同，但万变不离其宗，其基本的组成如图 4.1 所示，主要包括发射机、接收机、天线、信号处理机、数据处理机、显示终端、信息存储与传输系统[1]。

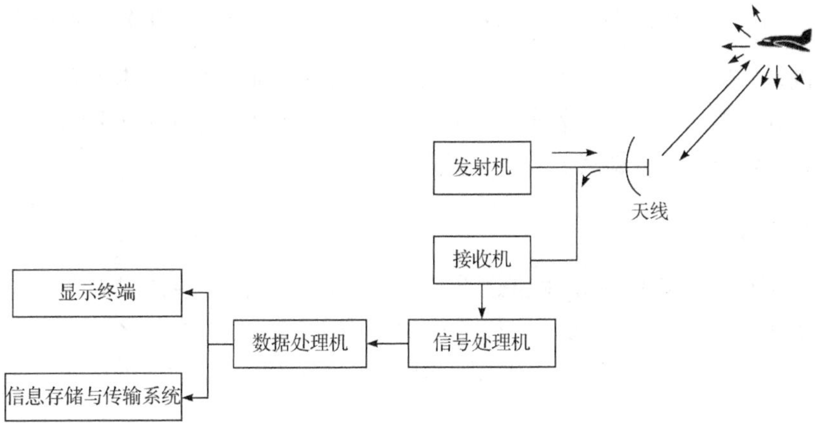

图 4.1 雷达系统基本组成框图

4.1.1 发射机

发射机主要为雷达系统提供大功率、高稳定的射频发射信号。根据发射信号形式的不同，雷达发射机分为连续波发射机和脉冲发射机。连续波雷达发射机，其产生的射频信号是连续的正弦波信号。脉冲雷达发射机产生的射频信号是具有一定脉冲宽度和重复周期的高频脉冲。其中，脉冲雷达发射机是较常用的。

发射机一般由功率放大、电源、调制、控制保护以及冷却等电路系统组成。脉冲雷达发射机主要有单级振荡式发射机和主振放大式发射机两类。

单级振荡式发射机如图 4.2 所示[2]，主要由脉冲调制器和大功率射频振荡器构成。大功率射频信号是直接由一级大功率振荡器产生的，并受到脉冲调制器的控制。这种发射机结构简单、效率高、成本低，但频率稳定性差，难以产生复杂信号波形，射频脉冲信号之间相位不相等，因此无法应用于脉冲压缩和脉冲多普勒等雷达系统。

主振放大式发射机如图 4.3 所示[2]，主要由射频放大链、脉冲调制器、固态频率源和高压电源等构成。这种发射机采用固态频率源，为雷达系统提供射频发射信号频率、本振信号频率、中频相干振荡频率、定时触发脉冲频率以及时钟频率。这些信号频率受高稳定的基准源控制，它们之间有确定的相位关系，即为全相干信号。因此，主振放大式发射机具有频率稳定度高，能够发射相位相参信号，适用于频率捷变雷达，能产生复杂波形等优点，目前大多数雷达发射机，尤其是相控阵雷达发射机，都为主振放大式。

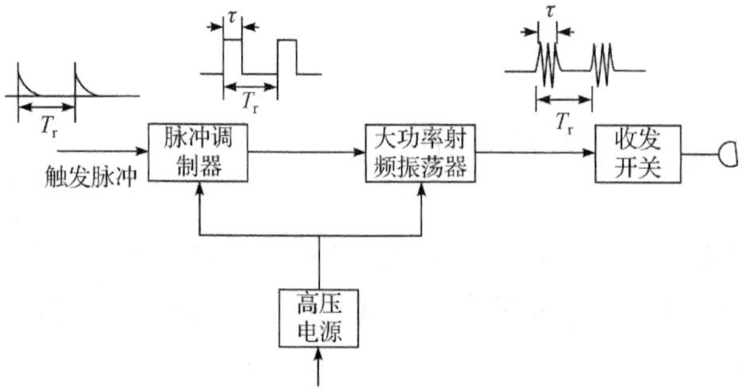

图 4.2 单级振荡式发射机示意图

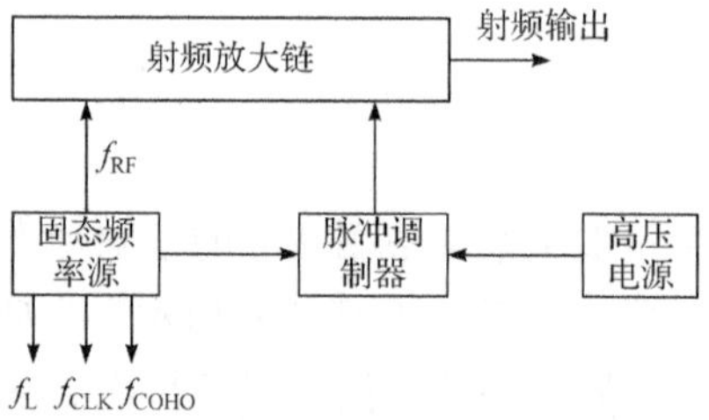

图 4.3 主振放大式发射机示意图

发射机是雷达系统的重要组成部分，也是最昂贵的部分之一，其性能直接影响整个雷达的性能和质量。衡量雷达发射机性能的参数主要包括工作频率或频段、信号形式、输出功率、总效率、信号稳定度或频谱纯度等。

1. 工作频率

雷达发射机的工作频率是由雷达系统任务决定的。在某些情况下还要求发射机能在几个频率上跳变工作或同时工作以提高雷达抗干扰能力。除此之外，在选择发射机工作频率时还要考虑电磁波传输受气候的影响，雷达使用环境，雷达测试精度、分辨率等因素。

2. 信号形式

雷达信号形式多种多样，总体可以分为两大类型：连续波型和脉冲型。连续波型雷达连续发射无线电波，同时接收反射回波。脉冲雷达以窄脉冲的形式间断地发射无线电波，在两次脉冲发射的间隙接收回波，如图 4.4 所示。这种工作方式避免了发射机干扰接收机的问题，同时可以收发共用一个天线，因此大多数雷达采用脉冲工作方式。

脉冲雷达信号有 5 个基本参数：脉冲宽度、脉内或脉间调制方式、载频、脉冲重复频率、相参性。

脉冲宽度：脉冲的持续时间，常用 τ 表示。

脉冲重复频率：雷达发射脉冲的速率，也就是每秒钟发射的脉冲数，英文简写为 PRF，通常用 f_r 表示。脉冲重复频率的另一种度量是从一个脉冲起始到下一个脉冲起始的

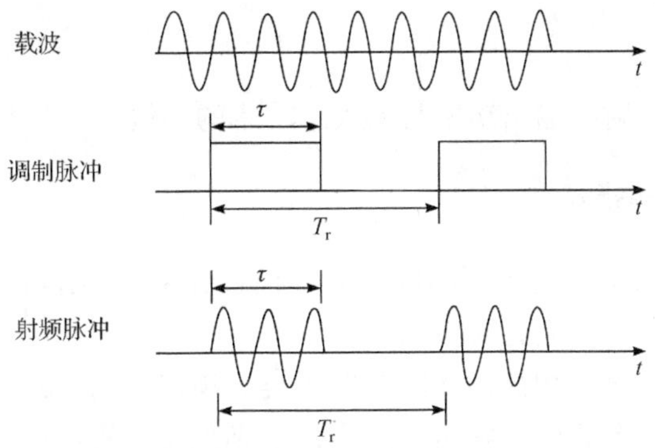

图 4.4　脉冲雷达信号示意图

时间间隔，称为脉冲重复周期或脉冲重复间隔(PRI)，通常用 T_r表示。f_r和 T_r之间的关系为

$$T_r = \frac{1}{f_r} \tag{4.1}$$

载频：大功率射频振荡器或固态频率源产生的载波信号的频率。载频既可以是固定的，又可以随机变化，也可以以某种规律变化，如线性增大或线性减小。

脉内或脉间调制方式：对载波信号的调制方式。最小脉冲长度对距离分辨率的限制可以用脉内调制的办法克服。图 4.5 是一种脉内线性调制方式。

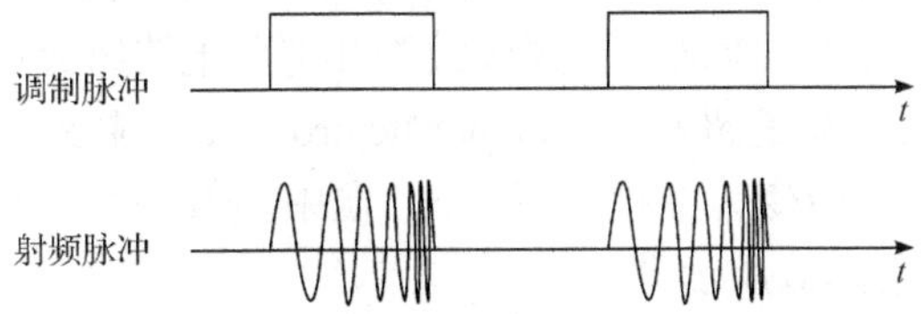

图 4.5　脉内线性调制

相参性：发射信号与雷达频率源的信号存在固有相位关系，对于脉冲信号而言，相参性意味着从一个脉冲到下一个脉冲的相位具有一致性，或者连续性。

3. 输出功率

雷达发射机的输出功率通常规定为发射机送至馈线系统的功率，为了测试方便，一般在保证馈线上一定电压驻波比的条件下，测试的负载上功率即为发射机输出功率。雷达发射机输出功率分为峰值功率 P_t 和平均功率 P_{av}。峰值功率指脉冲期间射频振荡的平均功率；平均功率指脉冲重复周期内输出功率的平均值。如果发射波形是简单的矩形脉冲列，脉冲宽度为 τ，脉冲重复周期为 T_r，那么：

$$P_{av} = P_t \cdot \frac{\tau}{T_r} = P_t \cdot \tau \cdot f_r \tag{4.2}$$

例如，雷达的峰值功率为 200kW，脉冲宽度为 0.5μs，PRI 是 1000μs，那么平均功率就是 200 × 0.5/1000 = 0.1(kW) = 100(W)。

4. 总效率

发射机总效率是发射机输出功率与输入总功率的比值。

5. 信号稳定度或频谱纯度

信号的稳定度是指信号的各项参数，如振幅、频率(或相位)、脉冲宽度及脉冲重复频率等是否随时间发生了不应有的变化。

信号参数的不稳定分为规律性和随机性两类。规律性的不稳定往往是电源纹波、外界有规律的机械振动等造成的；随机性的不稳定则是发射管噪声、调制脉冲的随机起伏等因素引起的。信号的不稳定可以在时域用信号某项参数的方差来衡量，如振幅方差 σ_A^2、相位方差 σ_φ^2 等。

雷达信号的不稳定也可以在频域内衡量，又称为信号的频谱纯度，是指雷达信号在应有的信号频谱之外的寄生输出功率与信号功率之比，一般用 dB 表示，显然比值越小信号频谱纯度越高。

4.1.2 接收机

雷达接收机的任务是从夹杂各种干扰和杂波的回波信号中，通过预选、放大、变频、滤波、解调和数字化处理等手段，提取出有用的目标回波信号。雷达接收机主要由高频放大、混频、中频放大、检波、视频放大等几部分电路组成。

现代雷达接收机几乎都是超外差式(super-heterodyne)，超外差式接收机混频器利用本振(LO)将射频(RF)信号转变为中频(IF)信号，在中频对信号进行放大、滤波等。典型超外差式接收机框图如图 4.6 所示[2]。

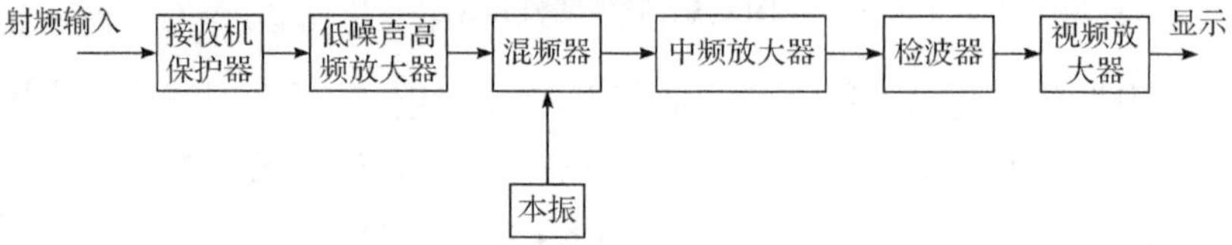

图 4.6 典型超外差式接收机框图

雷达接收机的主要技术参数包括灵敏度和噪声系数、接收机带宽与选择性、动态范围。

1. 灵敏度和噪声系数

灵敏度是指雷达接收机接收信号的最低强度，通常用最小可检测信号功率 $S_{i_{\min}}$ 表示。当输入接收机的信号功率高于或等于 $S_{i_{\min}}$ 时，就能检测出这一信号；低于 $S_{i_{\min}}$ 时，接收机就无法检测出该信号。

噪声系数是衡量接收机内部噪声的一个重要指标，定义为接收机输入端信号噪声功率比 (S_i / N_i) 与输出端信号噪声功率比 (S_o / N_o) 的比值：

$$F=\frac{S_{\mathrm{i}}/N_{\mathrm{i}}}{S_{\mathrm{o}}/N_{\mathrm{o}}} \tag{4.3}$$

雷达接收机的灵敏度受噪声电平的影响，它们之间的关系为

$$S_{\mathrm{i}_{\min}}=kT_0B_{\mathrm{n}}FM \tag{4.4}$$

式中，k 为玻尔兹曼常数；T_0 为室温下的热力学温度，$T_0=290\mathrm{K}$；B_{n} 为系统噪声带宽；M 为识别系数，根据不同体制的雷达要求而定，当 $M=1$ 时，灵敏度称为“临界灵敏度”。

2. 接收机带宽与选择性

接收机带宽为接收机频率响应曲线的半功率点频率间隔，即 3dB 带宽。射频级带宽(含混频级)主要取决于低噪声放大器带宽，中频级带宽主要为了提高接收机的选择性，通常取得较窄。

选择性表示接收机选择所需要的信号而滤除邻频干扰的能力。接收机的选择性是减少噪声的关键，如果中频级带宽大于回波信号带宽，就会有过多的噪声进入接收机；反之，如果中频级带宽小于信号带宽，则信号将会损失部分能量。这两种情况都会减小接收机的信噪比。

3. 动态范围

动态范围表示接收机能够正常工作所允许的输入信号强度变化的范围。接收机允许的最小输入信号强度为最小可检测信号功率 $S_{\mathrm{i}_{\min}}$，允许的最大输入信号强度则根据正常工作的要求而定。当输入信号太强时，接收机将发生饱和而失去放大作用，这种现象称为过载。使接收机刚开始出现过载时的输入信号功率与最小可检测信号功率之比，称作动态范围。

4.1.3　雷达天线

雷达天线发射时，将发射机产生射频信号转换为空间辐射场，将辐射能量集中于某一方向辐射出去；接收时，收集目标回波能量并传输给接收机。

天线的基本参数有辐射方向图、波束宽度、方向性系数、有效孔径、极化等。

1. 辐射方向图

天线在各个方向上辐射的能量是不均匀的。所谓各向同性的天线，即在各方向辐射能量相同的天线是不存在的。天线辐射能量的空间分布称为天线辐射方向图，常以极坐标表示[图 4.7(a)]，有时候也会以笛卡儿坐标系来绘制[图 4.7(b)]。天线辐射方向图在不同方向上的辐射图形称为波瓣，一般分为主瓣、副瓣、旁瓣和背瓣。主瓣是包含最大辐射能量方向上的波瓣，如图 4.7 中天线主瓣指向 $\theta=0°$的方向。副瓣是除主瓣以外的其他波瓣。旁瓣是与主瓣相邻的副瓣，旁瓣所指方向的辐射通常是不希望存在的。旁瓣是所有副瓣中辐射能量最大的波瓣。对于大多数小目标，旁瓣照射回波可以忽略不计，但对

地面而言，旁瓣会产生相当大的回波，是无法忽视的。另外，旁瓣的存在还增加了雷达被敌方探测的灵敏度以及对干扰的敏感性。背瓣是指与主瓣方向相反的副瓣[2-4]。

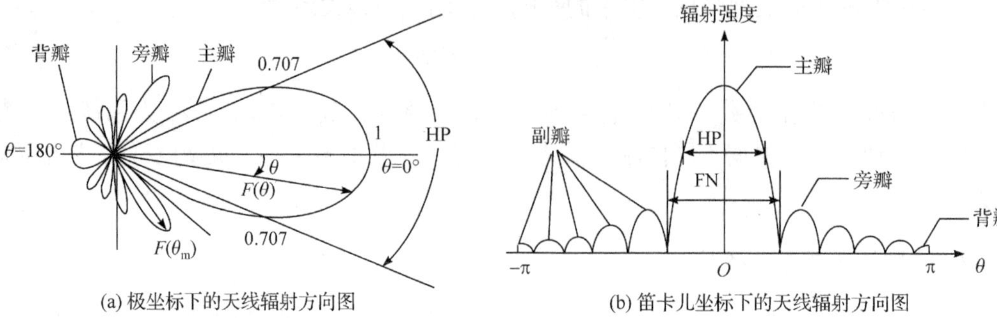

图 4.7 天线辐射方向图

2. 波束宽度

波束宽度通常指半功率(HP)波束宽度，即功率降到波束中心功率 1/2 处两个方向之间的夹角，如图 4.7 中 HP 之间的夹角，记为 θ_{3dB}。波束通常是不对称的，因此通常要区分方位波束宽度(或水平波束宽度)和俯仰波束宽度(或垂直波束宽度)。

3dB 波束宽度主要取决于天线口径面尺寸，近似满足基本关系：

$$\theta_{3dB} \approx 0.89\frac{\lambda}{L} \tag{4.5}$$

式中，θ_{3dB} 的单位为弧度；L 为天线沿某一维方向的尺寸；λ 为波长。可见天线尺寸越大，θ_{3dB} 宽度越窄，天线方向性越好。

3. 天线的方向性系数

天线的方向性系数是天线将能量集中在所需方向的能力的度量，定义为

$$G_D = \frac{最大辐射强度}{平均辐射强度}$$

式中的辐射强度以单位立体角内的功率来表示，记为 $P(\theta,\varphi)$，θ 和 φ 代表方位角和俯仰角。整个空间的平均辐射强度是天线辐射的总功率除以 4π 球面角度，最大辐射强度是单位立体角的最大辐射功率。这样方向性系数可以表示为

$$G_D = \frac{最大辐射功率/单位立体角}{总辐射功率\div 4\pi立体角} = \frac{4\pi P(\theta,\varphi)_{max}}{\iint P(\theta,\varphi)\mathrm{d}\theta\mathrm{d}\varphi}$$

雷达系统中的天线增益是指功率增益，用 G 表示，简称增益，通常是将实际天线与一个无耗的、在所有方向都具有单位增益的理想天线比较而得：

$$G = \frac{实际天线的最大辐射强度}{具有相同输入功率的无耗各向同性源的辐射强度}$$

功率增益与方向性系数的关系为

$$G = \eta \cdot G_{\mathrm{D}} \tag{4.6}$$

式中，η 为天线效率，小于 1。

4. 有效孔径

天线有效孔径与实际孔径不同，反映了天线在接收电磁波时呈现的有效面积，通常用 A_e 表示。它与入射电磁波功率密度 S_i 相乘后即可得到天线的接收功率 P_r，即

$$P_r = S_i \cdot A_e \tag{4.7}$$

A_e 与 A 的关系为

$$A_e = \eta_A \cdot A \tag{4.8}$$

式中，η_A 为天线口径利用效率，通常 $\eta_A \leqslant 1$。

天线的有效孔径也可以表示为

$$A_e = \frac{G\lambda^2}{4\pi}$$

式中，λ 为电磁波波长。显然，天线有效孔径 A_e 与天线增益 G 成正比，有效孔径越大，天线增益越大。

5. 极化

微课

天线的极化是天线辐射或接收的电磁波电场矢量的方向、模值随时间变化的方式，即电场矢端运动轨迹。极化可以分为线极化、椭圆极化或圆极化。在均匀各向同性介质中，天线的远区辐射场是横电磁波。沿横电磁波传播方向(假定为直角坐标系的 Z 轴)看去，电场必在 XY 平面内，且垂直于 Z 轴。

图 4.8 为不同极化方式示意图，若电场矢量的顶端运动轨迹沿一条直线变化，则电磁波为线极化波；若运动轨迹沿椭圆顺(逆)时针变化，则电磁波为椭圆极化波；若运动轨迹沿圆顺(逆)时针变化，则电磁波为圆极化波。

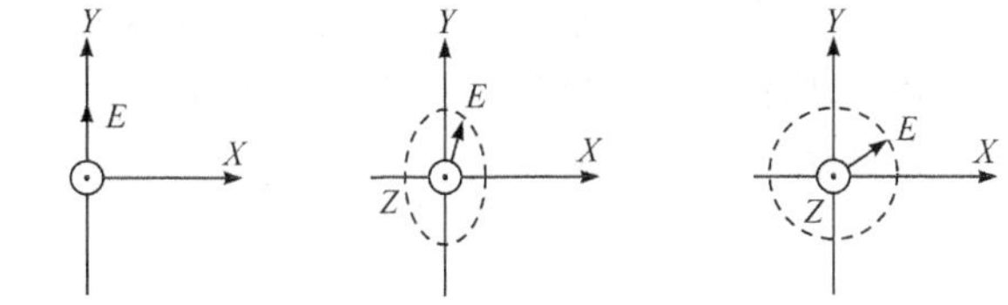

(a) 线极化　　(b) 椭圆极化　　(c) 圆极化

图 4.8　不同极化方式示意图

4.1.4　信号处理机

早期雷达回波的处理都是由雷达接收机完成的。雷达接收机进行高频放大、混频、中频放大后就进行检波、视频放大，然后直接送显示器显示。由于没有专门的信号处理机，雷达抗干扰性能、杂波抑制能力及目标检测能力很差。现代雷达为了改善雷达综合性能，增加了专门的雷达信号处理机，主要由脉冲压缩模块、动目标显示(MTI)模块、

动目标检测(MTD)模块、抑制杂波剩余模块、目标检测模块等组成。图 4.9 为雷达信号处理机的一般组成[4]。

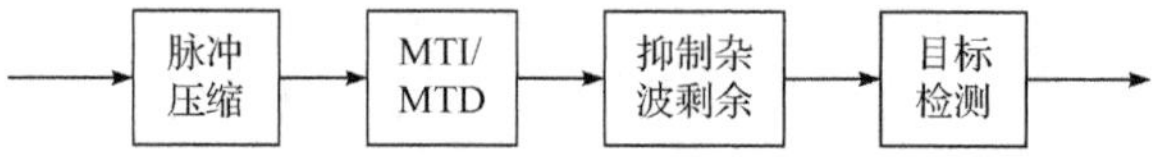

图 4.9 雷达信号处理机一般组成

4.1.5 数据处理机

早期雷达不需要专门的数据处理机，简单的数据录取、处理工作由操作人员人工完成。随着现代雷达的发展，数据处理任务越来越复杂，专门的数据处理机应运而生。其主要用于对雷达录取的目标量测数据，包括目标的斜距、径向速度、方位角、俯仰角等进行关联、滤波、预测等处理，形成目标运动轨迹，实现对目标的稳定跟踪。

雷达数据处理机框图如图 4.10 所示[2,5]。

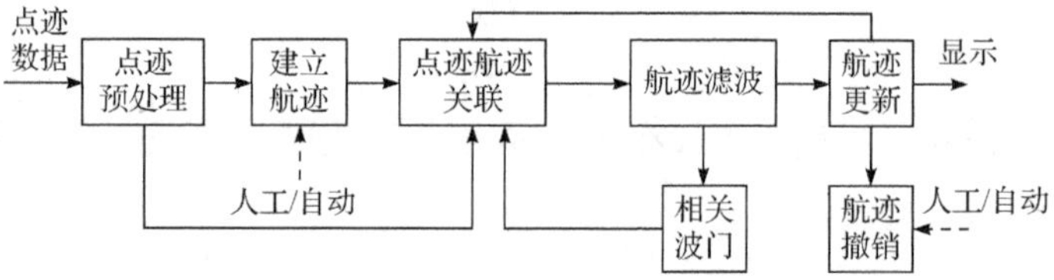

图 4.10 雷达数据处理机框图

数据处理机根据接收到的初始点迹数据建立起始航迹。起始航迹又称为试验航迹，因为是暂时建立的航迹，后续由人工或者自动对该航迹进行确认，才能被保留。由虚警点迹数据建立的航迹在后续关联中会被撤销，由真实目标点迹数据建立的航迹能够形成连续的航迹，在后续关联中会被保留。

通常雷达回波总存在多个目标，每个目标都有自己的航迹。后续输入的点迹是通过相关波门与各自航迹建立关联的。建立关联，表示点迹属于该目标，根据该目标所建立的状态方程，对该点数据进行相应的平滑滤波、预测外推处理，实现目标航迹的更新，同时调整下一点迹有可能出现的波门位置。这样就实现了目标的连续稳定跟踪，目标航迹数据最终通过显示设备呈现给雷达操作员。当不再关心某一个目标或者航迹质量变差时，可以通过人工干预或自动的方式撤销该航迹。

4.1.6 显示终端

雷达显示终端用来显示雷达所获得的目标信息和情报，显示的内容包括目标的位置及其运动情况、目标的各种特征参数等。典型的雷达信息显示形式有距离显示、平面位置显示、高度显示、综合显示及多功能显示等。

1. 距离显示

距离显示为一维显示，用屏幕上光点距参考点的水平偏移量表示目标斜距，光点垂直偏转幅度表示目标回波强度。常见的距离显示有 A 型、A/R 型和 J 型。图 4.11 为 A 型距离显示示意图。

2. 平面位置显示

平面位置显示为二维显示方式，屏幕上光点的位置表示目标的水平面位置坐标，光点亮度表示目标回波强度。典型的平面位置显示有 P 型、偏心 P 型和 B 型三种。图 4.12 为 P 型平面位置显示。

3. 高度显示

高度显示也是二维显示方式，用平面上光点的横坐标表示距离，纵坐标表示目标仰角或高度。常见的高度显示有 E 型和 RHI 型两种。图 4.13 为 E 型高度显示。

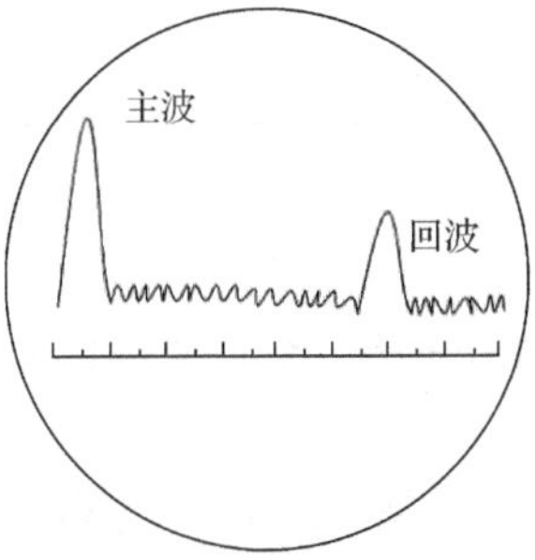

图 4.11　A 型距离显示

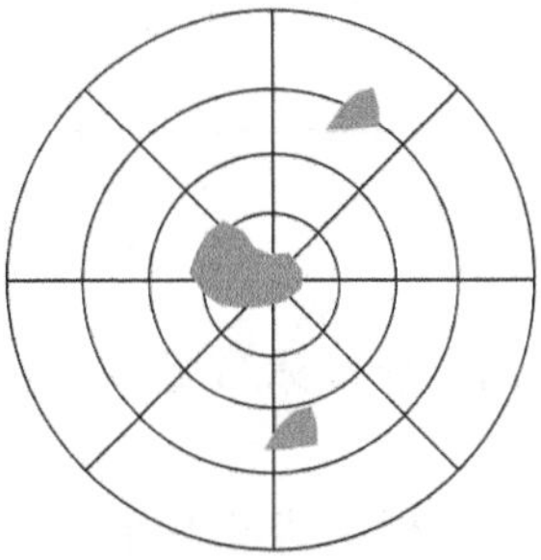

图 4.12　P 型平面位置显示

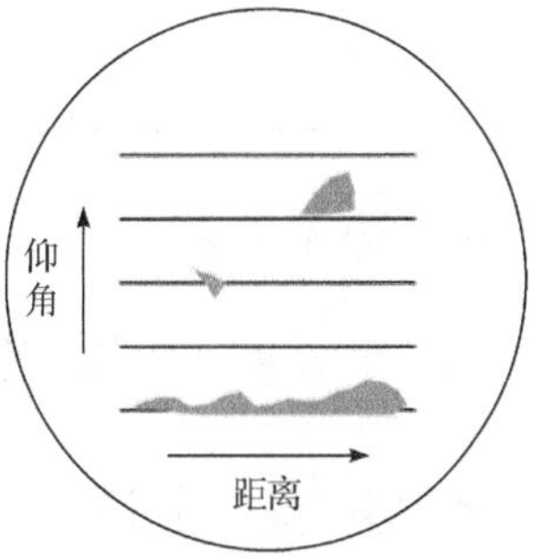

图 4.13　E 型高度显示

4. 综合显示及多功能显示

随着数字技术在雷达中的广泛应用，出现了由计算机和微处理机控制的综合显示器和多功能显示器，如图 4.14 所示。

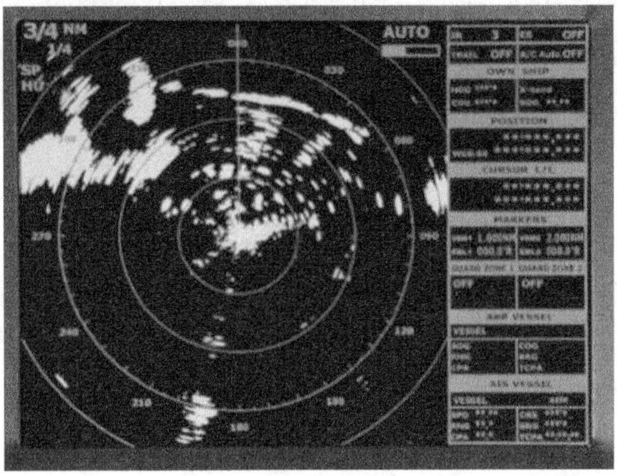

图 4.14　多功能显示画面

4.2 雷 达 参 数

1. 雷达的工作频率

雷达工作频率范围较广，绝大部分工作于 200～10000MHz 频段。雷达技术领域常用频段用 L、S、C、X 等英文字母命名，这是第二次世界大战期间为了保密采用的，一直沿用至今。表 4.1 列出了部分雷达频段和频率的对应关系。

表 4.1　部分雷达频段和频率的对应关系

频段命名	标称频率范围/GHz
L	1～2
S	2～4
C	4～8
X	8～12
Ku	12～18
K	18～27

2. 雷达的分辨率

雷达的分辨率是指雷达区分两个点目标的能力，包括距离分辨率、角分辨率以及速度分辨率。

距离分辨率是指同一方向两个目标之间最小可区分的距离，如图 4.15(a)中点目标 A 和 B 之间的最小距离ΔR。

脉冲雷达的距离分辨率为

$$\Delta R = \frac{c\tau}{2} = \frac{c}{2B} \tag{4.9}$$

式中，τ 为发射脉冲宽度或者脉冲压缩后的等效脉冲宽度；B 为发射信号的带宽。

角分辨率是指在相同距离上两个不同方向点目标之间最小能区分的角度。如图 4.15(a)中的$\Delta\theta$。水平面的角分辨率称为方位角分辨率，铅垂面的角分辨率称为仰角分辨率。角分辨率与天线波束宽度有关，波束越窄，角分辨率越高。若天线有效孔径为 D，波长为 λ，那么其角分辨率为

$$\Delta\theta = \theta_{0.5} \approx \frac{\lambda}{D} \tag{4.10}$$

速度分辨率是指在同一波束内的两个速度不同的点目标之间最小能区分的速度差Δv。如图 4.15(b)所示，如果两个点目标速度差小于Δv，它们的频谱线就会重叠在一起，无法分辨。速度分辨率与频率差之间的关系如式(4.11)所示。

$$\Delta f = \frac{2\Delta v}{\lambda} \tag{4.11}$$

3. 测量精度

雷达测量精度是其所测量的目标坐标与真实目标坐标之间的偏离程度。通常雷达测量精度是以测量误差的均方根值来衡量的。误差越小，测量精度就越高。雷达测量误差由两部分组成，一是雷达系统误差，二是随机误差。系统误差可以通过校准进行一定程度的修正。随机误差产生的因素比较复杂，与测量方法、测量设备以及信号噪声比等有关。

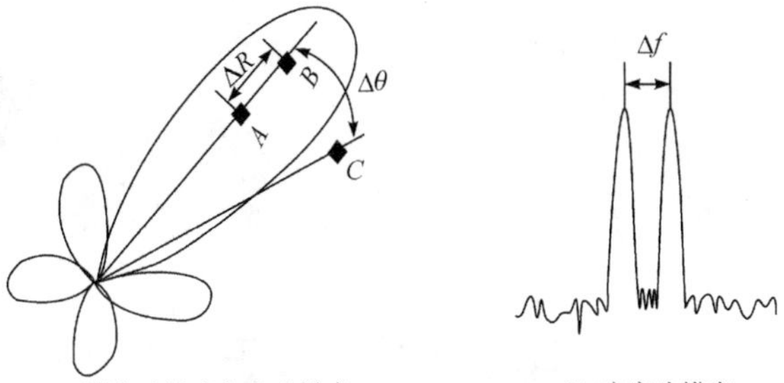

(a) 距离分辨率与角分辨率　　(b) 速度分辨率

图 4.15　雷达分辨率示意图

习　题

4.1　假设有一个脉冲雷达系统，其脉冲宽度为 1μs，使用的脉冲压缩技术能够将脉冲宽度压缩至 0.01μs，雷达的工作带宽为 100MHz。计算该雷达系统的距离分辨率。

4.2　假设一个雷达系统在 C 频段工作，其标称频率为 5.6GHz。如果天线尺寸为 3m，计算天线的方位波束宽度和俯仰波束宽度(注：需考虑天线为矩形开口波导，沿方位和俯仰方向尺寸相等)。

参 考 文 献

[1] 陈伯孝. 现代雷达系统分析与设计[M]. 西安: 西安电子科技大学出版社, 2012.

[2] 丁鹭飞, 耿富禄, 陈建春. 雷达原理[M]. 6 版. 北京: 电子工业出版社, 2020.

[3] 哈比卜. 拉赫曼. 雷达原理基础[M]. 谭贤四, 等译. 北京: 国防工业出版社, 2022.

[4] 王雪松, 李盾, 王伟. 雷达技术与系统[M]. 2 版. 北京: 电子工业出版社, 2014.

[5] 汪枫, 刘润华. 雷达原理与系统[M]. 北京: 国防工业出版社, 2022.

第 5 章

雷达探测方法

5.1 脉冲多普勒雷达探测方法

脉冲多普勒雷达(pulse Doppler radar，PDR)是一种利用多普勒效应在频域检测目标信号的脉冲雷达。脉冲多普勒雷达是为了解决机载雷达下视过程中检测运动目标遇到强杂波背景问题发展起来的一种雷达技术。这种雷达不仅具有脉冲雷达的距离分辨率，还具有媲美连续波雷达的速度分辨率，能进行频域的滤波与检测，有更强的抑制杂波的能力，能在较强的杂波背景中分辨出动目标回波，广泛应用于机载平台和弹载平台中。

5.1.1 脉冲多普勒雷达探测原理

机载雷达地杂波主要包括副瓣杂波和主瓣杂波。副瓣杂波是由雷达天线副瓣在雷达周围多个方向上与地表相交产生的杂波；主瓣杂波是在雷达前方主瓣与地表相交产生的杂波。

1. 机载雷达的地杂波时域分布

机载雷达的地杂波时域分布如图 5.1 所示。最先返回的是雷达发射机泄露的信号，然后是高度杂波，在主瓣视轴与地表相交处附近有很强的主瓣杂波。副瓣杂波分布比较分散，强度随着距离的增大而减弱，在地平线处结束。主瓣杂波通常很强，比任何雷达发射机的回波都强得多，因为主瓣照射的区域较大，增益也很高。副瓣杂波强度取决于三个方面：一是地面距离；二是该区域方向副瓣增益；三是地面区域地形特征，即反射系数。在雷达发射机下方一个相当大的地面区域内，副瓣杂波以峰值的形式出现在距离分布图上，称为高度杂波。高度杂波不仅比周围的副瓣杂波强得多，且等于或强于主瓣杂波。图 5.1 中目标 A 的回波完全被强得多的主瓣杂波掩盖，难以在时域检测出来[1]。

2. 机载雷达的地杂波频域分布

机载雷达的地杂波频域分布如图 5.2 所示。设机载平台相对于地面速度为 V_R，雷达波束是向着四面八方的，那么雷达相对地面的速度范围为 $(-V_R, V_R)$，所以地杂波的相对频率范围为 $(-2V_R/\lambda, 2V_R/\lambda)$，是有限的范围。显然，如果某目标 A 与机载平台是相向飞行的，假设速度为 V_A，V_A 与 V_R 的夹角为 φ，那么目标 A 的多普勒频率等于 $2(V_R + V_A\cos\varphi)V_R/\lambda$，大于 $2V_R/\lambda$，不在地杂波相对频率范围内，这样可以从频域中将目标 A 检测出来。

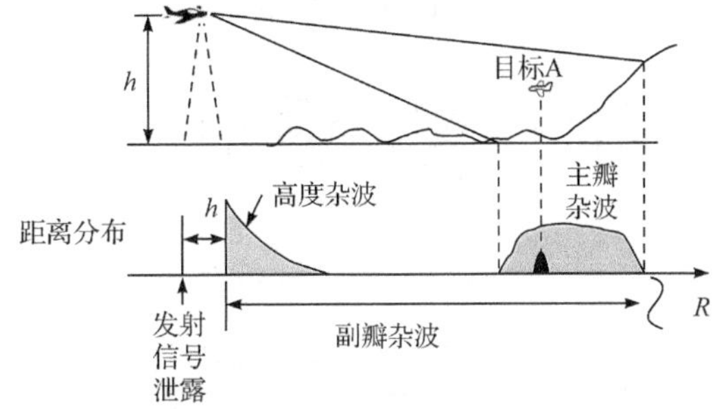

图 5.1　机载雷达的地杂波时域分布

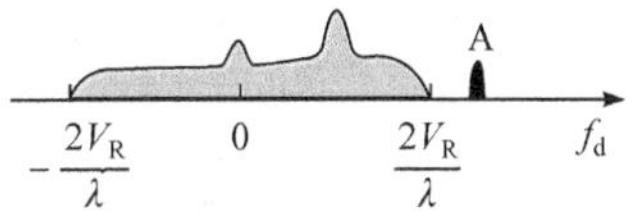

图 5.2　机载雷达的地杂波频域分布

3. 回波信号的多普勒频率检测方法

为了在频域中将目标信号检测出来，脉冲多普勒雷达采用窄带多普勒滤波器组对回波信号的多普勒频率进行检测。滤波器组中滤波器的个数取决于要覆盖的多普勒频率范围与单个滤波器的带宽，滤波器的调谐频率逐渐升高，如图 5.3 所示。

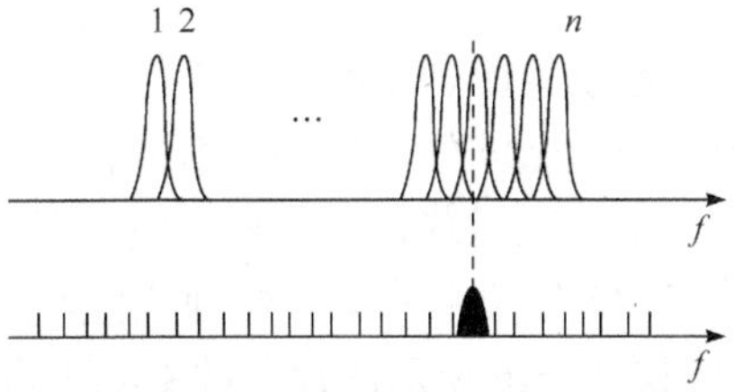

图 5.3　窄带多普勒滤波器组检测目标

当回波信号的多普勒频率落入滤波器组的带宽之内时，滤波器组中某一两个滤波器就能产生一定的数据，依据滤波器的输出，即可知道目标回波的多普勒频率，将目标检测出来。如果要同时测量目标的距离，可以设置距离门，且对每个距离增量都必须提供各自的窄带多普勒滤波器组，这样当目标从滤波器检测出来时，就可以同时知道目标的多普勒频率和距离。

4. PD 雷达的组成

从上面的分析可以看出，PD 雷达是利用了目标回波中携带的多普勒信息，在频域内实现目标和杂波的分离，从而实现从强地杂波背景中检测出动目标，并对其精确测速。

PD 雷达一般组成如图 5.4 所示[2]。PD 雷达的发射脉冲信号必须有稳定的相参性能，通常采用主振式发射机。在接收机中对接收信号进行高频放大、中频变换和中频放大，利用发射脉冲抑制器进行发射脉冲抑制后，把每一脉冲重复周期分成若干个距离门，再用多普勒频率范围内的窄带滤波器组对信号和杂波进行过滤。

每个距离门对应一个距离单元和响应的一条距离通道，每一通道都有一单边带滤波器，用来选取中心频率附近目标可能出现的频率范围，然后送到窄带滤波器组用于选出目标的多普勒频率谱线，滤除干扰杂波的谱线，使雷达从强杂波中分离和检测出目标信号。

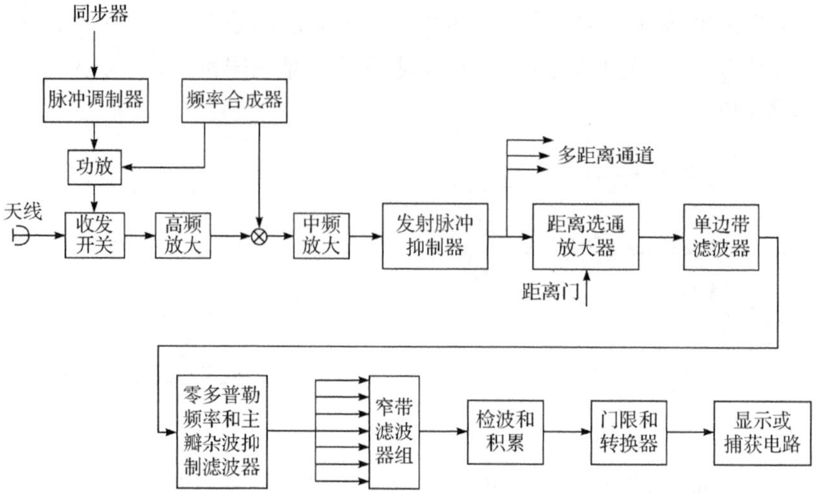

图 5.4 PD 雷达一般组成框图

5.1.2 地杂波频谱与运动目标频谱的关系

1. 地杂波综合频谱

地杂波综合频谱如图 5.5 所示[2]。地杂波的频谱具有 Sa 函数包络形状，每根谱线的形状与地杂波的多普勒频谱形状相同，谱线间隔等于发射脉冲重复频率，中心谱线的中心频率为发射载频 f_c。地杂波的各种频率分量，都具有左右边频分量，它们的相互间隔等于脉冲重复频率。高频地杂波经过中频为 f_I，下变频和带宽为 f_r 的带通滤波器后就可得到如图 5.6 所示的地杂波中心谱带。

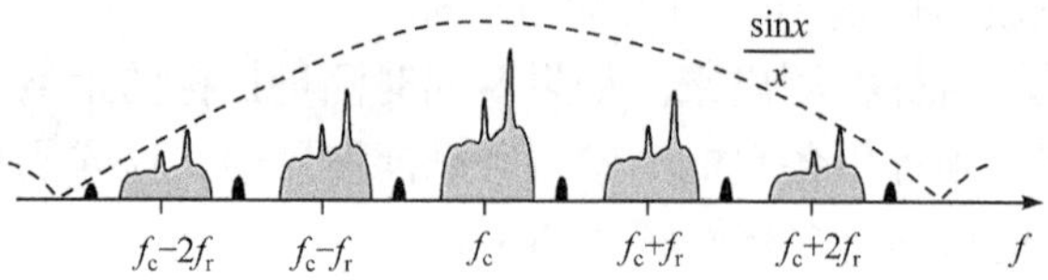

图 5.5 地杂波综合频谱

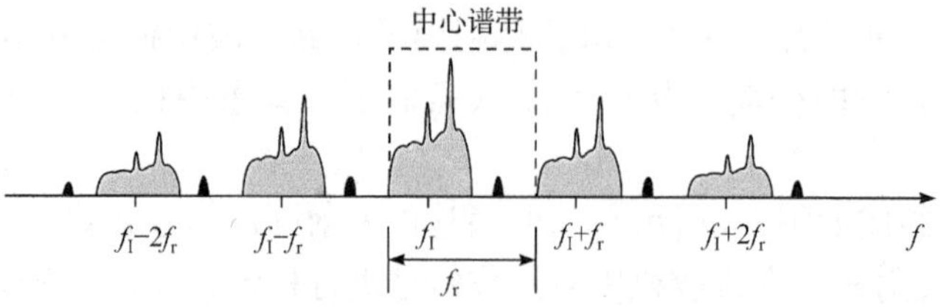

图 5.6 地杂波下变频及带通滤波

2. 运动目标多普勒频率

假设脉冲重复频率足够高，不存在多普勒频率模糊。典型飞行目标回波多普勒频率如图 5.7 所示。

图 5.7(a)是雷达与目标相向飞行时目标与杂波多普勒频率之间的关系。因为目标飞向雷达的速度高于雷达载机的速度，所以目标多普勒频率高于任何地物回波的多普勒频率。图 5.7(b)中雷达尾随目标，且目标接近的速度低于雷达载机速度，此时目标的多普勒频率落入副瓣杂波占据的频带内，具体落入何处取决于目标接近速度的大小。

图 5.7(c)中目标的速度垂直于雷达到目标的视线，因此目标回波具有和主瓣杂波相同的多普勒频率。图 5.7(d)中雷达尾随追踪，目标接近速度为 0，此时目标回波多普勒频率和高度杂波相同。图 5.7(e)中目标 A、B 是两个离去的目标，且目标 A 的离去速度高于雷达载机的速度 V_R，目标 B 的离去速度低于 V_R，因此，目标 A 的多普勒频率在副瓣杂波频谱负频率范围之外的清晰区域，目标 B 在副瓣杂波频谱的负频率范围内。

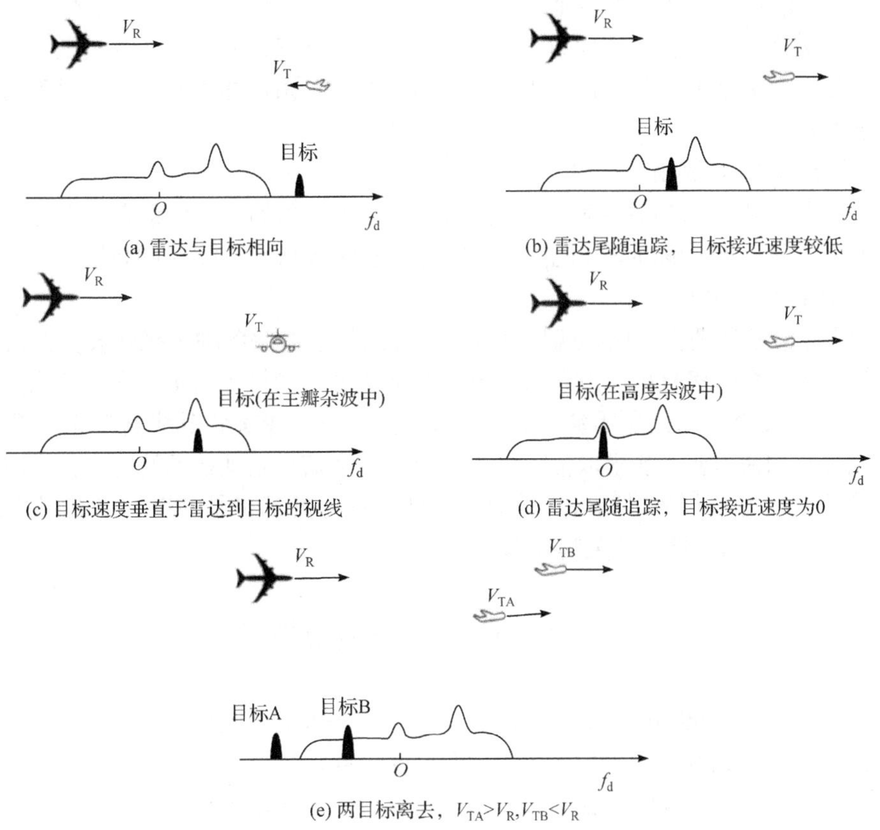

图 5.7　典型飞行目标回波多普勒频率

5.1.3　脉冲多普勒雷达的类型与特点

1. 脉冲多普勒雷达的类型

脉冲多普勒(PD)雷达重复频率的选择会影响其地面杂波频谱的分布情况，从而影响雷达性能[3]，因此脉冲重复频率的选择非常重要。高、中、低 3 种脉冲重复频率是互补的，它们在实践中都获得了应用。根据所选择脉冲重复频率的不同，PD 雷达有三种，其特点如下。

低脉冲重复频率(LPRF)：按 R_{max} 设计，距离上不模糊，速度上模糊；

高脉冲重复频率(HPRF)：按 v_{max} 设计，速度上不模糊，距离上模糊；

中脉冲重复频率(MPRF)：距离和速度上都模糊，但模糊程度分别比上面两种低，是折衷方案。

在设计时，应当根据特定工作要求谨慎选择脉冲重复频率，以获得所需的优良杂波抑制功能。

2. 脉冲多普勒雷达的特点

1) 高度相参

PD 雷达信号具有高度相参性。所谓相参是指目标回波信号与发射信号之间应保持严格的相位关系，用以提取目标的有关信息。相参脉冲串信号的频谱特点是主谱线一定位于载频处，是离散的，利用这些谱线能够精确测速。采用非相参信号，得到的信号频谱具有连续特性。

2) 天线高增益低副瓣

PD 雷达的副瓣杂波占据很宽的多普勒频率范围，再加上多重距离模糊使杂波重叠而强度增大，只有极低的副瓣才能提高在副瓣杂波区检测运动目标的能力。

3) 高速信号处理

PD 雷达信号处理机的核心就是窄带滤波器组，它滤除各种干扰杂波，保留所需的目标信号。由于窄带多普勒滤波器组要覆盖全部所需探测目标的多普勒频率范围，而每个滤波器通带又窄，因此所需滤波器的数量是很大的。PD 雷达中普遍采用数字滤波器，其原理是用傅里叶变换求取信号频谱。随着数字信号处理技术的发展，采用快速傅里叶变换使傅里叶分析的时间大大缩短。因此，信号处理机是 PD 雷达的核心组成部分，也是影响 PD 雷达性能的关键技术。

5.2 合成孔径雷达探测方法

合成孔径雷达(synthetic aperture radar，SAR)是一种能够实现高分辨率成像的雷达。相比于光学、红外成像，合成孔径雷达成像不受气候、昼夜等因素的影响，具有全天候成像的优点。工作在低频段的合成孔径雷达还具有一定穿透树林、地表的能力。同时，其回波信号中包含多种散射信息，不同目标对微波不同频率、入射角及极化方式会呈现不同的散射特性和穿透力，这一性质为目标分类及识别提供了更为全面的信息。这些优点使得合成孔径雷达在民用、军事等领域获得广泛的应用。

在民用领域，利用合成孔径雷达进行地面绘图，实现海洋和地面污染监视、土壤墒情监视、农作物分类和评估、冰山移动监视、地质勘探、洪水泛滥实时监视以及城市地图数字化等应用。

军事领域，机载合成孔径雷达能够进行地形地貌成像，地面目标识别和确认，实现军事情报搜集和战场侦察。星载合成孔径雷达可以进行全天候全球战略侦察、全天候海洋军事动态监视、战略导弹终端要点防御的目标识别与拦截、战略导弹导引等。

5.2.1 合成孔径雷达的基本原理

合成孔径技术是为了提高成像雷达横向(方位)分辨率而提出的。图 5.8 为成像雷达距离向和方位向示意图。距离分辨率是成像雷达区分距离向两个目标点的最小可分辨距离，如图 5.8 中 A、B 两目标。距离分辨率由雷达所采用的信号带宽决定，信号带宽越宽，距离分辨率越高。方位分辨率是成像雷达区分方位向两个目标点的最小可分辨距离，如图 5.8 中 B、C 两目标。

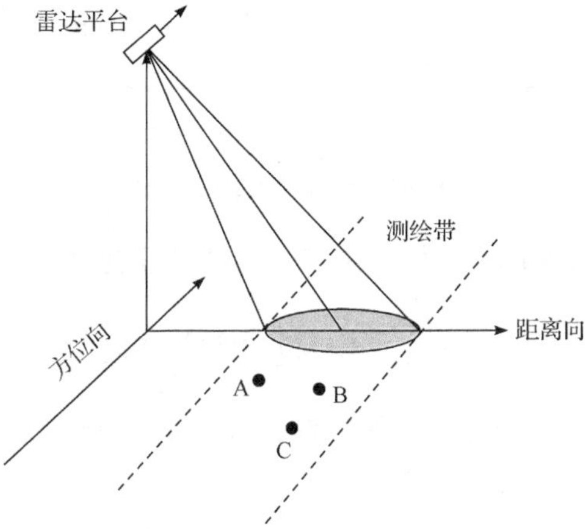

图 5.8 成像雷达距离向和方位向示意图

实孔径雷达的方位分辨率取决于天线的方位波束宽度。对于孔径尺寸为 D 的雷达天线，其半功率波瓣宽度为

$$\beta_{0.5} = k\frac{\lambda}{D} \tag{5.1}$$

式中，λ 为波长；k 为常数，通常在 0.886～1.4 范围变化，为了方便常取 $k=1$。

那么，如果目标与雷达的距离为 R，则实孔径雷达的方位分辨率为

$$\rho = R\frac{\lambda}{D} \tag{5.2}$$

可以看出，此时方位分辨率与实孔径天线的长度成反比，与波长和到目标的斜距成正比，因此要获得高的方位分辨能力，必须增大天线尺寸或增大雷达信号频率。但频率很高时会出现很多问题，而增大天线尺寸又受到雷达体积和重量的限制。既然增大实孔径天线长度提高雷达方位分辨率有诸多问题，那么有人就想到用虚拟大孔径天线来实现高方位分辨率的目的。他们认为，一根长的线阵天线之所以能够产生窄波束，是由于发射时线阵的每个阵元同时发射相参信号，接收时每个阵元又同时接收信号在馈线系统中叠加形成很窄的接收波束。多个阵元同时发射、同时接收并不是必须的，可以先在第一个阵元发射和接收，然后依次在其他阵元上发射和接收，并且把每个阵元上接收的回波信号全部存储起来，进行叠加处理，效果类似于一个长的线阵天线同时发、收雷达信号。因此，只要用一副小天线沿长线阵的轨迹等速移动并辐射相参信号，记录下接收信号并进行适当处理，就能获得相当于一个很长线阵的方位向高分辨力。人们称这一概念

为合成孔径天线，采用这种技术的雷达称为合成孔径雷达[4]。

图 5.9 为 N 个阵元的线阵列天线示意图。该阵列实际总长度为 L。该阵列的辐射方向图可以定义为单个阵元辐射方向图和阵列因子的乘积。阵列因子是阵列中天线阵元均为全向阵元时的总辐射方向图。

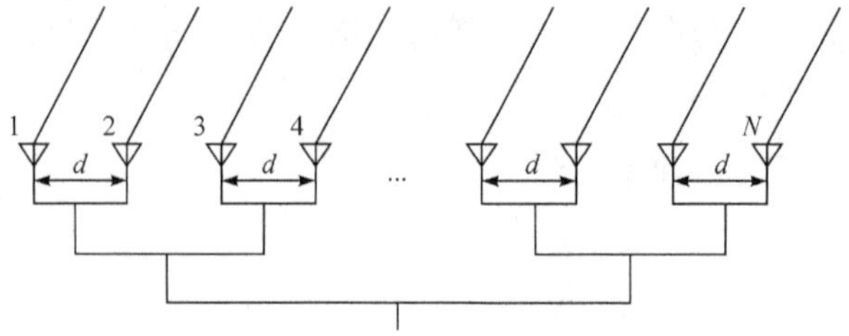

图 5.9　线阵列天线示意图

若忽略空间损失和阵元的方向图，则阵列的输出可表示为

$$V_{\mathrm{R}}=\sum_{n=1}^{N}\left\{A_n\exp\left[-\mathrm{j}(2\pi/d)\right]\right\}^2 \tag{5.3}$$

式中，V_{R} 为阵列输出中各阵元幅度的平方和；A_n 为第 n 个阵元的幅度；d 为阵元间距。

因此，阵列的半功率点波瓣宽度为

$$\theta_{0.5}=\frac{\lambda}{L}(\mathrm{rad}) \tag{5.4}$$

若目标与阵列的斜距为 R，则其方位分辨率为

$$\delta_x=\frac{\lambda R}{L} \tag{5.5}$$

假如不用这么多的实际小天线，只用一副小天线，让这副小天线在一条直线上移动。小天线发出第一个脉冲并接收从目标散射回来的第一个回波脉冲，存储起来后，按理想的直线移动一定距离到第二个位置。小天线在第二个位置上再发一个同样的脉冲波(这个脉冲与第一个脉冲之间有一个由时延引起的相位差)，并把第二个脉冲回波接收后也存储起来。以此类推，一直到这个小天线移动的直线长度相当于阵列大天线的长度。这时把存储起来的所有回波(N 个)都取出来，同样按向量相加。在忽略空间损失和阵元方向图情况下，其输出为

$$V_{\mathrm{S}}=\sum_{n=1}^{N}\left\{A_n\exp\left[-\mathrm{j}(2\pi/d)\right]\right\}^2 \tag{5.6}$$

式中，V_{S} 为同一阵元在 N 个位置的合成孔径阵列输出的幅度平方和。

得到的实阵列和合成阵列的双路径波束如图 5.10 所示。

合成阵列的有效半功率点波瓣宽度近似为相同长度的实阵列的一半，这是因为合成孔径雷达的发射和接收共用一副天线，雷达信号的行程差是双程差，从而进一步锐化了波束。合成孔径的半功率波束宽度为

$$\theta_{\mathrm{S}}=\frac{\lambda}{2L_{\mathrm{S}}}(\mathrm{rad}) \tag{5.7}$$

式中，L_S 为合成孔径的长度，它是目标保持在天线波瓣宽度内飞机飞过的距离，如图 5.11 所示。由此可见，等效的合成孔径长度越长，雷达波束就越窄，方位分辨率就越高。

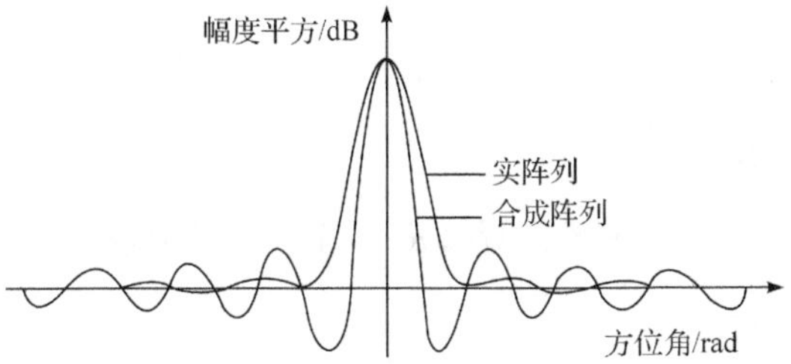

图 5.10　实阵列和合成阵列的双路径波束

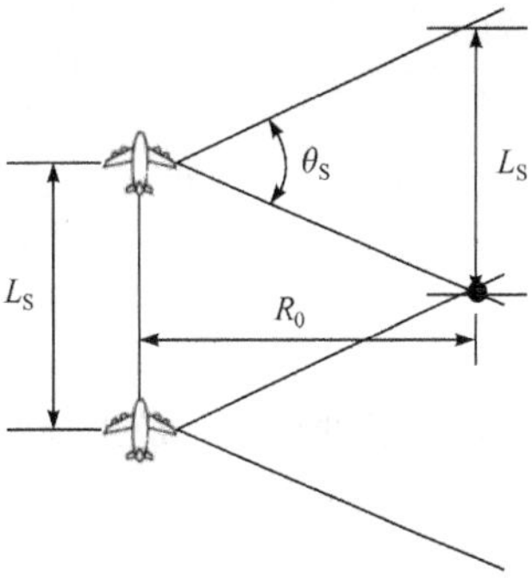

图 5.11　目标保持在天线波瓣宽度内飞机飞过的距离

合成孔径雷达可分为聚焦式和非聚焦式两种。聚焦式合成孔径雷达是将回波信号进行同相叠加；非聚焦式合成孔径雷达则是直接将信号叠加。

对于聚焦式合成孔径雷达，需要补偿同一目标回波的相位差，完成信号的同相叠加，那么可以在最大合成孔径长度范围内进行信号积累。这时取 $L_S = \frac{\lambda}{D} \cdot R$，则可得到雷达的方位分辨率为

$$\rho_a = \theta_S \cdot R = \frac{\lambda}{2L_S} \cdot R = \frac{D}{2} \tag{5.8}$$

可见，聚焦式合成孔径雷达的方位分辨率只与天线尺寸有关，与距离和波长无关。这表明，照射区内不同位置上的目标，聚焦式合成孔径雷达都能做到等分辨率成像，且理论上分辨率可达到 $D/2$。但实际系统存在各种相位误差，方位分辨率是远远达不到这个理论值的。

非聚焦式合成孔径雷达不改变孔径内从不同位置来的回波信号的相移，直接完成存储信号的积累。可以想到，既然不同位置的回波信号不进行相位调整，那么相应的合成孔径的长度就一定会受到限制。

设非聚焦式合成孔径长度为 L_S，那么就有如图 5.12 所示非聚焦式合成孔径雷达合成孔径计算几何关系：

$$R_0 + \frac{\lambda}{8} \tag{5.9}$$

两个矢量的相位差超过 $\pi/2$(对应波程差为 $\lambda/8$)，那么它们的和矢量幅度可能小于原矢量的幅度。因此，只能是 L_S 长度范围内的回波信号相加，才不会因为相对相位差太大而使能量减弱。图 5.12 表明一个目标到非聚焦式合成阵列中心和边沿的双程距离差应等于 $\lambda/4$，以保证合

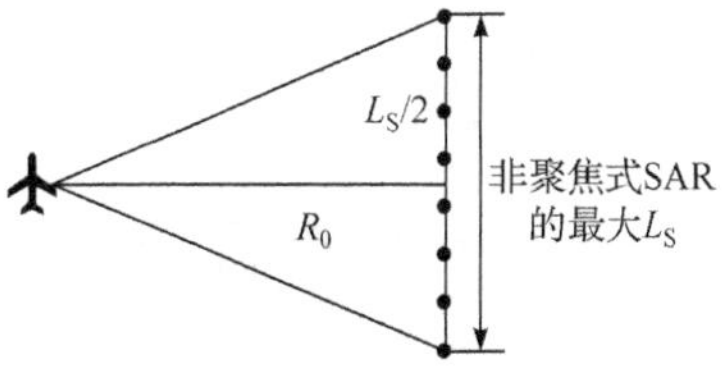

图 5.12　非聚焦式合成孔径雷达合成孔径计算几何关系

成孔径范围内的回波相干相加。

由图 5.12 所示几何关系得

$$\left(R_0+\frac{\lambda}{8}\right)^2=\frac{L_S^2}{4}+R_0^2 \tag{5.10}$$

式中，R_0 为航线的垂直距离。式(5.10)可简化为

$$\lambda\left(R_0+\frac{\lambda}{16}\right)=L_S^2 \tag{5.11}$$

由于非聚焦处理时，散射体总在合成天线的远场区，所以 $R_0 \gg \lambda/16$。因此得

$$L_S \approx (\lambda R_0)^{1/2} \tag{5.12}$$

那么可得非聚焦式合成孔径雷达的有效半功率点宽度为

$$\theta_S=\frac{\lambda}{2L_S}\approx\frac{\lambda}{2(\lambda R_0)^{1/2}}=\frac{1}{2}\left(\frac{\lambda}{R_0}\right)^{1/2} \tag{5.13}$$

从而可得非聚焦式合成孔径雷达的方位分辨率为

$$\rho_a=\theta_S\cdot R_0\approx\frac{1}{2}(\lambda R_0)^{1/2} \tag{5.14}$$

由式(5.14)可知，非聚焦式合成孔径雷达的方位分辨率与波长和目标距雷达的距离有关，当雷达作用距离很大时，非聚焦式合成孔径雷达的方位分辨率比聚焦式合成孔径雷达的方位分辨率小得多。

5.2.2 合成孔径雷达的分辨率

分辨率特性反映合成孔径雷达图像的质量，主要包括空间分辨率和辐射分辨率。

1. 空间分辨率

空间分辨率反映SAR图像中区分两个目标之间最小距离的能力，包括距离分辨率和方位分辨率。

距离分辨率又可分为斜距分辨率和地距分辨率。斜距分辨率主要由成像雷达系统的信号带宽决定：

$$\rho_r=\frac{c}{2B} \tag{5.15}$$

式中，B 为雷达发射信号带宽；c 为光速。

对地面成像中，更关心正交于航迹方向沿地表的地面距离分辨率。如图 5.13 所示，ρ_{rg} 为地距分辨率，θ_i 为入射角。根据图示几何关系，可得地距分辨率为

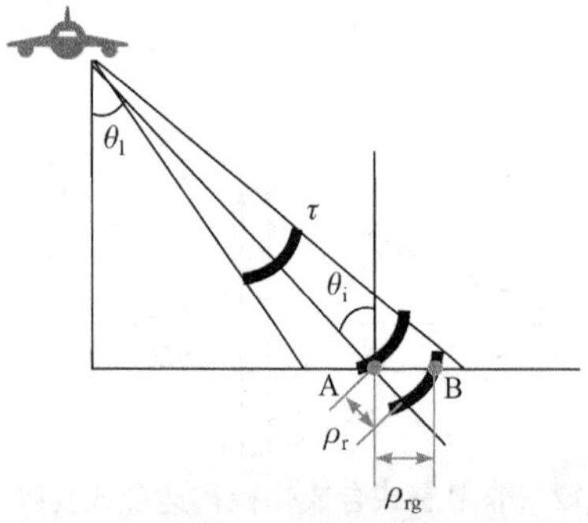

图 5.13 地距分辨率

$$\rho_{rg}=\frac{c}{2B\sin\theta_i} \tag{5.16}$$

可见，合成孔径雷达的地距分辨率受入射角影响。实际应用中，考虑距离压缩过程中加权函数所引起的波形展宽系数 k_{r} 与处理电路不理想性(幅度和相位失配、非线性等)所引起的波形展宽系数 k_{m}，于是合成孔径雷达的斜距分辨率和地距分辨率又分别为

$$\rho_{\mathrm{r}} = \frac{c}{2B} \cdot k_{\mathrm{r}} \cdot k_{\mathrm{m}} \tag{5.17}$$

$$\rho_{\mathrm{rg}} = \frac{c}{2B\sin\theta_{\mathrm{i}}} \cdot k_{\mathrm{r}} \cdot k_{\mathrm{m}} \tag{5.18}$$

根据合成孔径雷达成像原理，最佳的方位分辨率为

$$\rho_{\mathrm{a}} = \frac{D}{2} \tag{5.19}$$

实际应用中还要考虑方位压缩处理过程中加权函数相关联的波形展宽系数 k_{a} 与处理电路不理想性所引起的波形展宽系数 k_{n}，还有为了降低斑点噪声采用多视处理带来的方位分辨率的降低。若多视处理的视数为 M，则有

$$\rho_{\mathrm{a}} = \frac{D}{2} \cdot k_{\mathrm{a}} \cdot k_{\mathrm{n}} M \tag{5.20}$$

对于星载合成孔径雷达，还应考虑地球曲率及自转效应的影响。此时，方位分辨率公式为

$$\rho_{\mathrm{a}} = \frac{v_{\mathrm{B}}}{v_{\mathrm{S}}} \cdot \frac{D}{2} \cdot k_{\mathrm{a}} \cdot k_{\mathrm{n}} \cdot M \tag{5.21}$$

式中，v_{S} 为卫星的运行速度；v_{B} 为天线波束地面覆盖区(又称波束“足迹”)的运行速度。

2. 辐射分辨率

辐射分辨率是雷达系统区分散射系数相近值的能力，类似于黑白照片中能够区分的不同灰度等级。雷达图像中，辐射分辨率由目标相干斑和信噪比决定。所谓相干斑，是因为地面目标在一个雷达分辨单元内是由许多散射体构成的，各散射体后向散射波相干叠加所得结果将会在雷达图像上产生斑点噪声。通过多视处理可以减弱图像中的相干斑，改善辐射分辨率，但是会牺牲空间分辨率。

在采用非相干平均降低相干斑的算法中，辐射分辨率 r 和多视处理视数 N 及单视信噪比 S 的关系为

$$r = 10\lg\left(1 + \frac{1+S}{S\sqrt{N}}\right) \tag{5.22}$$

对采用其他滤波技术以减少斑点噪声的成像算法，可将式(5.22)中的视数 N 用等效多视处理视数 ENL 代替，定义为

$$\mathrm{ENL} = \frac{(E[P])^2}{\mathrm{Var}[P]} \tag{5.23}$$

式中，P 为最后成像像素的辐射强度；$E[P]$为 P 的期望值；$\mathrm{Var}[P]$为 P 的方差。

5.2.3 合成孔径雷达的工作模式

微课

合成孔径雷达有三种主要的工作模式：条带式、聚束式和扫描式。

1. 条带式

条带式合成孔径雷达如图 5.14 所示。雷达平台移动过程中，天线波束方向与雷达平台航向的垂直方向保持固定倾角，称为斜视角，当倾角为 0 时，称为正侧视 SAR。条带式 SAR 对地面的一个条带成像，条带的长度仅取决于雷达移动的距离，得到的图像是不间断的。方位分辨率由天线的长度决定。条带式 SAR 的方位分辨率一般较低，不超过 $D/2$，主要用于大区域成像。

2. 聚束式

聚束式合成孔径雷达如图 5.15 所示。雷达平台运动过程中，天线波束始终指向某一固定区域，因此该区域能够得到长时间的照射，从而获得更高的方位分辨率。聚束式 SAR 可在单次飞行中实现同一地区的多视角成像，从而提高目标的识别能力。但这种模式最大的缺点是不能像条带式那样实现对地面覆盖区域的连续观测，一次只能对地面一个有限的圆域成像，对地面覆盖性能较差。该模式适用于小区域、高分辨率的工作模式。

3. 扫描式

扫描式合成孔径雷达如图 5.16 所示。雷达平台运动过程中，天线波束沿距离方向周期性扫描，形成多个扫描条带，扩大了扫描区域。但由于每个条带波束停留的时间有限，因此，方位分辨率有所下降。

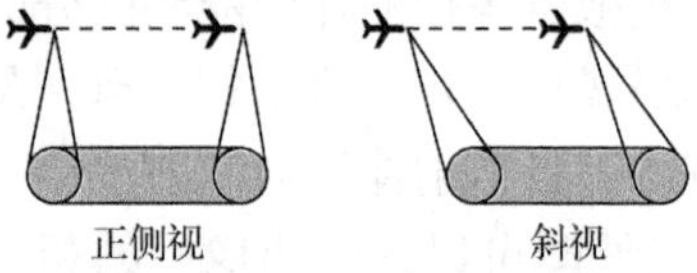

图 5.14 条带式 SAR 示意图

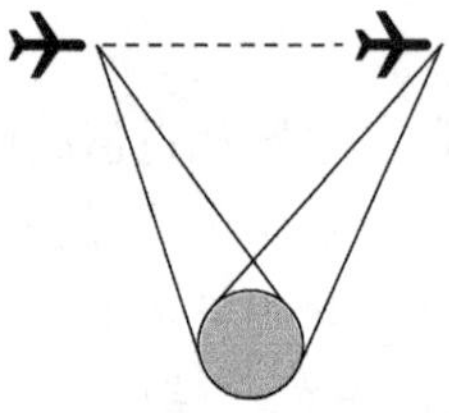
图 5.15 聚束式 SAR 示意图

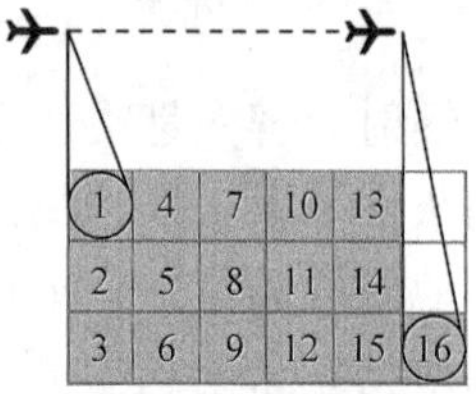

图 5.16 扫描式 SAR 示意图

表 5.1 是三种工作模式合成孔径雷达在分辨率和测绘宽度方面的性能比较。实际应用中，三种工作模式不是孤立使用的，是结合不同的任务需求采用相应的 SAR 工作模式。

表 5.1 三种工作模式 SAR 性能比较

工作模式	分辨率	测绘宽度
条带式	中	中
聚束式	高	小
扫描式	低	大

5.3　三坐标雷达探测方法

三坐标雷达是能够同时获得目标的方位、距离、仰角三个坐标参数的雷达，具有搜索范围大、反应时间短、数据率高等特点。在防空体系的雷达网中，三坐标雷达担负着骨干雷达的作用，主要配置在引导拦击网内，作为引导雷达引导我机拦击敌机。例如，JYL-1A 三坐标监视雷达是我国国土防空系统的骨干三坐标雷达，集防空预警、弹道导弹探测跟踪、炮位侦察、空管于一体，为国土防空指挥部门提供对空情报保障和指挥引导。

为了保证角度测量精度，三坐标雷达通常采用针状天线波束。三坐标雷达大体可分为两大类：单波束三坐标雷达和多波束三坐标雷达。

5.3.1　单波束三坐标雷达

单波束三坐标雷达通过发射定向的电磁波束，利用机械旋转天线在方位角上扫描以测量目标的水平位置，同时在仰角上通过电子相位控制实现快速扫描以测量目标的垂直位置。雷达接收反射回来的波束，通过分析回波信号的时间延迟来计算目标距离，结合方位角和仰角的测量结果，从而获得目标的三维空间坐标。根据电扫描方式的不同，单波束三坐标雷达又分为频扫三坐标雷达和相扫三坐标雷达。

1. 频扫三坐标雷达

频扫是三坐标雷达较早期采用的一种电扫描方法，仰角频扫是顺序波瓣法的一种形式，可以将相邻波瓣的输出振幅用比幅法测角。频率扫描的工作原理如图 5.17 所示。

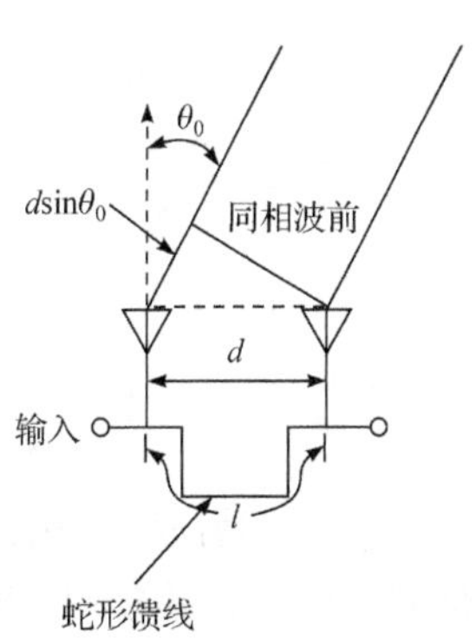

图 5.17　频率扫描的工作原理

以两个辐射天线阵元为例。设两天线阵元距离为 d，天线波束指向角为 θ_0，l 为蛇形馈线长度，λ 为自由空间电波波长，λ_g 为蛇形馈线中电波波长。高频电波从第 1 个阵元传输到同相波前的距离为 $d\sin\theta_0$，应与电波经过长度为 l 的蛇形馈线后的相位相同，则有

$$\frac{2\pi d\sin\theta_0}{\lambda}=\frac{2\pi l}{\lambda_g} \tag{5.24}$$

$$\theta_0=\arcsin\left(\frac{\lambda l}{\lambda_g d}\right) \tag{5.25}$$

显然，θ_0 为 λ 的函数，也就是频率的函数，即激励信号的频率不同，其波束指向也不同。l/d 越大，因频率改变而导致的 θ_0 的变化就越大。

频扫三坐标雷达就是利用这个特性，以逐个脉冲方式改变发射机和接收机的频率，在空间形成单个波束扫描，其结构如图 5.18 所示。

苏联大型导弹驱逐舰上的三坐标对空搜索及目标指示雷达 MP-750“军舰鸟 MA”(北约代号 Top Plate，即顶板)就是这种频扫三坐标雷达。

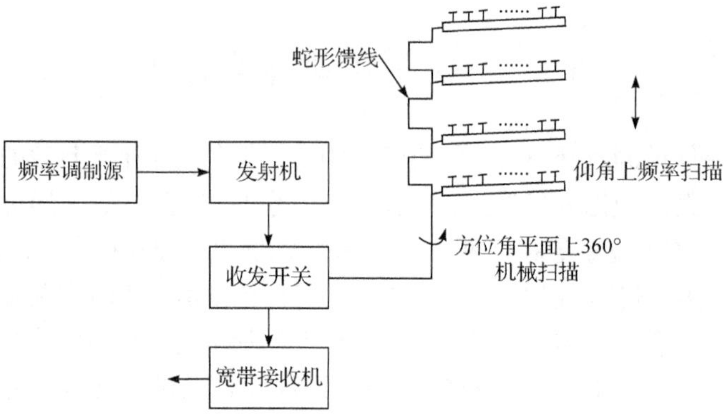

图 5.18 频扫三坐标雷达结构

2. 相扫三坐标雷达

三坐标雷达的针状波束在仰角上的快速扫描也可以采用相位扫描(简称“相扫”)的方法。相扫方式是指在阵列天线上采用控制移相器相移量的方法来改变各阵元的激励相位，从而实现波束的电扫描，工作原理如图 5.19 所示。

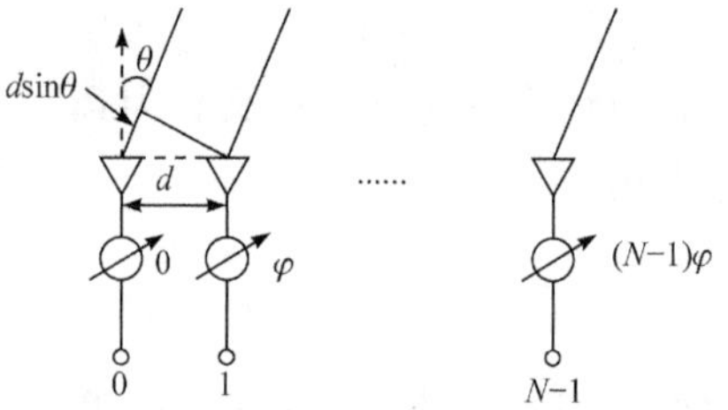

图 5.19 N 元直线移相器天线阵工作原理示意图

N 个阵元组成的一维直线移相器天线阵，阵元间距为 d。所有阵元的馈线输入端为等幅同相馈电，各移相器的相移量分别为 $0,\varphi,2\varphi,\cdots,(N-1)\varphi$ ，即相邻阵元激励电流之间的相位差为 φ 。经过推导可得阵列天线的归一化方向图为

$$F(\theta)=\frac{|E(\theta)|}{|E(\theta)|_{\max}}=\left|\frac{1}{N}\frac{\sin\left[\frac{N}{2}\left(\frac{2\pi}{\lambda}d\sin\theta-\varphi\right)\right]}{\sin\left[\frac{1}{2}\left(\frac{2\pi}{\lambda}d\sin\theta-\varphi\right)\right]}\right| \tag{5.26}$$

当 $\varphi=0$ 时，即各阵元等幅同相馈电时，由式(5.26)可知，$\theta=0$ ，$F(\theta)=1$ ，即方向图最大值在阵列法线方向。当 $\varphi\neq 0$ 时，则方向图最大值方向就要偏移(波束指向偏移)，偏移的角度大小 θ_0 (波束指向角)由移相器的相移量 φ 决定，其关系式为 $\theta=\theta_0$ 时，应有 $F(\theta_0)=1$ ，那么由 $F(\theta)$ 的表达式可知应满足：

$$\varphi=\frac{2\pi}{\lambda}d\sin\theta_0 \tag{5.27}$$

显然改变 φ 值，为满足式(5.27)，可以改变波束指向角 θ_0 ，从而形成波束扫描。

相扫三坐标雷达以相扫原理实现波束在仰角面上的快速电扫描，而在方位面上使用机械旋转扫描，称为一维相扫体制。一维相扫体制能合理地分配扫描时间和有效利用

发射能量，使雷达具有较强的自适应能力和较强的抗干扰能力。

随着技术的发展，出现了在仰角面和方位面均使用电扫描的三坐标雷达，如相-频扫三坐标雷达，在仰角面采用相位扫描，在方位面采用频率扫描；频-相扫三坐标雷达，在仰角面采用频率扫描，在方位面采用相位扫描；相-相扫三坐标雷达，在仰角面和方位面均采用相位扫描，也就是相控阵雷达，它具有灵活、快速的波束扫描能力，因而可以实现快速改变波束指向和波束驻留时间，即可根据需要灵活控制波束在任一指向的数据率。

5.3.2　多波束三坐标雷达

多波束三坐标雷达在其仰角面形成多个部分重叠的窄波束，窄波束堆积起来布满所要求的仰角空域。多个堆积波束作为一个整体，随天线共同在方位面上转动。若每个波束的立体角与单波束三坐标雷达一样为θ，假设有 M 个波束，则总的波束立体角为$\theta_\Sigma = M\theta$，故与单波束三坐标雷达相比，在搜索空域和精度等因素相同的条件下，数据率提高到原来的M倍。需要注意的是，用增加波束数目来提高数据率时，要相应地增加发射功率，以保证每个波束所探测的空域均有足够的距离覆盖能力。

1. 偏焦多波束三坐标雷达

偏焦多波束三坐标雷达原理[1]如图 5.20 所示，天线馈源为多个喇叭，在抛物面反射体的焦平面上垂直排列，由于各喇叭相继偏离焦点，故在仰角面上形成彼此部分重叠的多个波束。图 5.20 中 TR 为收发开关，R 为接收机。

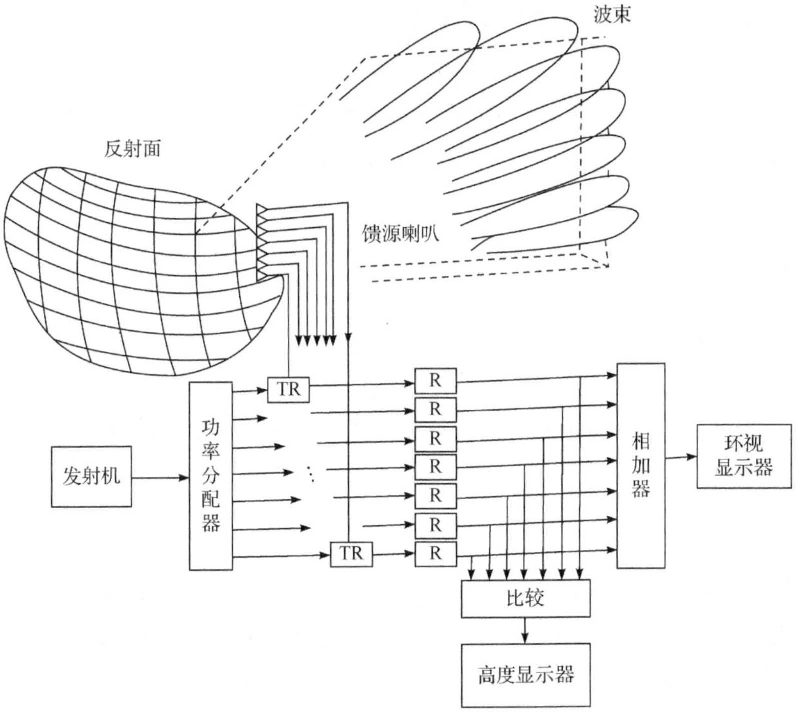

图 5.20　偏焦多波束三坐标雷达原理框图

发射时，功率分配器将发射机的输出功率按一定比例分配给多个馈源通道，并同相激励所有馈源喇叭，此时在仰角面上形成一个覆盖多个波束范围的形状近似为余割平方型的合成发射波束。

接收时，不同仰角目标所反射的信号分别被相应的馈源喇叭所接收，进入各自的接收通道，其输出回波信号代表目标在该仰角波束中的响应。将相邻通道的输出信号进行比较，就可测量目标的仰角。将各通道的输出相加即可得到所监视全仰角空域的目标回波。

测仰角原理如图 5.21 所示。目标处于 OA 方向，与第 n、$n+1$ 个仰角波束相交的等信号轴 OB 方向偏离 $\Delta\beta$ 。

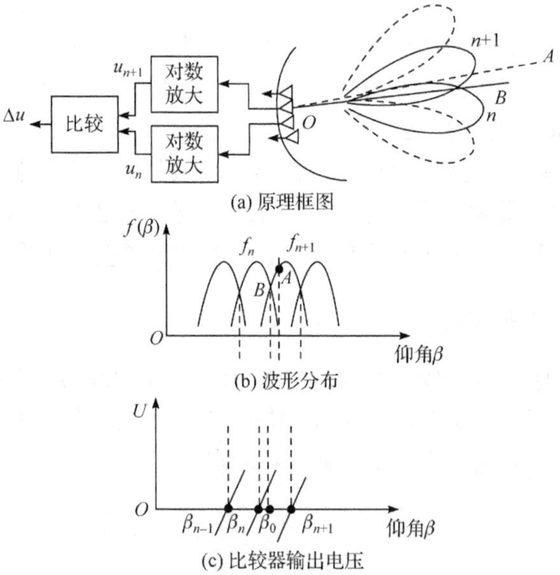

图 5.21 测仰角原理

设接收波束电压方向图函数 $F(\beta)$ 可用指数函数表示为

$$F(\beta)=\mathrm{e}^{\frac{-1.4\beta^2}{\theta_{0.5}\beta^2}} \tag{5.28}$$

推导计算可得

$$\Delta u=2.8\frac{\Delta\beta}{\theta_{0.5}\beta} \tag{5.29}$$

测出 Δu 即可得到 $\Delta\beta$，从而可得到目标仰角 $\beta_0=\beta_n+\Delta\beta$， β_n 为第 n 个和第 $n+1$ 个波束的等信号方向。

2. 脉内频扫三坐标雷达

根据频率扫描原理，对于一个频率扫描天线阵列，若激励信号的频率不同，则其波束指向也不同。那么，若采用多个频率不同的信号同时激励，则会同时产生多个指向不同的波束，形成脉内频扫三坐标雷达。美国海军的 AN/SPS-48E 舰载监视雷达就是脉内频扫三坐标雷达。

这种雷达按一定的重复周期发射一个较宽的脉冲，每个脉冲由 M 个频率各不相同的子脉冲组成，如图 5.22 所示。

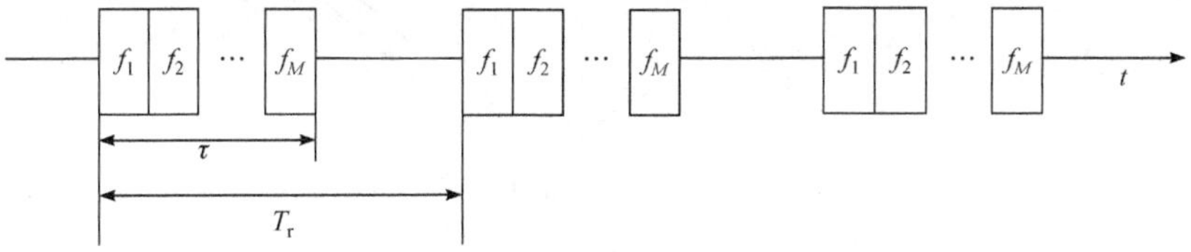

图 5.22　发射脉冲波形示意图

这些子脉冲依次激励频扫天线阵列，在空间相继出现 M 个指向不同的波束。这 M 个波束前后出现时间差很短，因此近似于 M 个波束同时照射整个覆盖区域。目标的角信息就包含在回波信号的载频上。也就是说，处于不同方向目标的回波信号，脉宽(子脉冲宽度)和重复周期相同，但载频不同。根据接收机内中心频率与各子脉冲频率相应的 M 个信道的输出，可确定目标方向。脉内频扫三坐标雷达框图如图 5.23 所示。

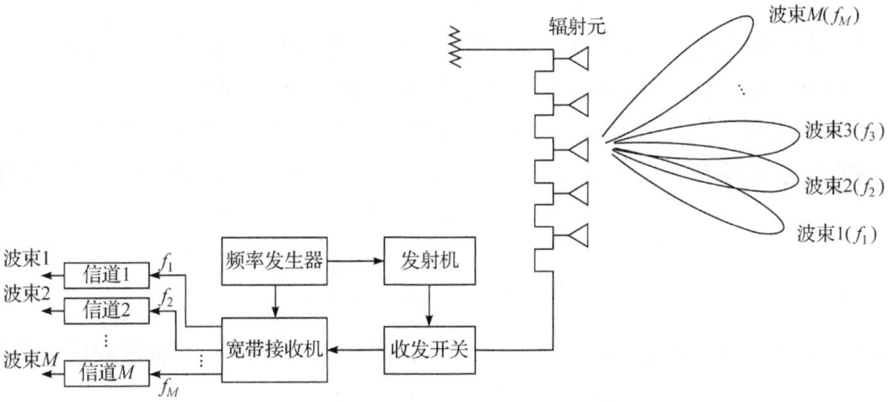

图 5.23　脉内频扫三坐标雷达框图

5.3.3　三坐标雷达目标高度计算

三坐标雷达通过上述各种方式获得目标斜距和仰角，并考虑地球曲率和大气折射的影响，可按如图 5.24 所示的三坐标雷达目标高度计算几何关系计算出目标高度。

图 5.24 中，β 为目标的仰角，R 为目标斜距，h_t 是目标的高度，h_a 是雷达天线的高度，a_e 为考虑大气折射后的地球等效半径。大气折射使电波传播路径发生弯曲，采用等效半径后，可认为电波仍按直线传播。

有余弦定理：

$$(a_e + h_t)^2 = R^2 + (a_e + h_a)^2 - 2R(a_e + h_a)\cos(90° + \beta) \tag{5.30}$$

$$a_e + h_t = (a_e + h_a)\left[1 + \frac{R^2 + 2R(a_e + h_a)\sin\beta}{(a_e + h_a)^2}\right]^{\frac{1}{2}} \tag{5.31}$$

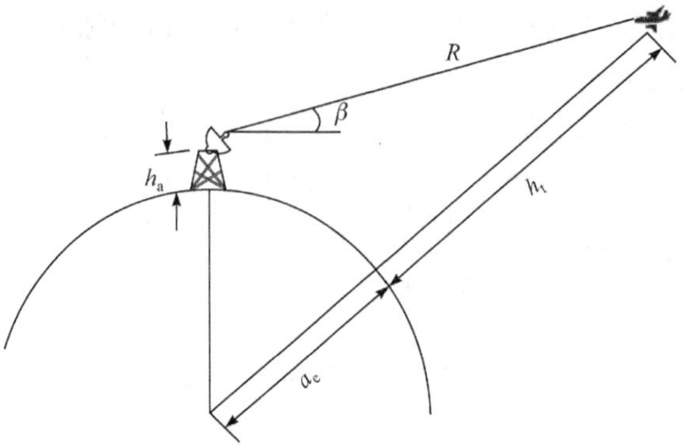

图 5.24　三坐标雷达目标高度计算几何关系

二次展开，忽略二次方以上各项，且 $h_a \ll a_e$，可得

$$h_t = h_a + \frac{R^2}{2a_e} + R\sin\beta \tag{5.32}$$

5.3.4　三坐标雷达的数据率

三坐标雷达要求能够快速提供大空域、多批量目标的三坐标数据，同时要有较高的测量精度和分辨力，数据率是衡量其信息获取速度的一个重要指标。

数据率定义为单位时间内雷达对指定探测空域内任一目标所能提供数据的次数，等于雷达对指定空域探测一次所需时间(扫描周期 T_s)的倒数。经过推导可以得到数据率的表达式：

$$D = \frac{1}{T_s} = \frac{\theta}{V}\frac{1}{NT_r} = \frac{\theta f_r}{VN} \tag{5.33}$$

式中，V 为待测空域立体角；θ 为波束宽度立体角；T_r 为雷达脉冲重复周期；f_r 为脉冲重复频率，$f_r = 1/T$；N 为雷达监测时所需的回波脉冲数。

虽然从上述表达式可以看出，增大 θ 或减小 N 都会提高数据率，但波束宽度立体角 θ 是由测角精度和分辨率决定的，不能任意增大；回波脉冲数 N 会影响雷达探测能力与多普勒分辨能力等，因此要提高数据率需要综合研究考虑各项系统参数设计。

习　题

5.1　考虑一个脉冲多普勒雷达系统，其脉冲重复频率(PRF)为 10kHz，雷达载机速度为 150m/s。雷达正在探测一个远离载机的目标，目标速度为 50m/s，两者之间的夹角为 90°。确定目标的多普勒频率是否会出现模糊，并解释原因。如果存在模糊，计算模糊的多普勒频率。

5.2　合成孔径雷达的工作频率为 10GHz，在距离 2km 的横向距离分辨率达到 1m。试求：

(1) 达到该分辨率所需的合成天线长度；

(2) 天线的最大尺寸和合成天线的远场距离(假设天线俯视角为 60°)。

5.3　考虑一个三坐标雷达系统，其天线阵列由 8 个阵元组成，阵元间距为 0.5m，工作频率为 3GHz。使用相扫方法在仰角面上进行电扫描。计算在仰角面上形成的波束数量，假设每个波束的立体角为 0.1 平方度，请确定雷达在一次完整的方位扫描中可以覆盖的总立体角。

参 考 文 献

[1] 丁鹭飞, 耿富禄, 陈建春. 雷达原理[M]. 6 版. 北京: 电子工业出版社, 2020.
[2] 陈小龙, 薛永华, 张琳, 等. 机载雷达系统与信息处理[M]. 北京: 电子工业出版社, 2021.
[3] 王小谟, 张光义. 雷达与探测: 信息化战争的火眼金睛[M]. 2 版. 北京: 国防工业出版社, 2016.
[4] 皮亦鸣, 杨建宁, 付毓生, 等. 合成孔径雷达成像原理[M]. 成都: 电子科技大学出版社, 2007.

第 6 章

新一代雷达

6.1 激光雷达

激光雷达(light detection and ranging，LiDAR；laser detection and ranging，LaDAR)是传统微波雷达向光学频段的延伸，是一种以激光器作为发射光源，采用光电探测技术的先进雷达。激光雷达与微波雷达工作原理相似，但激光雷达是以激光为信息载体。

6.1.1 激光雷达的组成及原理

与微波雷达相似，激光雷达一般由发射系统、接收系统、信号处理系统及伺服系统组成，如图 6.1 所示。工作时发射系统将激光调制后发射出去，当激光照射到目标后，一部分被反射回来，由接收系统收集，将光信号转换成电信号，进一步处理后提取出距

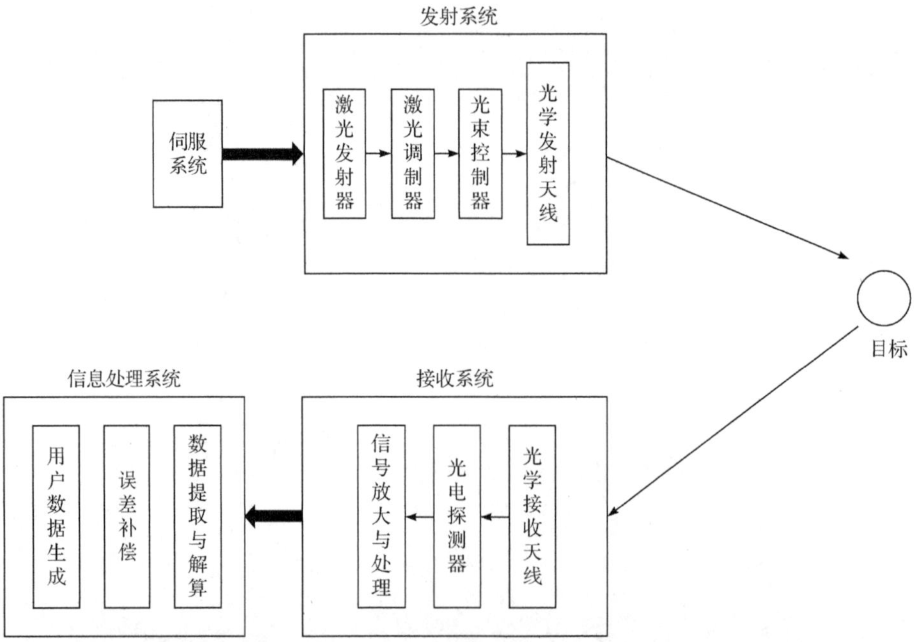

图 6.1　激光雷达基本组成

离、角度、速度等信息，送至信号处理系统进行进一步处理，形成可分析、显示和传输的数据和图像信息[1]。

1. 激光雷达的发射系统

发射系统主要任务是提供稳定的激光光源，并使激光波束按照系统要求的方式(如束宽、方位、波形、复制和频率特性等)发射出去。发射系统主要包括激光发射器、激光调制器、光束控制器以及光学发射天线。

2. 激光雷达的接收系统

接收系统主要用于接收从目标反射回来的激光回波，经能量汇集后输入光电探测器的光敏面上，实现光电转换，提取出有效信号，转换成可供后续处理的数据。接收天线主要包括光学接收天线、光电探测器以及其他信号处理电路。

3. 激光雷达的信息处理系统

信息处理系统主要包括数据提取与解算、误差补偿以及用户数据生成三部分，主要负责从雷达获取的大量数据中提取有效信息，对其进行信号、数据处理，最终生成用户需要的各类数据产品(如数字高程模型(DEM))。

4. 激光雷达的伺服系统

伺服系统主要负责控制激光波束和探测视场的运动，使其按照某种方式运行(如光机扫描、非机械扫描)，实现激光雷达对目标的扫描、跟踪等。

6.1.2　激光雷达的特点

激光雷达相对于微波雷达的优点如下：

(1) 分辨率高。相对于微波，激光波长短、方向性好，具有极高的距离、角度和速度分辨率。

(2) 抗干扰能力强。相对于微波，激光波束非常窄、隐蔽性好，不受无线电波干扰，对等离子层的干扰也不敏感，受多路径效应影响小。

(3) 低空探测性能好。微波雷达低空探测容易受各种地物回波影响，存在盲区。激光雷达不受其他地物影响。

激光雷达的劣势如下：

(1) 易受天气和大气影响。激光对雨、雾、云的穿透力弱，难以实现全天候探测。

(2) 搜索目标困难。激光波束极窄，搜索目标非常困难，影响目标的截获概率和探测效率。

(3) 探测精度易受大气湍流影响。

6.1.3　激光雷达的类型及应用

1. 激光雷达的类型

激光雷达种类繁多，以下列举三种典型分类方式。

根据激光频段的不同，可分为紫外激光雷达、可见激光雷达和红外激光雷达。

根据运载平台的不同，可分为地基激光雷达、车载激光雷达、机载激光雷达、舰载激光雷达、星载激光雷达、弹载激光雷达等。

根据功能的不同，可分为激光测距雷达、激光测速雷达、激光测角和跟踪雷达、成像激光雷达等。

2. 激光雷达的应用

由于激光雷达具有分辨率高、抗干扰性强等特点，其在星球探测、大气探测、农林调查、极地监控、工程测量、战场侦察等有着广泛的应用。

在小行星探测领域，利用激光高度计测距功能，对各种小行星的地形地貌进行探测，同时还可以获取行星表面反射率特征，分析行星表面矿物分布和反射率的季节变化，为星体地质科学和物理学研究提供更多的科学数据。1996 年美国国家航空航天局(NASA)将第一个激光雷达系统近地小行星交会激光测距仪(NEAR laser rangefinder，NLR)送入太空，用于绘制小行星地形。我国 2013 年 12 月发射的“嫦娥三号”携带了高精度激光雷达高度计，用于实时测量着陆器与月面距离，确保着陆器安全平稳软着陆。

在大气探测领域，利用激光雷达可以对空气中气溶胶浓度及时空分布进行监测，还可以观测大气成分以及测量风速、气温、湿度等气象要素。1994 年的美国空间激光雷达实验项目为首个用于大气研究的空间激光雷达系统。该系统搭载在“发现者”号航天飞机上，10d 连续在轨观测期间，获取了全球大量的沙尘、云、大气气溶胶和污染物数据。

在战场侦察领域，激光雷达由于其高分辨率特性，不仅能获取精确的三维地理信息，还可产生高分辨率的辐射强度图、速度图与距离图，能够提供丰富、精确的军事侦察信息。

6.1.4 激光雷达方程

激光雷达方程能有效指导激光雷达性能参数的评估。对于发射、接收位于同一处的激光雷达，根据微波雷达方程与几何光学原理可以推导出激光雷达方程的一般形式：

$$P_{\mathrm{r}}=\frac{\eta_{\mathrm{o}}\rho T_{\mathrm{a}}^{2}A_{\mathrm{r}}}{\pi R^{2}}\cdot\frac{A_{\mathrm{i}}}{A_{\mathrm{b}}}P_{\mathrm{t}} \tag{6.1}$$

式中，P_{r} 为激光雷达接收的激光功率；P_{t} 为激光雷达发射的激光功率；η_{o} 为光学系统效率；ρ 为目标表面反射率；T_{a} 为单程大气透过率；A_{r} 为光学系统有效接收面积；R 为目标与雷达距离；A_{i} 为垂直于光束的目标照射面积；A_{b} 为目标处光束截面积，$A_{\mathrm{b}}=R^{2}\Omega_{\mathrm{t}}$，$\Omega_{\mathrm{t}}$ 为激光发射立体角。

式(6.1)为激光雷达方程最基本的形式，受实际条件影响，激光雷达在不同条件下具有不同的形式，如面目标形式、点目标形式和线目标形式。

1. 面目标形式

面目标是指探测目标的截面积远大于激光波束截面积，如山地、海面、沙漠等。此时，可认为 $A_{\mathrm{i}}/A_{\mathrm{b}}=1$。激光雷达方程面目标形式为

$$P_r = \frac{\eta_o \rho T_a^2 A_r}{\pi R^2} P_t \tag{6.2}$$

2. 点目标形式

点目标是目标截面积小于激光波束截面积的情况。此时，可认为 A_i 是一个固定值，不随 R 变化。激光雷达方程点目标形式为

$$P_r = \frac{\eta_o \rho T_a^2 A_r A_i}{\pi \Omega_t R^4} P_t \tag{6.3}$$

3. 线目标形式

线目标是目标截面积在一维上大于激光波束截面积，另一维上远小于激光波束截面积的情况，如管道、桥梁等目标。此时，可认为 $A_i \approx \Omega_t^{1/2} R w$，$w$ 为线目标宽度。激光雷达线目标形式为

$$P_r = \frac{\eta_o \rho T_a^2 A_r w}{\pi \Omega_t^{1/2} R^3} P_t \tag{6.4}$$

6.2 协同雷达

随着雷达探测目标和电磁环境日益复杂，以及综合电子干扰技术的发展，单部雷达探测性能瓶颈已经日益突出，为了克服这种不足，协同雷达系统应运而生。协同雷达系统通常采用多部雷达，在不同地域进行部署，从而形成空间上的广域覆盖。同时，通过一体化的资源调度实现多部雷达间的战术配合，如协同探测、协同抗反辐射等。多部雷达视角、频率、极化、能量、波形等观测资源，形成更高维度的雷达信号空间，使得在高维空间中消减干扰能量成为可能，从而整体提升探测、定位、跟踪、识别、抗干扰、反隐身等方面的性能。组网雷达、分布式阵列相参合成雷达、MIMO 雷达等均可以看作协同雷达系统，只是它们的协同层次不同[2]。

6.2.1 组网雷达

组网雷达系统如图 6.2 所示，将不同体制、不同工作频段、不同极化方式的多部雷达合理部署，借助通信手段联网，对网内各部雷达的信息形成网状收集与传递，并由中心站综合处理、控制和管理。中心站将各雷达站送入的信息进行融合，可得出许多单部雷达得不到的信息，然后根据实际态势变化以及任务需求，自适应调整各个雷达的工作状态，高效地分配系统时间、空间和能量资源，实现对作战区域目标的联合定位、协同探测和准确跟踪等。

“橡皮套鞋”(A-35)反弹道导弹系统是典型的组网雷达系统，部署在莫斯科周围。该系统由三部分雷达组成：7 部远程警戒雷达，6 部远程目标精密跟踪/识别雷达和 13 部导弹阵地雷达，如图 6.3 所示。这三部分雷达协同工作，7 部远程警戒雷达分别与 2～3 部远程目标精密跟踪/识别雷达联网，6 部远程目标精密跟踪/识别雷达又各与 4 部导弹阵

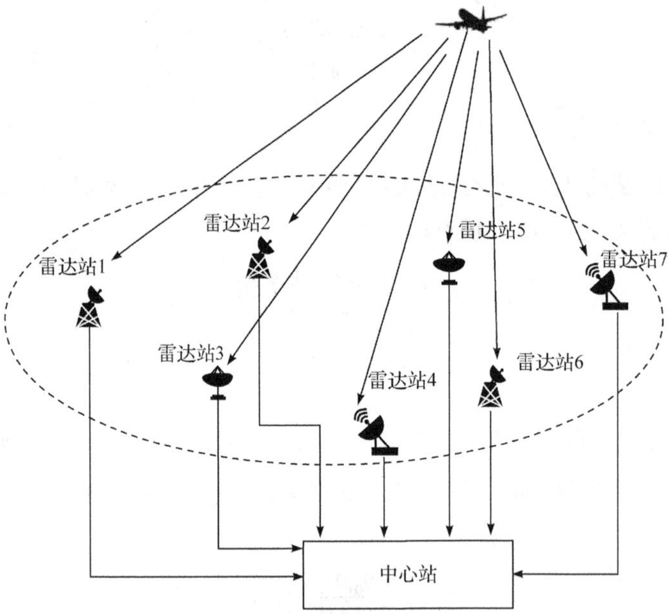

图 6.2　组网雷达系统

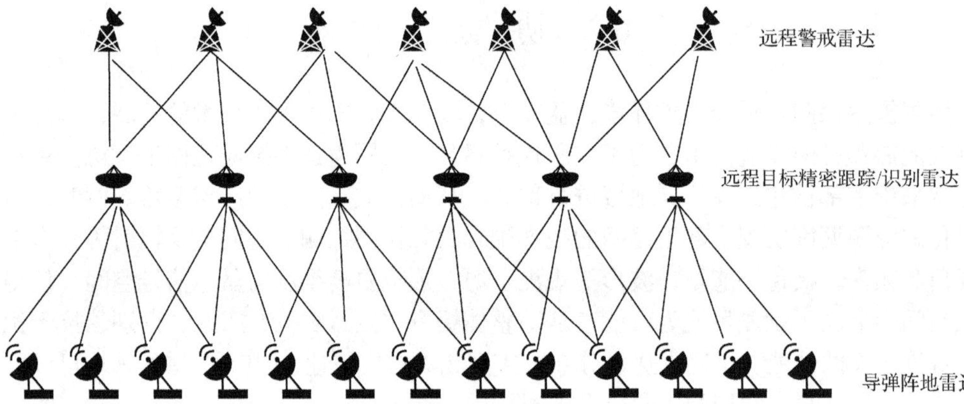

图 6.3　“橡皮套鞋”(A-35)反弹道导弹系统结构

地雷达联网。远程警戒雷达负责对空域内目标进行远距离搜索探测，并将信息传送给远程目标精密跟踪/识别雷达。当目标进入导弹打击范围内，一直保持静默的远程目标精密跟踪/识别雷达开机工作，对目标进行精确跟踪和识别。当导弹发射时，导弹阵地雷达开机工作。

6.2.2　分布式阵列相参合成雷达

分布式阵列相参合成雷达基本结构如图 6.4 所示。由一个中心控制处理系统和多个单元雷达组成。单元雷达孔径较小、机动性强，按照一定的方式进行部署，间距较小，相距通常在百米量级，并且每个单元雷达均可独立完成搜索、跟踪等工作。中心控制处理系统对所有单元雷达回波信号进行处理，确定相参参数信息，并联合指导各个单元雷达实现相参工作，使各个发射脉冲以相同的相位同时到达目标[3-4]。

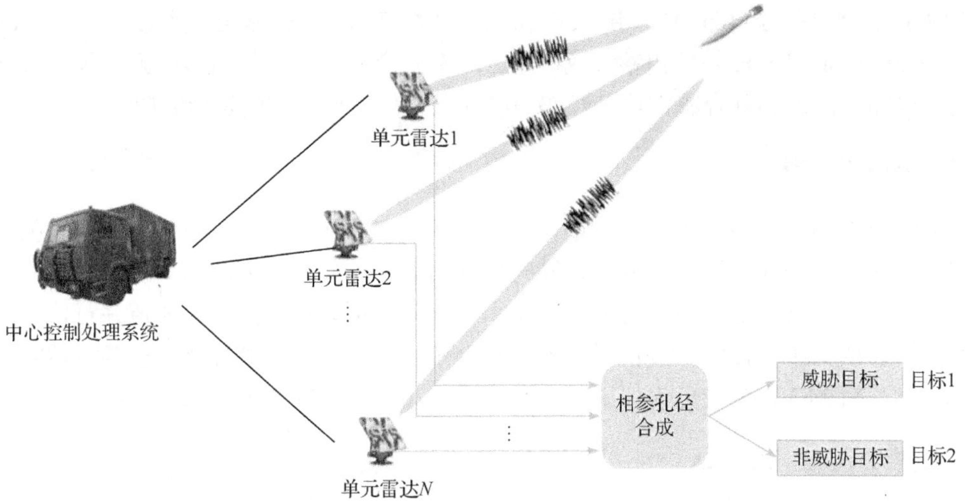

图 6.4　分布式阵列相参合成雷达基本结构

分布式阵列相参合成雷达有接收相参和发射接收全相参两种工作模式。开始时处于接收相参工作模式，如图 6.5(a)所示。此时每个单元雷达发射互相正交(但相位相参)的波形，每个雷达除接收自己发射信号产生的回波信号之外，还接收其他单元雷达发射信号产生的回波，通过对所有发射波形同时进行匹配接收处理，得到每个回波对应的相位与延时，进行接收相参合成，获得 N^2 系统增益(N 为单元雷达数)；在接收相参工作模式基础上，当延时和相位估计达到一定程度时，每个单元雷达开始发射相同波形，并控制和调整多个单元雷达发射信号的时刻与相位，实现发射相参和接收相参，即全相参，如图 6.5(b)所示，此时获得 N^3 系统增益。

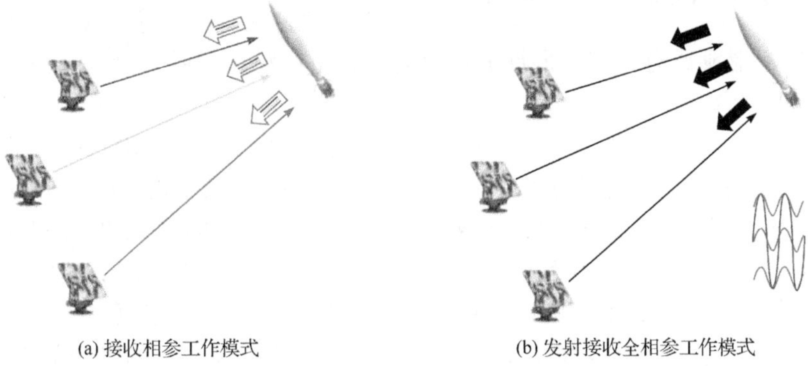

图 6.5　雷达工作模式

分布式阵列相参合成雷达的每个单元雷达都小巧、灵活，具有很强的机动性，可快速移动，及时变换阵地，具有较强的生存力。同时，该雷达系统还具有角分辨率高、大范围识别能力强、扩展性强以及工程实现性好等优点。林肯实验室从 2000 年就开始了分布式相参合成雷达技术的研究。2005 年，他们的实验系统在美国空军研究实验室(AFRL)天线测试场和白沙导弹靶场(WSMR)对水塔、飞机和导弹等目标，完成了收发相参实时动态演示与测试实验，实现了接收相参 6dB 与发射相参 9dB 的合成增益。另外，林肯实验室改造军方两部 AN/MPS-36 雷达，并在 Kwajalein 靶场进行下一代雷达(next generation radar，NGR)外场相参合成试验，两部完全相同的雷达相参合成获得了 9dB 的增益。分布式阵列相参合成雷达已经作为美国下一代反导雷达的发展方向。

6.2.3 MIMO 雷达

MIMO 雷达是一种发射(或接收)多个在时间、空间或者波形、极化方面相互独立的信号，使用多个阵元探测目标特性，同时也使用多个阵元接收回波信号的雷达阵列。通过多发多收的天线配置和多样化的信号技术，使信号可以在空间内多通道并行传播，从而获得更多的关于目标的回波信息，最后联合处理以提升雷达的性能。按照雷达阵元间距的不同，MIMO 雷达又分为集中式 MIMO 雷达和分布式 MIMO 雷达[5-6]。

1. 集中式 MIMO 雷达

集中式 MIMO 雷达的收发阵列中，各个阵元相距较近，一般满足传统阵列雷达的半波长约束，目标对所有收发阵元呈现的反射特性均相同，结构如图 6.6 所示。发射端发射正交波形信号或部分相关信号，在远场条件下，收发阵元到达目标的视线近似平行，每个信道的目标 RCS 一致，利用每个信道的信息提高空间分辨力。雷达有搜索和跟踪两种工作模式。搜索模式下，集中式 MIMO 雷达通过发射正交波形信号在空域形成全向方向图，保证所有区域都能被照射到；在跟踪模式下，发射部分相关波形信号，形成具有一定指向性的波束对目标进行持续跟踪。当发射波形完全相关时，可等效于相控阵雷达。

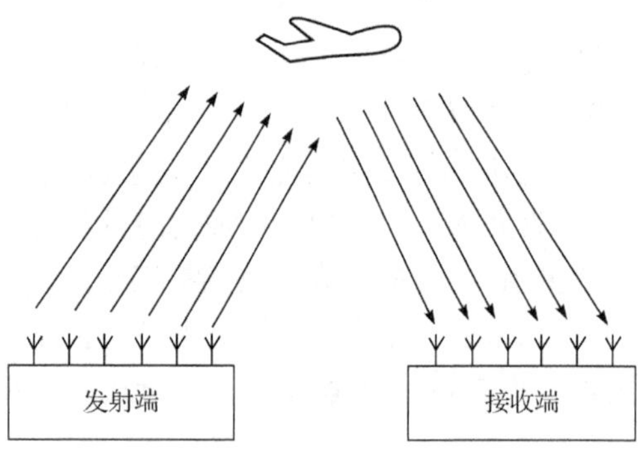

图 6.6　集中式 MIMO 雷达结构示意图

集中式 MIMO 雷达可以收发分置，也可以收发同置，与传统相控阵雷达相比，能够获得更大的虚拟孔径，因此具有更好的角度分辨力。另外，集中式 MIMO 雷达能够同时形成多个等效波束，具有更优的多目标处理能力，且能够在相同阵元数条件下获得更大的系统自由度，具有更加灵活的相干处理工作模式。麻省理工学院(MIT)林肯实验室和西安电子科技大学雷达信号处理重点实验室都拥有集中式 MIMO 雷达实验系统。林肯实验室的集中式 MIMO 雷达实验系统主要用于分析角分辨力与传统阵列相比的优势性能。西安电子科技大学雷达信号处理重点实验室研制的多输入多输出新型对空监视雷达——稀疏阵列综合脉冲孔径雷达(SIAR)，通过各个发射阵元全向发射正交编码频率信号使各向同性照射，在接收端通过数字波束形成(DBF)实现发射脉冲的综合，提高目标跟踪精度。

2. 分布式 MIMO 雷达

分布式 MIMO 雷达结构如图 6.7 所示。各收发端天线间距很大，各天线相对于目标的视线角是有明显差异的，相当于从不同的视角来观测目标。各发射天线发射相互正交的信号，且所有信道都满足独立条件，利用目标 RCS 角度扩展实现空间分集增益，提高检测性能。此时，目标不能视为点目标，各个观测路径是独立的，通过联合处理回波数据，增大可获取的信息量。接收端接收的回波信号不相关，不能直接进行相干处理，进行空间分集处理后，有助于克服目标的 RCS 闪烁，提高系统的检测性能。

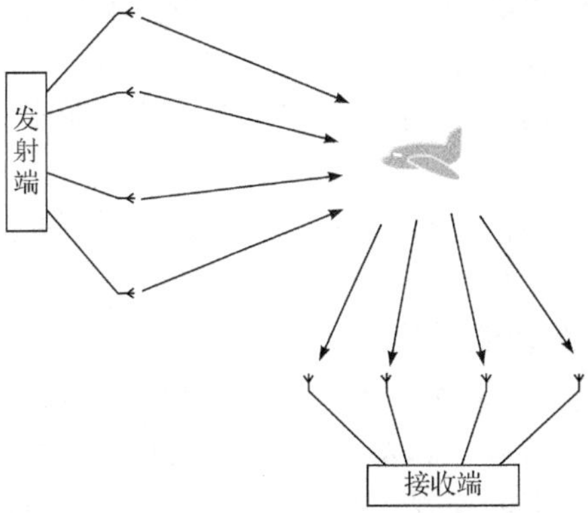

图 6.7　分布式 MIMO 雷达结构示意图

分布式 MIMO 雷达一般收发分置。对于收发阵列，各通道相互独立，所有通道回波均很小的概率比单通道回波很小的概率小得多，因而理论上各通道回波同时出现衰落的可能性很小，所以分布式 MIMO 雷达能够抵抗目标的 RCS 闪烁，对隐身目标的发现概率也会大大提升，定位精度相应提高。在对弱目标，尤其是隐身目标的检测方面，分布式 MIMO 雷达具有集中式 MIMO 雷达所没有的优势。尽管分布式 MIMO 雷达优点明显，但实际中存在时间、空间、相位的三大同步问题，在工程上相对于集中式 MIMO 雷达难以实现。2008 年，澳大利亚国防科学与技术组织的“情报、监视、侦察”(intelligence，surveillance, reconnaissance，ISR)分部，在其原有天波超视距雷达(over the horizon radar，OTHR)基础上进行了改进，设计了分布式 MIMO 雷达实验系统。同年，英国伦敦大学也在组网雷达研究的基础上，改进原有设备研制了分布式雷达实验系统。

6.3　智 能 雷 达

随着科技的发展，特别是人工智能技术高速进步，并加速向军事装备领域渗透应用，具备指挥高效化、打击精确化、操作自动化和行为智能化的人工智能武器装备将成为未来战争的主流武器。雷达作为一种广泛应用于监视、跟踪、成像的装备系统，向智能化发展是必然趋势。早在 20 世纪末美国空军研究实验室(AFRL)就开始了智能信号处理方面的研究，随后分别开展了基于知识的空时自适应处理(KB STAP)研究和基于数字地图信息的空时自适应处理(KBMap-STAP)研究。美国 AFRL 和国防部高级研究计划局(DARPA)还先后资助了基于知识的雷达(KB-Radar)、知识辅助的传感器信号处理与专家推理(KASSPER)、知识辅助雷达(KA-Radar)以及自治智能雷达系统(AIRS)等多项研究。随着研究的深入，雷达适应环境能力逐步提升。直到 2006 年，Haykin[7]为了进一步使雷达具有“环境自感知、处理自适应、能力自提高”的能力，提出了认知雷达的概念。

周峰等[8]在其《智能雷达的内涵与外延辨析》一文中给出了智能雷达的内涵：智能雷达内涵上应该是人工智能雷达(AIR)的简称，它应该广泛采用人工智能技术，通过内外多传感器感知、数据挖掘、知识积累、逻辑推理、机器学习、探测资源优化调度等，模拟人/动物眼和脑的感知、推理、学习和决策能力，实现雷达对环境变化的自主感知与学习适应、性能显著提升并自主进化、功能模式灵活多样并自主优化、组网协同探测的自组织与自修复、操作方便快捷与自主健康管理、少人值守甚至自主无人值守。

周峰等给出的是智能雷达的高级形态，但智能雷达发展是一个长期的发展过程，当前阶段可以认为部分采用人工智能技术的雷达为智能雷达。

认知雷达可认为是初级智能雷达。认知雷达是受蝙蝠回声定位系统及认知过程启发，通过发射–接收电磁波感知环境，与环境不断地交互和学习，获取环境信息，结合先验知识和推理，不断调整接收机和发射机参数，自适应探测目标，提高复杂、时变以及未知电磁环境与地理环境下的探测性能。认知雷达的基本结构如图 6.8 所示。

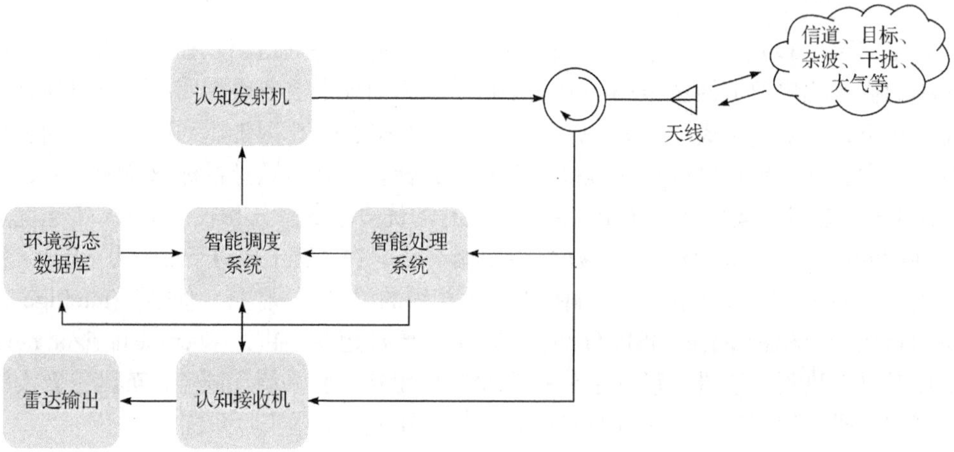

图 6.8　认知雷达的基本结构框图

认知雷达在发射和接收之间形成反馈，具有闭环学习自进化的雷达架构，具备环境自适应感知、自适应发射和接收、智能处理和资源调度等能力，可以适应复杂多变的探测环境。功能结构上，认知雷达主要由认知发射机、认知接收机、智能处理系统、智能调度系统、环境动态数据库 5 大模块组成[9-10]。

1. 认知发射机

认知雷达的发射机与传统雷达发射机不同，传统发射机信号与环境无关，而认知雷达的发射机和接收机之间形成了闭环反馈，发射机会根据先验知识、雷达回波历史数据以及战场环境实时认知信息，最优化设计发射波形、发射波束以及发射功率，增强了雷达在复杂电磁环境中的适应和生存能力。

2. 认知接收机

接收端进行认知最优化设计，实现接收回波信号在空域、时域、频域和极化域等上的滤波。

3. 智能处理系统

智能处理系统结合人工智能技术，利用深度神经网络分别替代传统的检测算法、跟踪算法和识别算法等，对混叠有电子干扰、地海杂波和雷达目标回波的信号进行智能化处理，实现对雷达目标的智能检测、跟踪和识别，甚至可以实现检测-跟踪-识别一体化，挖掘掩藏在数据中的深度特征。

4. 智能调度系统

智能调度系统参考先验知识和智能处理系统，实时对处理结果进行分析判断，并对电磁态势的未来变化进行智能预测，从而决定雷达下一个时间段执行的任务、发射的波形、使用的接收滤波器和处理算法等，实现雷达探测能力的闭环自进化。

5. 环境动态数据库

环境动态数据库包含环境和感兴趣目标信息的动态数据库。这些信息有来自雷达本身的观测记录，也有来自雷达机外的信息源，包括 SAR、地理信息、编队信息等。环境动态数据库中的信息是不断动态更新的。

习　题

6.1　给定一个激光雷达系统，其发射功率为1W，光学系统效率为0.8，目标表面反射率为0.3，单程大气透过率为0.7，光学系统有效接收面积为0.01m^2，目标与雷达的距离为 500m，假设目标是一个面目标，且激光发射立体角为10^{-6} rad^2。使用面目标形式的激光雷达方程计算接收到的激光功率。

6.2　描述组网雷达系统如何通过不同体制、工作频段和极化方式的多部雷达的合理部署和通信手段联网来实现对目标的联合定位、协同探测和准确跟踪。以“橡皮套鞋”(A-35)反弹道导弹系统为例，解释组网雷达系统的工作原理和优势。

6.3　思考智能雷达在现代战场环境中的潜在应用，并解释智能雷达如何提高指挥效率、打击精确度和操作自动化水平。

6.4　认知雷达作为初级智能雷达的一种，具有哪些关键技术特点？描述认知雷达是如何通过发射-接收反馈循环来适应复杂多变的探测环境的。

参考文献

[1] 舒嵘, 徐之海, 等. 激光雷达成像原理与运动误差补偿方法[M]. 北京: 科学出版社, 2014.

[2] 易伟, 袁野, 刘光宏, 等. 多雷达协同探测技术研究进展: 认知跟踪与资源调度算法[J]. 雷达学报, 2023, 12(3): 471-499.

[3] 曹哲, 柴振海, 高红卫, 等. 分布式阵列相参合成雷达技术研究与试验[J]. 现代防御技术, 2012, 40(4): 1-11.
[4] 鲁耀兵, 张履谦, 周荫清, 等. 分布式阵列相参合成雷达技术研究[J]. 系统工程与电子技术, 2013, 35(8): 1657-1662.
[5] 陈浩文, 黎湘, 庄钊文, 等. 一种新型雷达体制——MIMO 雷达[J]. 电子学报, 2012, 40(6): 1190-1198.
[6] 郑娜娥, 任修坤, 王盛, 等. MIMO 雷达信号处理[M]. 北京: 科学出版社, 2022.
[7] HAYKIN S. Cognitive radar: A way of the future[J]. IEEE Signal Processing Magazine, 2006, 23(1): 30-40.
[8] 周峰, 陈春晖, 沈齐, 等. 智能雷达的内涵与外延辨析[J]. 现代雷达, 2019, 41(10): 8-13.
[9] 左群声, 王彤. 认知雷达导论[M]. 北京: 国防工业出版社, 2017.
[10] 崔国龙, 余显祥, 魏文强, 等. 认知智能雷达抗干扰技术综述与展望[J]. 雷达学报, 2022, 11(6): 974-1002.

第 7 章

光电成像探测系统

7.1 光电成像探测系统组成及原理

光电成像探测技术被广泛应用于地基、车载、舰载、机载、弹载和航天设备中，主要应用有遥感、安防、精确制导、火控、光电搜索与跟踪、导弹来袭告警、防空反导和战场态势感知等。图 7.1 为一种典型的光电成像探测系统原理框图，主要由光学系统、成像探测器和成像信息处理模块组成的光电成像系统，图像预处理，目标检测/识别与跟踪系统，伺服控制系统以及稳像平台等功能模块组成。光电成像系统用来获取场景的图像，将二维分布的场景光学辐射转变成一维视频信号；图像预处理模块对视频信号进行预处理，主要包括平滑滤波(抑制视频信号中的干扰)、特征提取(用于目标检测和识别)等；目标检测/识别与跟踪模块对经过图像预处理模块处理得到的图像和特征进行进一步处理，完成目标检测/识别和跟踪，并给出不断修正的目标位置信息，输出到伺服控制系统，伺服控制系统根据目标位置信息生成驱动信号，以驱动稳像平台保持对目标的跟踪，稳像平台还具有视轴稳定功能，当没有收到搜索指令和闭环跟踪指令时，根据陀螺敏感的视线角速度信号生成驱动信号，驱动稳像平台保持视线指向的稳定；稳像平台作为光电成像系统的承载机构，主要在伺服控制系统输出的驱动信号的驱动下运动，以实现对外界扰动的隔离和对目标的闭环跟踪，在闭环跟踪模式下，安装在稳像平台上的陀螺作为视线角速度传感器，输出视线角速度信号给伺服控制器，该信号作为速度信号引入控制器的控制回路中。

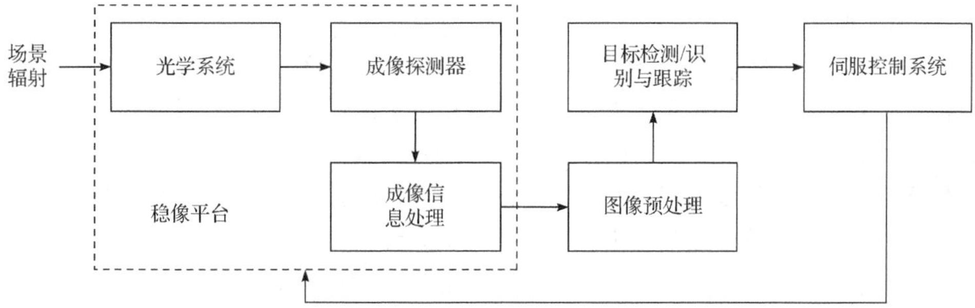

图 7.1　一种典型的光电成像探测系统原理框图

7.2 光学系统

光学系统根据结构特点，可分为透射系统、反射系统和折反射系统，还可分为定焦系统和变焦系统。图 7.2 为两类光学镜头的光路图和实物照片。上述分类严格说并不十分科学，也不够全面，它们之间虽各有特点，但其设计原理和方法基本是相同的[1]。

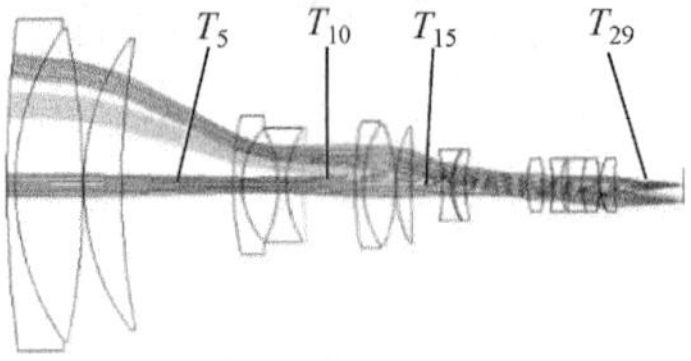

(a) 一种透射式光学系统光路图[2]

(b) 一种透射式光学镜头实物照片

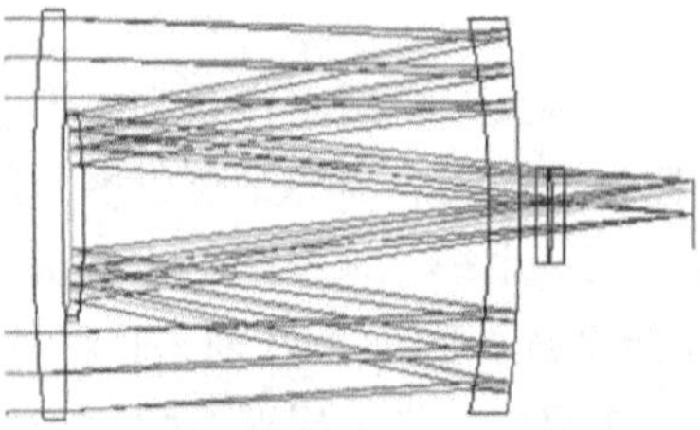

(c) 一种折反射式光学系统光路图[2]

(d) 一种折反射式光学镜头实物照片

图 7.2 两类光学镜头的光路图和实物照片

7.2.1 光学系统的基本性能参数

光学系统的基本性能由三个主要参数表征，分别是焦距 f' 、相对孔径 D/f' 和视场角 2ω 。除此之外，还有前主点和后主点、孔径光阑、入射光瞳和出射光瞳、视场光阑、入射窗和出射窗等参数。

1. 焦距

焦距是焦点距离的简称，是平行光线经光学系统聚焦的轴向距离，公式为

$$f' = \frac{h}{u'} \tag{7.1}$$

式中，h 为入射光瞳的半孔径；u' 为光线聚焦的半孔径角。

物方平行光线经光学系统聚焦的距离称为像方焦距，像方平行光线经光学系统聚焦的距离称为物方焦距，两者数值相同，而符号相反。由不同形貌的透镜或多组不同透镜组成的光学系统，其最后一面半径顶点到焦点的距离为后工作距离 l' ；后工作距离往往并不等于焦距，焦距量度的起点为后主点 H' ；光学系统反向追迹，物方焦距量度的起点则为前主点 H 。上述参数的物理意义如图 7.3 所示。

光学系统的焦距决定成像的大小，当物体处于有限距离时，像的大小为

$$y' = (1-\beta) f' \tan\omega \tag{7.2}$$

式中，y' 为像高；β 为横向放大率；ω 为半视场角。

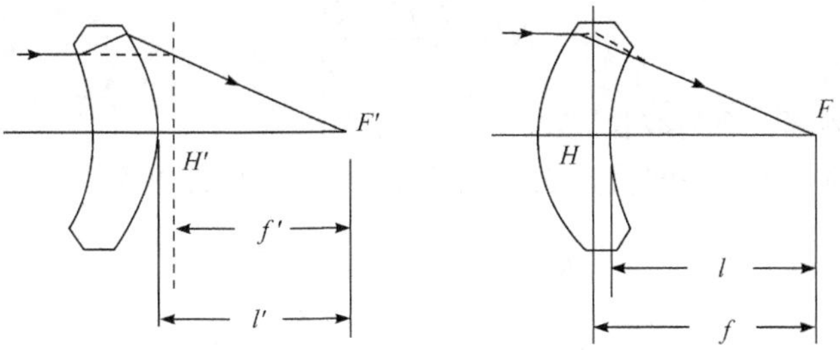

(a) 前主点　　(b) 后主点

图 7.3　前主点与后主点[1]

l 为工作距离；F 和 F'分别为物方焦点和像方焦点；f 和 f'分别为物方焦距和像方焦距

当物体处于无限远时，式(7.2)简化为

$$y' = f' \tan\omega \tag{7.3}$$

可以看出，像的大小与光学系统的焦距成正比。为了分辨远处的物体，光学系统所成的像越大越好，所以焦距越长越好。

2. 相对孔径

相对孔径定义为入瞳孔径与焦距之比，即

$$\frac{D}{f'} = 2(u' - u) \tag{7.4}$$

式中，D 为入瞳孔径；u 为物方半孔径角。

当物体处于无限远时，式(7.4)简化为

$$\frac{D}{f'} = 2u' \tag{7.5}$$

为了限制入瞳孔径的大小，在光学系统中设置孔径光阑，孔径光阑被其前面的透镜组成在整个光学系统物方空间的像被称为入射光瞳，简称入瞳。孔径光阑被其后面的透镜组成在整个光学系统像方空间的像被称为出射光瞳，简称出瞳。因此，入瞳、孔径光阑、出瞳是物像共轭关系，如图 7.4 所示。

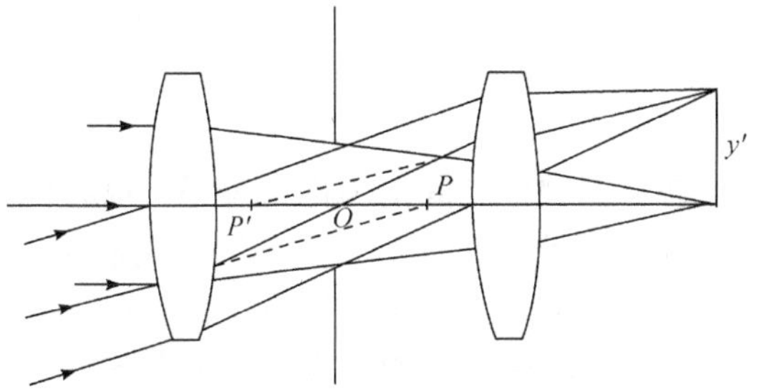

图 7.4　孔径光阑与入瞳、出瞳的关系[1]

P 为入瞳位置；P'为出瞳位置

光学系统的相对孔径决定其受衍射限制的最高分辨率和像面照度，这一最高分辨率

就是通常所说的截止频率，即

$$N=\frac{D/f'}{\lambda}=\frac{2u'}{\lambda} \tag{7.6}$$

式中，N 为截止频率；λ 为波长。

通常可见光频段的中心波长为 550nm 左右，当存在 $\lambda/4$ 像差时，有经验公式：

$$N=\frac{2u'}{\lambda}\times 0.82\approx\frac{1476}{F} \tag{7.7}$$

式中，F 为相对孔径倒数，称为 F 数。

光学系统的相对孔径与像面照度的关系为

$$E'=\frac{\pi}{4}B\tau\left(\frac{D}{f'}\right)^2 \tag{7.8}$$

式中，E' 为像面照度；B 为物体的光亮度；τ 为光学系统透过率。

从式(7.8)可以看出，当物体光亮度与光学系统透过率一定时，像面照度仅与相对孔径的平方成正比。

为了使同一摄像光学系统在各种亮度下所成的像具有适宜的照度，其孔径光阑均采用直径可以连续变化的可变光阑。它的变化档次均以 $1/\sqrt{2}$ 为公比的等比级数排列，相应地，像面照度以 0.5 为公比的等比级数排列，通常把相对孔径规格化为如表 7.1 所示的规格，其中 F 数称为 F 光圈。

表 7.1　相对孔径与 *F* 光圈的关系[1]

相对孔径	1∶1	1∶1.4	1∶2	1∶2.8	1∶4	1∶5.6	1∶8	1∶11	1∶16	1∶22	…
F 数	1	1.4	2	2.8	4	5.6	8	11	16	22	…

F 光圈只标明光学系统的名义相对孔径，称为名义光阑指数，它对考核光学系统的截止频率是起作用的。如果考核其像面照度，还得考虑光学系统透过率 τ 的影响，那么标明实际相对孔径的有效光阑指数为

$$T=F\sqrt{\tau} \tag{7.9}$$

式中，T 为 T 光圈。

3. 视场角

对于光学系统而言，被摄景物的空间范围称为视场，视场越大，轴外光束与光轴的夹角就越大。轴外光束的中心线称为主光线，主光线与光轴的夹角称为视场角。图 7.5 中，ω 即为视场角。光学系统的视场角决定了被摄景物的空间范围。一般来说，长焦距物镜的视场角较小，视场角为 60°～90°的物镜称为广角物镜，视场角在 90°以上的物镜称为超广角物镜，而鱼眼物镜的视场角可达 180°以上。

光学系统的视场角由视场光阑所决定，视场光阑经光学系统在物方空间所成的像称为入射窗，视场光阑经光学系统在像方空间所成的像称为出射窗。入射窗、出射窗与视

场光阑均为共轭成像关系。

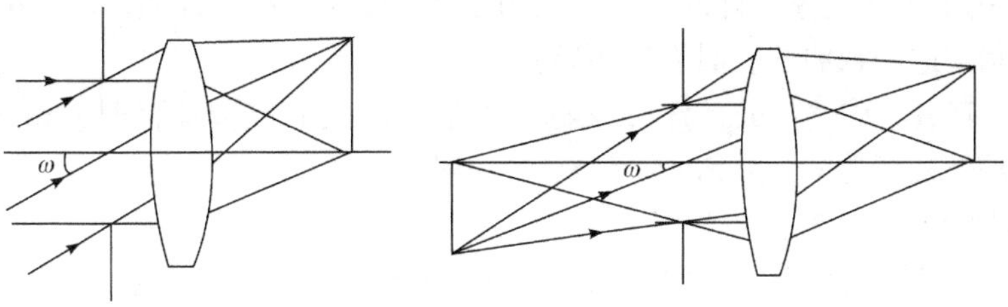

图 7.5　光学系统的视场角[1]

7.2.2　光学系统的像差要求

光学系统在焦距确定后均同时具有所要求的相对孔径和视场角，为了使整个像平面都能得到清晰并与物平面相似的像，光学系统需要校正七种像差，即球差、彗差、像散、场曲、畸变、位置色差和倍率色差。光学系统的分辨率(频率)是相对孔径和各种像差残余量的综合反映。相对孔径决定了受衍射极限限制的截止频率(分辨率)，而像差校正的目的则是提高截止频率范围内各种频率的调制度(对比度)。如果感光胶片或光电成像器件分辨率不高，当相对孔径较大时，波差在 2λ～10λ 仍然有较好的成像质量。视系统及以超微粒感光胶片为接收器的微缩物镜等光学系统则要求它们的像差校正尽可能地完善，波差应在 0.5λ 左右。因此，当相对孔径和视场角确定后，接下来的工作是选择一种恰当的结构形式，制订一个易于实现的像差校正方案。为此，必须有一个正确的像差评价方法。在校正过程中，为方便起见，往往采用“弥散圆半径”来衡量像差大小，最终则用光学传递函数对成像质量做出评价。

光学系统的分辨率是针对不同的对比度而言的，被摄景物存在明与暗或黑与白各种不同程度的对比。对一个光学系统，不仅要考察它的高对比分辨率，而且更主要的是要考察它的低对比分辨率。光学传递函数则可以评价各种不同频率(分辨率)的调制度(对比度)，进而把分辨率和对比度统一起来。

7.2.3　光学系统的调制传递函数

设物平面被非相干光照明，物面上一点发出的发散球面波经过成像系统后，会聚到像面。由于衍射效应和像差的共同作用，在像面上形成弥散斑，弥散斑可用点扩散函数(point spread function，PSF)描述，PSF 的傅里叶变换就是调制传递函数(modulation transfer function，MTF)。衍射极限系统光学传递函数的表达式为

$$\mathrm{OTF}(u,v)=\begin{cases}\dfrac{2}{\pi}\left[\arccos\left(\dfrac{v}{v_\mathrm{c}}\right)-\dfrac{v}{v_\mathrm{c}}\sqrt{1-\dfrac{v}{v_\mathrm{c}}}\right], & v<v_\mathrm{c}\\ 0, & \text{其他}\end{cases} \tag{7.10}$$

式中，v 为空间频率；v_c 为衍射极限系统的截止频率：

$$v_\mathrm{c}=\frac{2\alpha}{\lambda f'}=\frac{1}{\lambda F} \tag{7.11}$$

式中，α 为入瞳半径。

MTF 既用于光学成像设计的评价，又用于测量镜头系统的像质。图 7.6 所示是某光学镜头的调制传递函数曲线，具有以下特点：

(1) MTF 有 s(又称“弧矢”)和 t(又称“子午”)一对正交分量，即 x 和 y 分量。除 0 视场以外，轴外视场的 s 分量和 t 分量 MTF 一般不相同。

(2) 不同视场的 MTF 是不相同的。

(3) 通常使用的是宽频段成像，如可见光，必要时要对波长加权，得到的是不同波长光线加权平均的多色光 MTF(polychromatic MTF)。在可见光波段，光学设计习惯上使用 F、d 和 C 三条光线。

(4) 在衍射极限近似下，MTF_t=MTF_s，实际物镜 0 视场的 MTF 一般比衍射极限曲线略低，大视场的 MTF 则低得更多。

(5) 通常用户会给出两个空间频率下的 MTF 指标，如 MTF(v_c)和 MTF(v_c/2)(v_c 为截止频率)。MTF 的高频成分和截止频率决定了图像的分辨率，而低频和中频决定了图形的基本框架结构的清晰度，低频和中频响应是决定成像清晰度的主要因素，不能片面追求高频响应。

(6) 根据经验，高级物镜要求 MTF|v_c/2 ⩾ 0.75，MTF|v_c ⩾ 0.5，普通物镜要求 MTF|v_c/2 ⩾ 0.5，MTF|v_c ⩾ 0.25。注意，此处截止频率 v_c 既可能由衍射极限决定，更可能由探测器的像素决定。

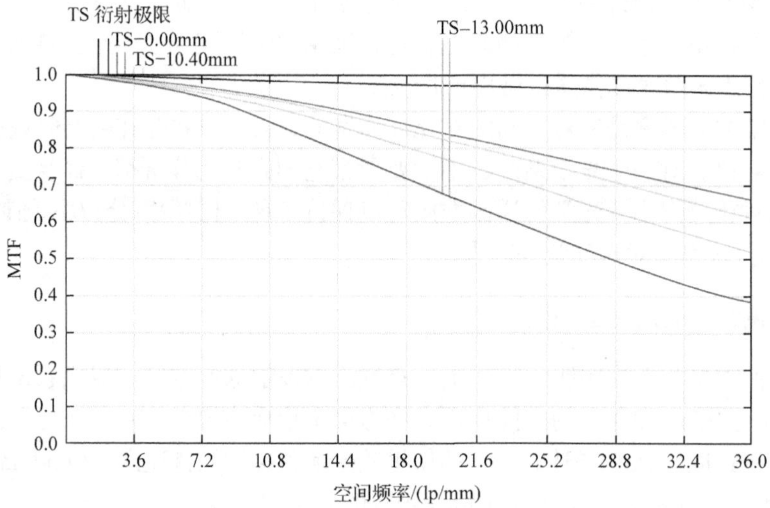

图 7.6 某光学镜头的调制传递函数曲线

lp/mm 表示每毫米线对数

7.3 光电成像探测器

7.3.1 紫外成像探测器

紫外光谱区波长范围为 10～400nm，凡是利用紫外辐射感知目标存在及其特性的场合都需要使用紫外传感器。紫外成像探测器是一种将场景紫外辐射信号通过光电转换，得到图像信号的光电成像传感器。紫外探测在军民领域有着广泛的应用，如空间科学、紫外天文学、紫外预警、导弹逼近告警、紫外制导、生化试剂检测、短距离紫外保密通信、电晕放电探测、灾害天气预报、紫外环境监测、医疗诊断(血液、尿液检测)、生物技术(细胞分类)、光谱学(分光光度计)火焰探测、燃烧监测等。对于某些应用，还强调紫外探测器的可见光盲或日盲特性。可见光盲指不响应可见光。大气层对日光的吸收使得自然界中 280nm 以下的紫外背景噪声极低，工作波长在 280nm 以下的紫外探测器称为日盲紫外探测器。可见光盲，尤其是日盲紫外探测器在工作时受自然背景紫外噪声干扰更低[3]。

1. 紫外探测器的工作原理

紫外探测器利用光子效应将接收到的紫外辐射转化为电信号并输出。光子效应分为外光电效应和内光电效应。外光电效应即光电发射效应，当发射体内的电子所吸收的光子能量 $h\nu$ 大于发射体功函数 E_φ 时，电子就能从发射体表面逸出，逸出的光电子按一定格式输出。光电发射效应产生的条件为

$$\lambda \leqslant \lambda_c \tag{7.12}$$

式中，λ_c 为产生光电发射入射光波的截止波长。紫外光电阴极及基于光电阴极的紫外真空器件就利用了光电发射效应。

内光电效应包括光电导效应和光伏效应，当紫外辐射照射外加电压的某些半导体材料，并且入射光子的能量大于半导体材料的禁带宽度 E_g 或杂质的能带宽度 E_i 时，半导体内将产生新的载流子(电子和空穴)，从而使半导体的光电导增加，产生光电导效应。紫外辐射使不均匀的半导体或半导体与金属组合的不同部位之间产生电位差的现象称为光伏效应。对于具有 P-N 结的半导体，紫外辐射时，当入射光子的能量大于半导体材料的禁带宽度 E_g 时，在半导体中产生电子-空穴对，光生电子-空穴对在结区被内建电场分开，从而在结区两边产生电压。

2. 紫外探测器的组成

紫外探测器的基本结构包含实现光电转换的吸收体和实现光生信号收集、转移、输出的电极。不同的紫外传感器结构差异较大，这里仅介绍基于微通道板(microchannel plate，MCP)的紫外像增强器、增强电荷耦合器件(intensified charge-coupled device，ICCD)和 AlGaN 紫外焦平面阵列的组成。

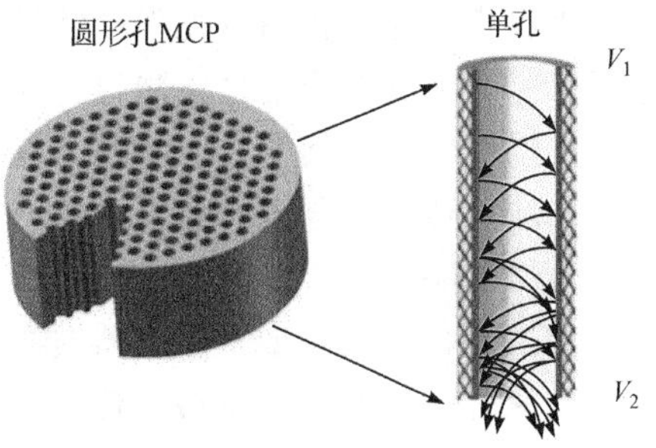

图 7.7　MCP 结构示意图[3]

如图 7.7 所示，MCP 是一种结构紧凑的大面阵高分辨率微通道电子倍增器件，可以看作一个光电倍增管。MCP 是一种特殊的电子光学器件，是由上百万根紧密排列的空心通道管组成的薄板。每个通道的内壁上都生成一层二次电子发射系数高的半导体材料，使得通道在加上一定电压后，能在每个通道中产生一个均匀电场。这个电场使进入通道的低能电子被加

速，以高速撞上微通道的管壁产生二次电子，二次电子在加速场作用下又会轰击管壁产生更多二次电子，如此反复撞击管壁，实现连续的倍增效应。这样，每一个通道就成为一个光电倍增管，可以得到上万倍的电流增益。紫外像增强器一般为 MCP 近贴聚焦型结构，由光电阴极、MCP 和荧光屏等构成。常用的紫外光电阴极材料有 Cs_2Te、Rb_2Te 和 GaN(AlGaN)。光电阴极利用外光电效应把输入到它上面微弱的紫外辐射图像转化为电子图像，电子图像通过特定的静电场或电磁复合场而获得能量，并被加速聚焦到电子光学系统的像面上，位于电子光学系统像面的荧光屏被高速电子轰击而发出和入射图像强弱相对应的被增强的目标可见光图像。

ICCD 是通过锥形光纤面板将 MCP 耦合到电荷耦合器件(charge-coupled device，CCD)光敏面上而形成的，紫外 ICCD 还耦合有深度截止紫外滤光片。通过紫外滤光片确定需要探测的紫外辐射频段，经过紫外滤光片滤波后的紫外辐射输入到 MCP 的光电阴极上，光电阴极利用外光电效应把输入到它上面微弱的紫外辐射图像转化为电子图像。电子图像经过 MCP 倍增放大及电场的加速后，高速电子轰击荧光屏，荧光屏发出被增强的场景可见光图像。荧光屏发出的可见光图像再由 CCD 成像，输出可以传输、处理的图像信号。

AlGaN 紫外焦平面阵列采用混合集成结构，为全固态器件。AlGaN 探测器阵列(AlGaN photo-diode array，AlGaN-PDA)与 Si 基互补金属氧化物半导体(CMOS)信号读出集成电路(read out integrated circuit，ROIC)通过铟柱垂直互联集成，AlGaN-PDA 将目标发射的紫外辐射转化为电信号，对应的电信号由 ROIC 按需要的格式输出。

3. 常用的紫外成像探测器

常用的紫外成像探测器有各类位敏阳极传感器，包括楔条形阳极(wedge-strip anode)、延迟线阳极(de1ay-line anode)、交叉条形阳极(cross-strip anode)和游标阳极(vernier anode)、ICCD 等，各类半导体全固态探测器包括紫外增强型 Si 基探测器、带紫外涂层的背照式 CCD、日盲紫外 AlGaN-PIN 焦平面，以及 P-I-N 型 A1GaN 日盲紫外焦平面阵列等，以及有机紫外探测器等[3]。

7.3.2 可见光成像探测器

可见光成像探测器主要包括 CCD 和 CMOS 成像探测器(CMOS image sensor，CIS)两类。CCD 和 CMOS 成像探测器是将光信号转换为电信号并输出图像信息的硅基半导体器件，它们通过将可见光强度信号在像素阵列中转换为与光强对应的电荷信号，再将电荷信号转换为电压信号并输出，探测器像素阵列输出的电压信号可复现为与阵列规模对应的图像信息。其中，CCD 成像探测器通过电荷耦合方式将各像元电荷信号顺序传输到输出端再转换为电压信号输出，CMOS 成像探测器则在各像元中将电荷信号转换为电压信号再顺序输出。

CCD 和 CMOS 成像探测器被喻为各种信息传感系统的眼睛，探测光谱可扩展到 X 射线、紫外、近红外等谱段。CCD 成像探测器工作于电荷转移模式，器件光电性能优异，技术成熟度高，是航空航天等高端军用领域的首选器件。CMOS 成像探测器工作于电压传输模式，与 CMOS 工艺兼容，器件集成度高、功耗低，在消费电子和工业应用方面占据较大的市场。可见光成像探测器广泛应用于手机、数码相机、机器视觉、安全与监视、视频会议和摄像机、文件传真扫描、计算机摄像头、条形码识别、汽车影像、科学成像、医学成像、航空航天与国防、玩具游戏、生物识别及其他消费电子产品等方面[3]。

1. 可见光成像探测器的工作原理

1) CCD 成像探测器的工作原理

当 CCD 应用于成像时，光学系统首先将外界光照射下的(或者自身发光的)景物成像在物镜的镜面上，形成二维分布的光强分布(光学图像)，然后 CCD 将二维光强分布的光学图像转变成一维时序电信号。CCD 由光敏区和移位寄存器单元组成的水平区构成。光敏区和水平区通常为硅外延层上形成的电容单元阵列，其主要区别在于光敏区允许光进入，而水平区是挡光的。

当一幅图像通过光学系统投影到光敏区上时，每个光敏元积累与对应位置上光强成正比的电荷量，此过程称为曝光。曝光后，控制电路使每个电容器向邻近单元转移其信号(作为移位寄存器工作)。阵列中的最后一个电容器将其电荷注入电荷放大器，在这里将电荷转换成电压。通过重复这个步骤，控制电路将整个半导体阵列获取的所有内容转换为一系列电压。在数字设备中，这些电压将被采样、数字化、处理；在模拟设备中(如模拟摄像机)，电压被处理成一个连续的模拟信号，然后对其进行处理并输出至传输、记录或其他处理电路中。在 CCD 的实际制造中，类似平板电容器的每个单元电容器都采用多晶硅作为一个电极，SiO_2 作为电容的介质层，而硅材料作为电容的另一个电极。这样的制作方法解决了金属作为电极时不能实现小间距的问题。

在金属氧化物半导体(MOS)结构中，存在界面态对信号电荷的俘获。通常为了获得具有较高转移效率的实用 CCD，采用所谓的埋沟结构。在 P 型半导体中，通过离子注入方法在表面形成一个浅的 N 型区域，再在 N 型区域两端制作较重掺杂的 N+型源和漏区，然后在氧化层上铺上电极，这样埋沟结构就形成了。在埋沟结构中，通过外加适当的偏置电压 V_{RD}(大于零)可以使埋沟区域耗尽，并在埋沟中某一位置形成一个电势最大的位置。当栅电极加上偏压后，光电效应产生的电子便在此电势最大位置区域收集。当相邻电极上的偏压按照规定的次序变化时，信号电荷便在埋沟中实现转移。图 7.8 所示为三相 CCD 电荷转移示意图。

2) CMOS 成像探测器的工作原理

首先，外界光照射像素阵列，在光电效应的作用下，在像素单元内产生相应的光生电荷，并在像素内部转换为信号电压。行选电路根据需要选通像素阵列中的相应行。此行所有像素中的信号电压通过其对应的列总线将信号电压传输到列级处理电路中，经过 A/D 转换器转换成数字图像信号输出。其中，行选电路可以对像素阵列逐行扫描，也可隔行扫描。行选电路与列选电路的配合使用可以实现随机开窗的功能。列级处理电路的主要功能是对信号进行放大处理，并且通过相关双采样抑制读出噪声。另外，为了配合实现相机组件的各种功能，CMOS 成像探测器中须包含必要的控制电路，如曝光时间控

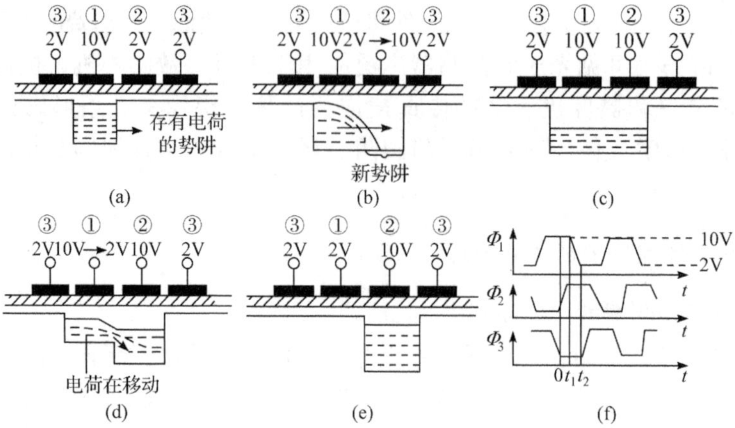

图 7.8 三相 CCD 电荷转移示意图[4]

制、自动增益控制等。为了使芯片中各部分电路按规定的时序工作，须使用多个时序控制信号。为了便于相机组件的应用，还要求该芯片能输出一些时序信号，如同步信号、行起始信号、场起始信号等。

2. 可见光成像探测器的分类

1) CCD 成像探测器的分类

根据结构的不同，CCD 成像探测器可分为线阵 CCD、面阵 CCD、延迟积分 CCD (TDI CCD)和电子倍增 CCD(electronic multiplying charge coupled device，EMCCD)。

(1) 线阵 CCD。线阵 CCD 是由光敏区一侧的转移栅和 CCD 移位寄存器连接构成的，其中光敏区用沟阻隔离形成独立的感光单元。光敏区每个感光单元与 CCD 移位寄存器的每一个单元通过转移栅一一对应连接。当光栅上为高电平时，各个像元形成势阱俘获信号电荷。积分时间结束后，光栅变为低电平而转移栅变为高电平，使得信号电荷沿着转移栅并行进入 CCD 移位寄存器。在 CCD 移位寄存器外加时钟脉冲信号作用下，信号电荷将逐渐转移到输出端进行转换和放大。这种线阵 CCD 图像传感器为单沟道线型结构，由于其转移损失率较高，所以只适用于光敏元较少的应用。在此基础上，采用双沟道线型结构可以极大地提高转移效率，其结构包括光敏区、两侧两列 CCD 移位寄存器及相应的转移栅。光敏元同样采用沟阻来隔离各个像元，同时光栅和两侧转移栅交错相连。在输出端，两个 CCD 移位寄存器的信号进行合并。类似双沟道线型结构，为了提高分辨率，还可以采用四线结构，即构成四线结构型 CCD。

(2) 面阵 CCD。面阵 CCD 成像探测器有帧转移、内线(行间)转移等类型，帧转移面阵 CCD 由光敏区、存储区和移位寄存器构成。光敏区由沟阻隔离形成独立的像元。存储区和光敏区结构相同，但是上面覆盖金属层遮光。移位寄存器数目和光敏区的垂直沟道数目一致，以保证每一沟道都有一个移位寄存器单元相对应。在时序脉冲的作用下，首先进行积分以使高电平对应的电极形成势阱，从而形成与外界景物相应的电荷图形，然后在帧转移脉冲的驱动下，光敏区信号转移到存储区，接下来进行第二场积分。同时，存储区变为行转移脉冲，并将存储区的信号一行一行地转移到水平移位寄存器。进入水平移位寄存器的电荷由水平时钟脉冲驱动快速一行一行地读出。

内线转移面阵 CCD 中的光敏元为二维形式排列，每列像元旁边是一个垂直的移位寄存器。像元通过转移栅与移位寄存器的单元一一对应。水平方向再放置一个水平方向的移位寄存器，其单元数目与垂直移位寄存器数目相等。光敏元在积分时间内积累电荷包，再在转移栅的控制下进入垂直移位寄存器中。接下来，类似帧转移类型的存储区那样逐行读取垂直移位寄存器中的电荷(图 7.9)。

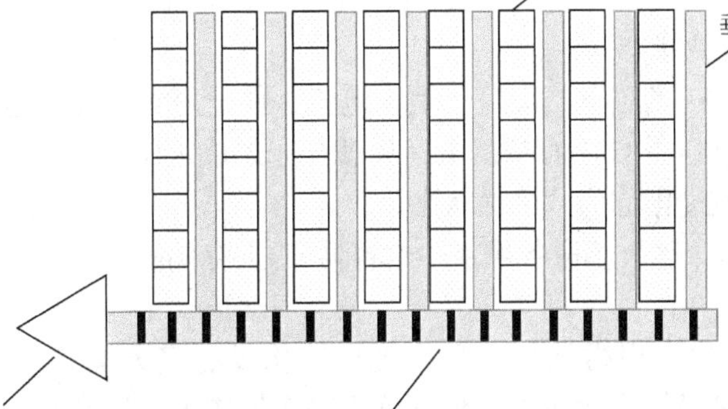

图 7.9　内线转移面阵 CCD 示意图[3]

(3) 延迟积分 CCD。利用线阵 CCD 摄取二维平面图像，采用“推扫”模式沿着一个固定方向逐列对场景进行摄像。为了减小积分时间内相机在物平面运动方向上覆盖距离的投影，需要缩短积分时间，这将会使输出信号减小。在此基础上，采用时间延时积分方式既能增加灵敏度，又不降低分辨率。TDI CCD 的工作原理如下：某一列上第一个像元在第一个曝光积分周期内收集到的信号电荷并不直接输出，而是与同列第二个像元在第二个积分周期内收集到的信号电荷相加，相加后的电荷移向第三行，CCD 最后一行(第 M 行)像元收集到的信号电荷与前 $M-1$ 次收集到的信号电荷累加后移到输出寄存器中，按普通线阵 CCD 的输出方式进行读出。由此可见，CCD 输出信号的幅度是 M 个像元积分电荷的累加，即相当于一个像元的 M 倍积分周期所收集到的信号电荷，输出幅度扩大至原来的 M 倍，信噪比提升为原来的 $\sqrt{M}$ 倍。TDI CCD 的行数是一行的像元数，列数为延迟积分的级数。将多个 TDI CCD 集成到一个芯片上，再用滤光片光窗分光可实现多谱段探测。TDI CCD 是目前包括高分辨率成像卫星等遥感卫星中最常用的 CCD 类型。

(4) 电子倍增 CCD。电子倍增 CCD 采用了片上增益技术，即在水平位移寄存器后面加上增益寄存器，在增益寄存器上加较高的偏置电压使电子产生碰撞电离效应，从而实现电子数目的不断倍增。电子倍增 CCD 具有体积小、灵敏度高的特点，在高速、微光成像、高空间分辨率和高时间分辨率成像、自适应波前传感、暗弱天体的光谱观测、光干涉观测及快速测光等方面具有很好的应用前景，广泛应用在生物细胞探测、重离子 CT、X 射线探测、天文观测、军事等领域。

2) CMOS 成像探测器的分类

成像探测器直观的性能指标就是对图像的复现能力，而像素阵列就是直接关系到这一指标的关键因素。按照像素阵列单元结构的不同，可以将 CMOS 图像传感器像素单元分为无源像素单元(passive pixel sensor，PPS)、有源像素单元(active pixel schematic，APS)和对数式像素单元。有源像素单元(APS)又可分为光敏二极管型 APS、光栅型 APS。以上像素阵列单元各有特点，但是它们有基本相同的工作原理。以下先介绍它们基本的工作原理，再介绍各种像素单元的特点。图 7.10 是单个像素的原理示意图。

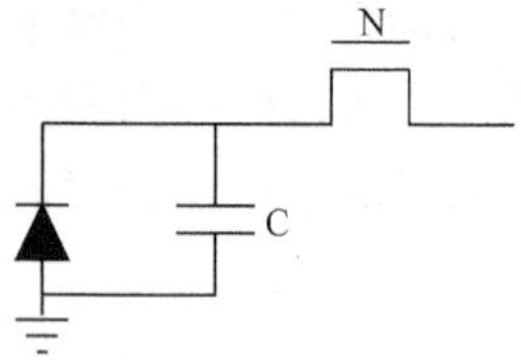

图 7.10　单个像素的原理示意图[3]

(1) 打开开关 N，电容被充电，二极管处于反向偏置状态，此时进入“复位状态”；

(2) 关闭开关 N，在光照下二极管产生光电流，使电容上存储的电荷放电，经过一个固定时间间隔后，电容器 C 上存留的电荷量就与光照成正比，这时就将一幅图像摄入敏感元件阵列之中，该过程称为“采样状态”；

(3) 再打开开关 N，逐个读取各像素中电容器 C 上存储的电荷电压，此时进入“读出状态”。

无源像素单元(PPS)出现得最早，自出现后结构没有多大变化，这种像元结构简单，像素填充率高，量子效率比较高，但其读出噪声比较大，通常为上百个电子，而商业用 CCD 读出噪声典型值为 20 个电子。另外，随着阵列的增加，固定图形噪声(fix pattern noise，FPN)也会急剧增强。

APS 量子效率比较高，通过在像素中增加一个放大器，可有效提高输出图形信号质量。APS 的结构形式有 3T、4T、5T 等。其中，4T 像素可采用相关双采样技术消除复位噪声，是目前 CMOS 图像传感器应用的主流像素结构类型。

在光栅型 APS 结构中，固定图形噪声得到了有效抑制，其读出噪声为 10～20 个电子，但它的工艺比较复杂，严格说不是完全的 CMOS 工艺。由于多晶硅覆盖层的引入会阻挡一部分入射的光信号，其量子效率比较低，尤其对短波长的蓝光更是如此。目前看来，其整体性能优势并不十分突出。

7.3.3 红外成像探测器

红外探测器(infra-red detector)是指能感知红外辐射信号/信息的存在，并将其转换成电信号的光电器件。红外探测器可用于解决被动探测、夜视、侦察、搜索、红外/热成像制导等军事应用的关键问题，已在红外/热成像制导的空空导弹、空地导弹、制导炸弹、灵巧炸弹、巡航导弹、反舰导弹、防空导弹、反坦克导弹、制导炮弹等领域得到广泛应用。

红外探测器可用于弹道导弹早期预警卫星，探测和监视敌方发射的弹道导弹，还可用于弹道导弹中段拦截的目标寻的，其制导精度可保证拦截器直接撞毁来袭弹道导弹。红外探测器用于坦克装甲车辆、军用舰船、军用飞机的探测和观瞄系统，只需要通过接收敌方目标自身发射的红外辐射即可对目标进行定向，实现“我看得见你，而你不知道我看见你了”。红外探测器用于单兵装备可显著提高在夜间和地洞、隧道、暗室等无光照场景中的作战能力[3]。

1. 红外探测器的工作原理

从微观转换机理看，红外探测器分为三种类型：红外辐射热效应型、量子效应型和波动效应型。红外探测器就是利用这三种物理效应，通过某种红外敏感材料将红外辐射信号转换成可测量信号的一种光电器件，而绝大多数情况下是将红外辐射信号转换成便于测量和使用的电信号。以下介绍利用热效应和量子效应的红外探测器(分别称为“热探测器”和“光子探测器”)的工作原理。

1) 热探测器

当红外辐射的热效应引起某种材料温度变化时，会使该材料产生某种可度量的物理性质的变化，检测出这种变化就得到了与红外辐射相对应的信号，常用的探测机理有热敏电阻效应、温差电效应和热释电/铁电效应。

(1) 热敏电阻效应。图 7.11 所示的测辐射热计探测器利用金属或半导体的热敏电阻效应探测红外辐射，即敏感红外辐射的金属或半导体材料吸收红外辐射热导致温度变化，通过调制材料的电阻率(实际上是电导率)再调制偏置电流形成光电信号。

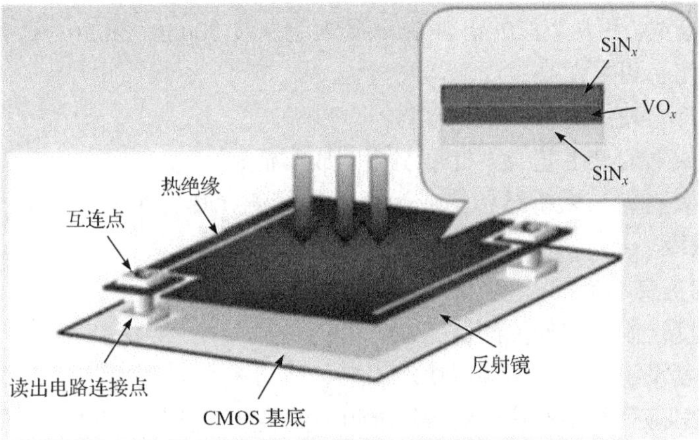

图 7.11　采用微电子工艺制造的测辐射热计探测器单元[3]

(2) 温差电效应。图 7.12 所示的热电探测器利用金属-金属或金属-半导体结的温差电效应探测红外辐射，即热电偶/热电堆结吸收红外辐射热导致温度变化，直接调制结的温差电势差形成光电信号。

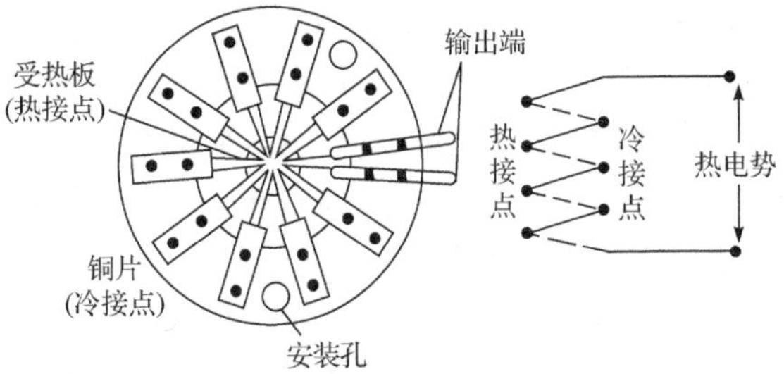

(a) 简单集成的单元热电堆探测器

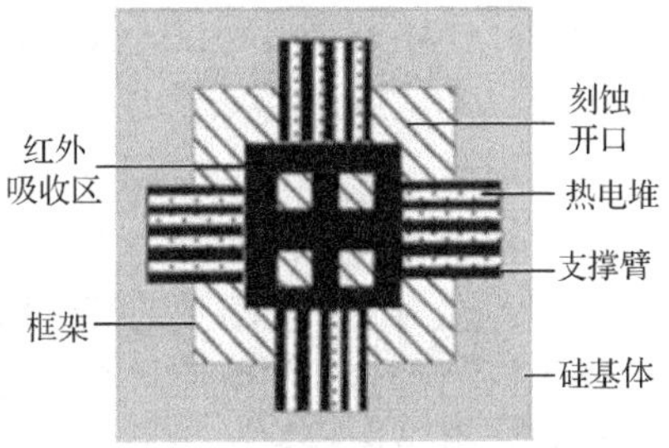

(b) 采用微机电工艺制造的微热电堆探测器单元

图 7.12　两种热电探测器[3]

(3) 热释电/铁电效应。热释电/铁电探测器(图 7.13)利用材料电极化率随温度变化的热释电/铁电效应探测红外辐射，即热释电/铁电材料吸收交变红外辐射热导致温度变化，通过温度变化调制材料的电极化率形成光电信号，铁电材料加偏置电压后可增强电极化率，因而输出的光电信号更大。

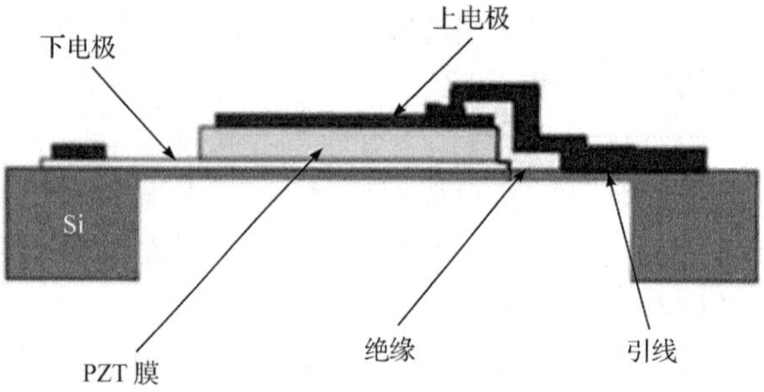

图 7.13 采用微电子工艺制造的热释电红外探测器单元[3]

热探测器的主要优点：

(1) 光谱响应宽，可从近红外辐射(1μm)到太赫兹波(30μm～3mm)，适合宽光谱探测；

(2) 性能稳定，可靠性高；

(3) 无需制冷，使用简单，维护容易；

(4) 可利用成熟的硅工艺线大批量制造，成本低；

(5) 热敏薄膜材料与微桥结构集成为一体的探测元热容小、热导低，噪声等效温差可低至 10mK 量级。

热探测器的主要不足：

(1) 热灵敏度没制冷红外探测器高；

(2) 响应速度没制冷红外探测器快。

目前，研究和应用最多的热探测器是微测辐射热计和热释电/铁电焦平面探测器，热探测器性能的主要限制因素是热敏材料性能、热绝缘和热容量的设计以及制造工艺等。例如，利用氧化钒、非晶硅薄膜材料和微桥结构制造 320×240、384×288、640×480、1024×768 等规格的微测辐射热计非制冷焦平面探测器，应用于军事、工业和民用等领域。

2) 光子探测器

光子探测器利用红外辐射的量子效应实现光电转换。在窄禁带半导体中，红外光子与电子相互作用，直接将红外光子转换成电子生成对应红外辐射的电信号。光子探测器有光电导、光伏探测器。光电导红外探测器利用均匀窄禁带半导体材料中的电子直接吸收红外辐射光子，转换为电阻率(电导率)的变化再形成电信号。利用窄禁带半导体材料构成半导体 P-N 结或异质结，结区中价带电子直接吸收红外光子跃迁至导带，并被自建电场分离转换为电压差信号的红外探测器是光伏红外探测器。

光子探测器输出的电信号与红外辐射的入射光子能量有关，即光子能量必须大于或等于探测器半导体材料的能带宽度才能激发光生载流子。一旦光子红外探测器的响应达到某一波长，即截止波长时，就不再有信号响应，因此对响应的红外辐射波长有选择性(图 7.14)。当波长不同时，相等入射功率红外辐射所含的光子数不相同，因而光子探测器的响应率、探测率也不相同，波长越长，单位红外辐射波长中的光子数越多，光子探测器的响应率和探测率随之增高。响应达到最高值后(对应的红外辐射波长为峰值波长)，则因量子效应而快速下降。

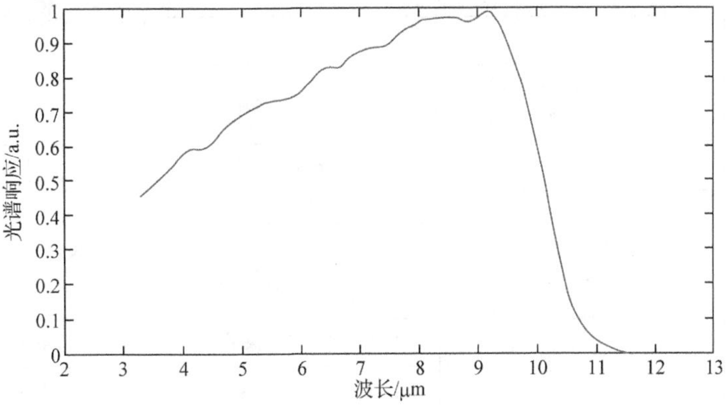

图 7.14　一种红外探测器的光谱响应曲线[3]

光子探测器的主要优点：

(1) 光谱响应有选择性，由半导体的禁带宽度或杂质能级决定，通过选择半导体材料、材料组分或掺入的杂质，可精确响应特定的红外频段，制作双频段/多频段或双色/多色红外探测器。

(2) 量子效率高，制冷光子探测器通常工作于低温，具有噪声低、热灵敏度高和探测距离远的优势。

(3) 电子直接在能带/能级间跃迁，跃迁时间为 10^{-13}s 数量级，响应速度快。

光子探测器的主要不足：

(1) 高性能光子探测器需要在低温下工作，而使用低温制冷机/器的成本高，且直接限制了光子探测器的寿命。

(2) 高性能光子探测器需要杜瓦封装，增加了使用光子探测器的成本，降低了可靠性[3]。

2. 红外探测器的分类

按照工作原理的不同，目前典型红外探测器可分为如表 7.2 所示的 2 大类，17 小类，21 种。

表 7.2　典型红外探测器的工作原理和种类[3]

红外辐射物理效应	探测机理	红外探测器	信号检测
热效应	金属热敏电阻效应	金属测辐射热计	电流变化量
	半导体热敏电阻效应	半导体测辐射热计	测辐射热计
	超导体热敏电阻效应	超导体测辐射热计	测辐射热计
	温差电效应	金属热电偶/热电堆	电压变化量
		半导体热电偶/热电堆	

续表

红外辐射物理效应	探测机理	红外探测器	信号检测
热效应	热释电效应	热释电红外探测器	电压变化量
	铁电效应	铁电红外探测器	
	巨磁阻效应(磁场条件下材料电阻率变化)	巨磁阻红外探测器	电流变化量
	液晶	折射率随温度变化	反射光
量子效应	光电子外发射效应	光电倍增管	截止波长只能达到 0.9μm 的近红外
		红外变像管	
		微光图像增强器	
	光电导效应	本征光电导红外探测器	电流变化量
		非本征光电导红外探测器	电流变化量
	光电导效应+扫出效应+探测元内的时间延迟积分(TDI)效应	扫积型探测器	电流变化量
	光生伏特效应	光伏探测器	电压变化量
	光磁电效应	光磁电探测器	电流变化量
	光子注入效应	光晶体管	电流变化量
	子能带共振隧穿效应	量子阱红外探测器	电流变化量
	肖特基势垒热电子发射效应	Pt:Si 肖特基势垒红外焦平面探测器	电压变化量
	半导体二极管雪崩效应	雪崩光电二极管	电流变化量

按是否需要制冷，红外探测器可分为制冷和非制冷两大类，制冷红外探测器的热灵敏度比非制冷红外探测器的高。红外探测器的制冷温度区间可分为液氦制冷温区(约4K、−269℃以下)、液氮制冷温区(77K、−196℃以下)、比液氮温度更高的制冷温区(简称“高制冷温区”)(100～200K、−173～−73℃)、浅制冷温区(210～233K、−63～−40℃)。非制冷红外探测器的工作温度区间为−40℃(约 233K)～室温(典型值为 27℃，约300K)，其中−40℃(约 233K)～−20℃(约 253K)的温区也称为近室温。

不同的制冷温区可选择不同的制冷方式。液氦温区一般选择组合制冷，液氮温区一般选择液氮、节流制冷器、斯特林制冷机、脉冲管制冷机制冷。高制冷温区一般选择斯特林制冷机制冷。浅制冷温区选择半导体制冷器制冷。非制冷红外探测器没有制冷器，或有一级半导体制冷器作为温度稳定器使用。制冷温度越低，制冷机/器的成本就越高。制冷方式对红外探测器的成本、可靠性和寿命影响很大，甚至起决定性作用。

3. 红外探测器及其组成

简单的红外探测器由红外敏感元和封装构成，复杂的红外焦平面探测器组件还包括红外光学元件、封装或杜瓦、制冷器或制冷机、前置电路、模拟/数字信号转换、输入/

输出接口等，已具备热像仪的部分功能。在一个红外焦平面探测器组件上实现热像仪的全部功能在不远的将来可以实现。

红外敏感元件不能独立使用，必须安装在一个带红外光学窗口、隔离环境噪声、有安装基面和电极引线且满足规定环境适应性的封装结构(简称“封装”)中才能正常工作。非制冷红外焦平面探测器一般是将封装的密闭空腔抽真空形成绝热封装[图 7.15(a)]，制冷型红外焦平面探测器需要将红外敏感元件置于杜瓦中，再配上制冷器/机才能正常工作。杜瓦一般由带红外光学窗口的密封壳体、冷屏罩、带电极引线和光机安装界面的杜瓦主体结构和吸气剂等部分组成。

(a) 非制冷红外焦平面探测器　(b) 集成式斯特林制冷红外焦平面探测器　(c) 分置式斯特林制冷红外焦平面探测器

图 7.15　几种红外焦平面探测器[3]

表 7.3 列出了几类常用红外焦平面探测器的特点、性能参数的典型值和探测率的理论极限值。

表 7.3　常用红外焦平面探测器特点和性能比较[3]

红外焦平面探测器	碲镉汞	锑化铟	硅化铂	量子阱	Ⅱ类超晶格	热释电/铁电型	氧化钒	非晶硅
红外光子吸收机理	能带间吸收		肖特基势垒吸收	子能级吸收	—	热释电/铁电效应	热敏电阻效应	
光谱响应频段/μm	1～2.5 3～5 8～14	1～2.5 3～5	1～2.5 3～5	1～2.5 3～5 8～14 14～20	1～2.5 3～5 8～14	1～14		
探测器规模	大		最大	很大	大	很大		
探测元结构与偏置方式	P-N 结电压，零偏或反偏		肖特基势垒电压，零偏	光电阻电流	半导体结	微热电容	微热电阻	
探测率/($cm\cdot Hz^{1/2}/W$)	高：1×10^{12}		中等：1×10^{10}	较高：5×10^{10}	高：1×10^{12}	低：1×10^{9}		
噪声等效温差/mK	极小：<30		小：约 50	小：<50	小：<50	较小：50～100		
制冷温度	液氮温区(77～180K)		液氮温区(70～80K)	液氮温区(55～70K)	液氮温区(70～80K)	室温至近室温		
应用领域	相对孔径约 F/2～F4 的应用		相对孔径约 F/1 的应用	相对孔径约 F/1～F2 的应用	相对孔径约 F/2～F4 的应用	相对孔径约 F/1 的应用		

7.4 光电成像信息处理技术

光电成像探测器获取的图像往往包含直流、非均匀性噪声、盲元和读出噪声等不同形式的干扰。这些干扰需要采用适当的技术予以去除，这些技术称为成像信息处理技术，包括成像信息处理电路和算法，成像信息处理算法主要有非均匀性校正、盲元检测及校正等。

7.4.1 光电成像信息处理电路

图 7.16 所示为红外图像信息处理电路原理框图，由探测器驱动模块、模拟信号调理模块、A/D 转换模块、处理器、SDRAM、FLASH、视频编码器、测温模块以及通信接口等构成。其中，处理器可以采用 DSP 和 ARM 等，也可采用 FPGA、SOC 等可编程电路，还可以采用 FPGA+DSP、FPGA+ARM 等复合处理器结构。处理器主要负责实现成像控制(包括偏置电压的控制、红外焦平面阵列主时钟和积分信号的产生等)、非均匀性校正、盲元检测与处理、灰度映射以及通信控制等功能。

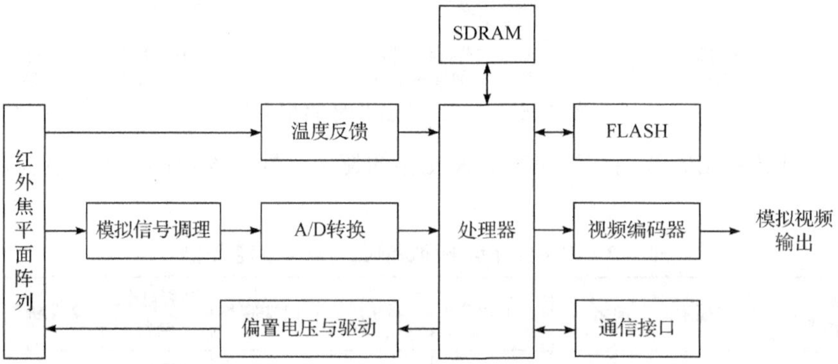

图 7.16 红外图像信息处理电路原理框图

7.4.2 非均匀性校正方法

解决成像探测器获取图像的非均匀性问题，一方面可以改进成像探测器的制作工艺、半导体材料和光学系统等硬件设施，另一方面可以通过图像处理方法来进行处理。相比而言，采用图像处理方法来实现非均匀性校正能很快得到处理结果，而且消耗的成本也较低，实际应用意义大于硬件改进方法。为了校正红外图像的非均匀性，很多学者对非均匀性校正算法进行了广泛的研究。传统方法有单点校正[5]、两点校正[5]、多点校正等基于定标的非均匀性校正算法，神经网络法[5]和时域高通滤波法[5]等基于场景的非均匀性校正算法。近年还有不少非均匀性校正方法陆续报道，如恒定统计法[5]、基于轻量化多尺度下采样网络的红外图像非均匀性校正方法[6]、时空域自适应滤波非均匀性校正算法[7]、基于改进的长短连接卷积神经网络(CNN)的非均匀性校正方法[8]，以及通过双边滤波和贝塞尔曲面拟合进行渐进式非均匀性校正的方法[9]等。

7.4.3 盲元检测及校正方法

除响应非均匀性外，盲元是光电成像系统中影响成像质量的另一重要因素。盲元产生的噪声干扰不同于辐射响应非均匀性所导致的空间噪声干扰，由于信噪比、直流电平、响应率与有效像元差异，在输出图像中以固定的亮/暗或闪烁的亮/暗形式出现，并与有效积分时间和外部辐射相关。这种干扰对后续图像处理任务中对点/斑状类目标检测/目标跟踪性能有严重影响，因此盲元的有效检测/补偿是成像信息处理中的一项重要技术。

1. 盲元的定义

盲元也称为失效像元，测试条件及检测方法依据国家标准(GB/T 17444—2013)和行业规范(SJ 20831—2002)中的相关规定。盲元分为死盲元和过热盲元两类。此外，还存在不稳定盲元。盲元和不稳定像元的区别在于盲元表征的是在规定判定条件(静态条件)下像元实际输出的符合性，不稳定像元具有时间和使用条件的相关性，是随红外热成像系统使用的不同状态而发生的灰度值级别变化，其产生的原因主要是像元输出直流电平的离散性[10]。

2. 3σ 盲元检测方法

3σ 盲元检测方法基于在黑体温度 T 的均匀辐照下，光电成像探测器的响应及噪声分布服从式(7.13)所示的正态分布假设。

$$\phi(x)=\frac{1}{\sqrt{2\pi\sigma}}\mathrm{e}^{-\frac{(x-\mu)^2}{2\sigma^2}} \tag{7.13}$$

式中，μ 为探测单元灰度输出的均值；σ 为探测单元灰度输出的均方差。

在温度固定的条件下，计算一帧图像灰度响应输出均值 μ 和该帧图像的灰度输出的均方差 σ。当像元的灰度响应值不属于 $\mu\pm3\sigma$ 的响应范围时，则判定该像元为盲元[10]。

其他盲元检测方法还有基于极值算子与多尺度金字塔的动态盲元检测方法[11]、改进的局部“3σ”盲元检测方法[12]，以及结合灰度域图像和能量域图像进行复合条件工作点闪元标定和检测方法[13]等。

3. 盲元校正方法

盲元校正常用相邻像元替代、线性均值滤波、中值滤波、核非线性滤波等方法。中值滤波是常用的非线性去噪滤波方法，也是常用的盲元校正方法。该方法结合盲元空间分布特性，对以盲元为中心的邻域进行中值滤波或多尺度自适应中值滤波，然后用滤波结果为盲元赋值。经过上述方法处理后，盲元处的图像灰度与其邻域的灰度相近，改善了视觉效果，也消除了小目标检测任务中因盲元而导致的虚警。

习　题

7.1 简述成像光学系统的主要参数及其内涵。

7.2 光学系统的像差包括哪些？像差是如何影响成像质量的？
7.3 调制传递函数(MTF)是光学系统的一个重要指标，请简述 MTF 的物理内涵。
7.4 根据紫外成像探测器的工作原理，简述典型紫外成像探测器的组成。
7.5 根据紫外成像探测器的工作频段，简述紫外成像探测器的适用领域。
7.6 简述电荷耦合器件(CCD)的电荷转移过程。
7.7 简述常用可见光成像探测器的主要类别。
7.8 简述红外成像探测器与可见光成像探测器的主要区别。
7.9 简述常用红外成像探测器的主要类别。
7.10 简述成像探测器获取图像非均匀性的形成机理。
7.11 简述常用的非均匀性校正方法。
7.12 简述红外图像中盲元的形成机理及常用盲元检测方法。

参考文献

[1] 朱明, 高文, 郝志成. 机载光电平台的目标跟踪技术[M]. 北京: 科学出版社, 2016.
[2] 宋菲君, 陈笑, 刘畅. 近代光学系统设计概论[M]. 北京: 科学出版社, 2019.
[3] 中国信息与电子工程科技发展战略研究中心. 中国电子信息工程科技发展研究(领域篇): 传感器技术[M]. 北京: 科学出版社, 2018.
[4] 江文杰, 曾学文, 施建华. 光电技术[M]. 北京: 科学出版社, 2009.
[5] 刘程威. 红外成像系统架构及图像处理关键技术研究[D]. 南京: 南京理工大学, 2020.
[6] 牟新刚, 朱太龙, 周晓. 基于轻量化多尺度下采样网络的红外图像非均匀性校正算法[J]. 红外技术, 2024, 46(5): 501-509.
[7] 郭玉婷, 贾晓洪, 李丽娟, 等. 时空域自适应滤波非均匀性校正算法[J]. 红外技术, 2023, 45(5): 482-487.
[8] LI T, ZHAO Y, LI Y, et al. Non-uniformity correction of infrared images based on improved CNN with long-short connections[J]. IEEE Photonics Journal, 2021, 13(3): 1-13.
[9] HONG H, LIU J, SHI Y, et al. Progressive nonuniformity correction for aero-optical thermal radiation images via bilateral filtering and Bézier surface fitting[J]. IEEE Photonics Journal, 2023, 15(2): 1-11.
[10] 张红辉. 自适应红外成像处理方法研究[D]. 沈阳: 中国科学院沈阳自动化研究所, 2014.
[11] 杨德振, 喻松林, 冯进军. 基于时空统计特征的缺陷像元动态实时修复算法[J]. 红外与激光工程, 2022, 51(3): 463-474.
[12] 孙超, 张洪文, 王沛, 等. 中波红外相机盲元的实时动态检测与补偿方法[J]. 红外技术, 2021, 43(9): 869-875.
[13] 赵雯昕, 赖雪峰, 夏昱成, 等. 红外焦平面探测器复合条件工作点闪元标定方法[J]. 光子学报, 2024, 53(2): 19-31.

第 8 章

光电图像处理技术

8.1 图像预处理技术

微课

图像预处理是对图像的低层次处理，一般在图像的高层次处理，如特征提取、目标识别之前进行，主要包括图像去噪(image denoising)、图像增强(image enhancement)、图像融合(image fusion)、图像复原(image restoration)，以及其他辅助处理[1]。图像预处理的输入和输出都是亮度图像，这些图像与传感器获取到的原始数据是同类的，通常用亮度值矩阵表示亮度图像[1]。

图像预处理并不会增加图像的信息量，如果信息用熵来度量，预处理一般会降低熵。因此，从信息论的角度看，最好的预处理是没有预处理。毫无疑问，避免预处理的最好途径是获取高质量图像。尽管如此，预处理在很多情况下是非常有用的，因为它有助于抑制与特殊的图像处理或分析任务无关的信息。因此，预处理的目的是使图像数据更有利于任务，抑制不需要的变形或者增强某些对后续处理有用的图像特征。考虑到旋转、变尺度、平移等图像的几何变换使用类似的技术，将其看作一类预处理方法。

鉴于多数图像中存在相当可观的信息冗余，图像预处理方法可以利用图像数据来学习一些统计意义上的图像特征。这些特征或者用于抑制预料之外的退化，如噪声，或者用于图像增强。实际图像中属于一个物体的相邻像素通常具有相同的或类似的亮度值，因此，如果用一个像素的邻接像素平均值来对其赋值，一个失真的像素也许可以从图像中被挑出来。

如果图像预处理的目标是矫正图像的某种退化，那么先验信息的性质就很重要：

(1) 有些方法不使用有关退化性质的先验。

(2) 有些方法假设具有有关图像获取设备的特性和获取图像时所处条件的先验。例如，噪声的性质(通常是指其频域特征)有时是知道的。

(3) 还有一些方法使用有关图像中待搜索物体的先验，如果事先无法获得有关物体的先验，可以在处理的过程中估计[2]。

8.1.1 直方图处理

在图像处理中，灰度直方图是对图像灰度分布进行分析的重要手段，它能反映图像中所有像素的亮度分布情况，为图像的进一步处理提供重要依据。对于一些灰度集中分布在较窄区间、缺乏细节信息的图像，通过直方图修正后可以使图像的灰度间距拉开或分布得更为均匀，从而使图像的对比度提高，以达到图像增强的目的。直方图修正主要有直方图均衡化和直方图匹配两种方法。

直方图是反映一幅图像中的灰度级与出现这种灰度级的概率之间关系的统计图表。直方图的横坐标是灰度级 r_k，纵坐标是图像中具有该灰度级的像素个数 $h(r_k)$或出现这个灰度级的概率 $p(r_k)$。直方图是图像的重要统计特征，是图像灰度密度函数的近似，它直观地表示图像具有某种灰度级的像素个数，是对图像灰度值分布的整体描述。设一幅图像的灰度级范围为$[0, L-1]$，则基于统计个数的灰度直方图的定义为

$$h\left(r_k\right)=n_k \tag{8.1}$$

基于统计概率的灰度直方图的定义为

$$p\left(r_k\right)=\frac{n_k}{n} \tag{8.2}$$

式中，n 是一幅图像中像素的总数；n_k 是第 k 级灰度的像素数；r_k 是第 k 个灰度级，$k = 0, 1, 2,\cdots, L-1$[3]，L 是图像的灰度级。

通过观察一幅图像的直方图可以判断这幅图像的对比度和清晰度，也可以掌握图像的明暗度。直方图体现的只是某个灰度级的出现概率，而不能反映像素的空间分布情况。也就是说，一幅二维图像在直方图中失去了其空间信息。不同的图像可能具有相同的直方图分布，或者说具有相同直方图分布的两幅图像不一定是相同的。例如，对于一幅只具有两个灰度级(二值图像)且分布密度相同的直方图，就对应着只有灰度级 r_1 和 r_2 且概率相等的图像。

直方图均衡化是将原图像的直方图通过变换函数修正为均匀的直方图，然后按均衡直方图修正原图像。图像均衡化处理后，图像的直方图是平直的，即各灰度级具有近似相同的出现概率。由于灰度级具有均匀的概率分布，图像看起来就更清晰。如图 8.1 所示，假定灰度级是连续的，令 r、s 分别代表变换前后的灰度，$p(r)$、$p(s)$为对应灰度级出现的概率，设 r、s 分别表示归一化的原图像灰度和经直方图均衡化后的图像灰度，即 $0\leqslant r$，$s\leqslant 1$。在$[0,1]$的任一个 r 值都可产生一个 s 值，且 $s=T(r)$，其中 $T(\cdot)$为变换函数，满足以下条件：

(1) 在 $0\leqslant r\leqslant 1$ 时，是单值单调递增函数。

(2) 对于 $0\leqslant r\leqslant 1$，有 $0\leqslant T(r)\leqslant 1$。

条件(1)保证变换后灰度级从黑到白的次序不变，条件(2)确保灰度变换后的像素处于允许的范围内[3]。

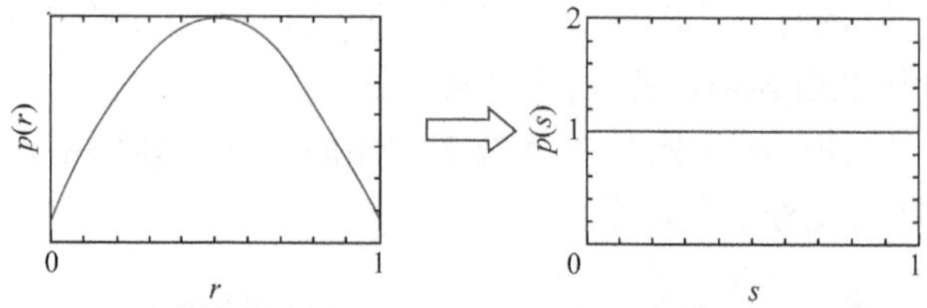

(a) 原直方图　　(b) 均衡化后的直方图

图 8.1　直方图均衡化原理示意图[3]

由概率论知，已知灰度概率密度函数 $p_r(r)$，且 s 是 r 的函数，则 s 的概率密度函数 $p_s(s)$可以由 $p_r(r)$求出。设 s 的分布函数为 $f(s)$，根据分布函数的定义：

$$f(s)=\int_{-\infty}^{s} p_s(s)\mathrm{d}s=\int_{-\infty}^{r} p_r(r)\mathrm{d}r \tag{8.3}$$

由于密度函数是分布函数的导数，式(8.3)两边对 s 求导得

$$p_s=\frac{\mathrm{d}}{\mathrm{d}s}\left[\int_{-\infty}^{r} p_r(r)\mathrm{d}r\right]=p_r(r)\frac{\mathrm{d}r}{\mathrm{d}s} \tag{8.4}$$

式(8.4)表明，通过变换函数 $T(r)$可以控制图像灰度级的概率密度函数，从而改变图像的灰度分布，这就是直方图均衡化的基本原理。

对于连续图像，变换函数 $T(r)$和原图像概率密度函数 $p_r(r)$之间的关系为

$$s=T(r)=\int_{0}^{r} p_r(r)\mathrm{d}r \tag{8.5}$$

对式(8.5)中的 r 求导得

$$\frac{\mathrm{d}s}{\mathrm{d}r}=p_r(r) \tag{8.6}$$

把求导的结果代入式(8.4)得

$$p_s(s)=\left[p_r(r)\frac{\mathrm{d}r}{\mathrm{d}s}\right]=\left[p_r(r)\frac{1}{\mathrm{d}s/\mathrm{d}r}\right]=\left[p_r(r)\frac{1}{p_r(r)}\right]=1 \tag{8.7}$$

上面的推导表明，变换后的变量 s 在定义域内的概率密度函数是均匀分布的，即用 r 的累积分布函数作为变换函数产生了一幅灰度分布具有均匀概率分布的图像。对于离散图像，可以用频数近似代替概率值，设第 k 个灰度级 r_k 出现的频数为 n_k，其所对应的概率值为

$$p_r(r_k)=\frac{n_k}{n},\quad 0\leqslant r_k\leqslant 1,\quad k=0,1,\cdots,L-1 \tag{8.8}$$

离散图像变换函数表达式如下：

$$s_k=T(r_k)=\sum_{j=0}^{k} p_r(r_j)=\sum_{j=0}^{k}\frac{n_k}{n} \tag{8.9}$$

直方图均衡化的简要步骤如下：

(1) 计算原图像中各个灰度级出现的频率 $p_r(r_k)$。

(2) 由 $p_r(r_k)$计算变换函数 s_k，即归一化累积直方图。

(3) 把计算得到的 s_k 按就近准则舍入到有效的灰度级。

(4) 归并相同灰度级的像素数，计算均衡化直方图 $p_s(s_k)$。

(5) 根据均衡化直方图 $p_s(s_k)$调整原图像灰度级，得到均衡化处理后的图像。

直方图均衡化能自动拉伸整个图像的对比度，但它的增强效果不易控制，所得到的直方图是在整个灰度级动态范围内近似均匀分布的直方图。在实际应用中，人们往往只对图像的某一部分感兴趣，希望处理后的图像能充分增强这一部分，而均衡化处理后的

图像虽然整体对比度得到提升，但它并不能按照需要突出人们感兴趣的区域。直方图匹配就是根据这一需要提出来的一种增强技术，也叫直方图规定化。直方图匹配可以按预先设定好的某个形状来调整图像的直方图。可以说，直方图匹配是对直方图均衡化处理的一种推广，而直方图均衡化则可以看成是直方图匹配的一个特例[3]。

8.1.2 空间域滤波基础

通常，"滤波"是指选择某个频段的信号分量而抑制其他频段信号的一种处理技术。空间域滤波的实现是采用掩模板卷积方法对图像中的像素逐一进行运算得到的。掩模板本身被称为空间域滤波器。空间域滤波的机理就是在待处理的图像中逐点地移动掩模板，滤波器在该点的响应通过事先定义的滤波器系数与滤波器掩模板扫过区域相应像素值的运算来求取。空间域滤波器又分为空间域平滑滤波器和空间域锐化滤波器，常用的平滑滤波器有平均滤波器、加权平均滤波器和高斯滤波器等[3]。

1. 掩模板运算

掩模板运算是数字图像处理中经常用到的一种运算方式，其基本思想是将掩模板与待处理的图像做卷积/相关运算，以达到图像平滑、锐化及边缘检测等目的，设 f 为原图像，w 为空间域掩模板，则滤波结果 g 可用式(8.10)计算：

$$g(m,n)=\sum_{i=-\frac{I-1}{2}}^{\frac{I-1}{2}}\sum_{j=-\frac{J-1}{2}}^{\frac{J-1}{2}}f(m+i,n+j)w(i,j) \tag{8.10}$$

式中，I 和 J 为掩模板水平和垂直方向的尺寸，一般取奇数。

2. 边界延拓

图 8.2 是掩模板滑动位置的示意图，其中，虚线框内表示掩模板中心经过的位置，f、w 和 g 分别表示原图像、掩模板和处理结果。由于掩模板本身具有一定的尺寸，故在处理过程中掩模板中心不能经过虚线框外的位置，即边界像素不能被处理。如果不对图像的边界进行处理，所得到的滤波结果就会比原图像小，如图 8.2(b)所示。假设图像 f 的尺寸为 $M\times N$，掩模板 w 的尺寸为 $I\times J$，则最后得到的 g 的尺寸为 $(M-I+1)\times(N-J+1)$。为了保持与原图像大小相等，在进行滤波处理前需要进行边界延拓。

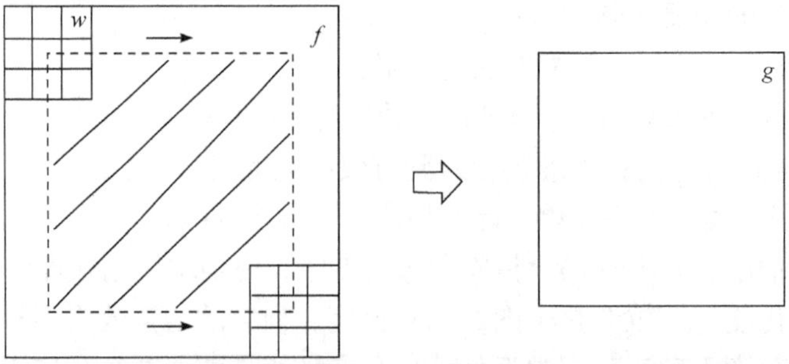

(a) 原图像及掩模板　　(b) 滤波后的图像

图 8.2　掩模板滑动位置示意图[3]

边界延拓是根据掩模板的尺寸扩大原图像，保证处理结果与原图像大小相等的一种操作。边界延拓的方式有多种，分别是补零延拓、镜像延拓、复制延拓以及循环延拓等。图 8.3 是几种边界延拓的示意图，其中掩模板的大小为 5×5。

(a) 原图像

1	2	3
4	5	6
7	8	9

(b) 补零延拓

0	0	0	0	0	0	0
0	0	0	0	0	0	0
0	0	1	2	3	0	0
0	0	4	5	6	0	0
0	0	7	8	9	0	0
0	0	0	0	0	0	0
0	0	0	0	0	0	0

(c) 镜像延拓

5	4	4	5	6	6	5
2	1	1	2	3	3	2
2	1	1	2	3	3	2
5	4	4	5	6	6	5
8	7	7	8	9	9	8
8	7	7	8	9	9	8
5	4	4	5	6	6	5

(d) 复制延拓

1	1	1	2	3	3	3
1	1	1	2	3	3	3
1	1	1	2	3	3	3
4	4	4	5	6	6	6
7	7	7	8	9	9	9
7	7	7	8	9	9	9
7	7	7	8	9	9	9

(e) 循环延拓

5	6	4	5	6	4	5
8	9	7	8	9	7	8
2	3	1	2	3	1	2
5	6	4	5	6	4	5
8	9	7	8	9	7	8
2	3	1	2	3	1	2
5	6	4	5	6	4	5

图 8.3　几种边界延拓示意图[3]

3. 空间域相关与卷积

在执行线性空间滤波时，相关和卷积是非常重要的两个概念。相关是滤波器掩模板在图像上移动时，计算掩模板系数与所覆盖图像对应位置的像素值乘积并求和，再赋值给处理区域中心位置的像素。卷积的过程是类似的，但是滤波器掩模板首先要旋转 180°，然后按照与相关一样的方法做滑动求和操作，相较于相关操作，其结果旋转了 180°。由此不难发现，若滤波器掩模板是对称的，则相关与卷积运算是等效的。以数学公式的形式总结前面的计算过程。一个大小为 $I\times J$ 的滤波器掩膜板 w 与一幅图像 f 做相关运算时，可以表示为 $w\circ f$ ，且有

$$w\circ f(m,n)=\sum_{i=-\frac{I-1}{2}}^{\frac{I-1}{2}}\sum_{j=-\frac{J-1}{2}}^{\frac{J-1}{2}}f(m+i,n+j)w(i,j) \tag{8.11}$$

式中，I 和 J 为滤波器掩膜板 w 的尺寸(行和列)。一般情况下，I 和 J 取奇数，且 f 已经被以适当的形式填充。类似地，w 和 f 的卷积表示为

$$w*f(m,n)=\sum_{i=-\frac{I-1}{2}}^{\frac{I-1}{2}}\sum_{j=-\frac{J-1}{2}}^{\frac{J-1}{2}}f(m-i,n-j)w(i,j) \tag{8.12}$$

式中，等式右侧的减号表示翻转 f(旋转 180°)。实际计算中，翻转和平移的是 w 而不是 f，但结果是一样的。

8.1.3　空间域平滑滤波

由于图像在获取、传输和接收的过程中不可避免地会受外部和内部干扰，成像探测器自身还会产生多种类型的噪声，因此图像中通常会包含一些噪声，使得图像质量下降，对于特征提取、目标探测识别等任务十分不利。因此，需要通过适当的技术抑制噪声、改善图像质量。图像平滑就是消除噪声的一种重要手段。图像平滑可以抑制高频段的噪声，可以在空间域进行，也可以在频率域进行。空间域常用的有简单平均法、阈值

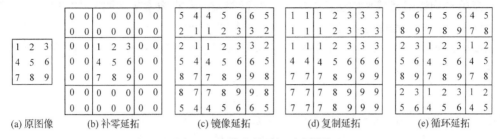

平均法、中值滤波、梯度倒数加权滤波等方法。

1. 简单平均法

简单平均法即邻域平均法，是用一个像素邻域内所有像素灰度的平均值来代替该像素灰度值的方法，也称为均值滤波，是一种线性滤波方法。令 g 为一幅含噪声图像，假设图像中的噪声是加性的，均值为零，且与图像信号互不相关，则平滑后的图像为

$$\overline{g}(m,n)=\frac{1}{M}\sum_{(i,j)\in\Omega}g(i,j) \tag{8.13}$$

式中，Ω 为图像中以(m,n)为中心的一个邻域；M 为邻域 Ω 中像素点的个数。

邻域简单平均可以用一个系数全为 1 的滤波掩模板 h 与原图像做相关运算来代替，这与简单平均的计算过程是完全等效的。掩模板 h 可以直接定义为

$$h=\frac{1}{9}\begin{bmatrix}1&1&1\\1&1&1\\1&1&1\end{bmatrix} \tag{8.14}$$

式中，h 为平均模板或均值滤波器。

平均模板对图像有平滑作用，因此，也称为平滑模板或平滑滤波器。除此之外，还有加权平均模板、高斯平滑模板等，如图 8.4 所示。

$$h_{\text{Wavg}}=\frac{1}{16}\begin{bmatrix}1&2&1\\2&4&2\\1&2&1\end{bmatrix}$$

(a) 加权平均模板

$$h_{\text{Gaussian}}=\frac{1}{253}\begin{bmatrix}1&3&6&3&1\\3&15&25&15&3\\6&25&41&25&6\\3&15&25&15&3\\1&3&6&3&1\end{bmatrix}$$

(b) 高斯平滑模板

图 8.4　加权平均模板和高斯平滑模板

平滑掩模板的尺寸大小影响滤波输出图像的平滑或模糊程度，一般来说，掩模板尺寸越大，滤波后输出的图像越平滑。图 8.4(b)是由一个二维高斯函数离散化后的一种近似，掩模板尺寸和高斯函数的标准差都会影响滤波结果的图像平滑度。邻域平均法算法简单，计算速度快，但是会导致图像模糊，特别是在边缘和细节处。并且，邻域越大，去噪能力越强，但同时图像也越模糊[3]。

2. 阈值平均法

为了克服邻域平均处理的不足，可以在平滑过程中采用式(8.15)的滤波准则：

$$\overline{G}(m,n)=\begin{cases}\overline{g}(m,n)\ , & \left|g(m,n)-\overline{g}(m,n)\right|>T\\ g(m,n)\ , & \text{其他}\end{cases} \tag{8.15}$$

式中，T 是预先设定的阈值。当一个像素的灰度值与其邻域点灰度平均值之差不超过阈值时，它是噪声点的可能性比较小，可以保留原值；当其灰度值与其邻域点灰度平均值

之差比较大时，该像素是噪声点的可能性很大，就用邻域平均值作为其灰度值。阈值 T 的选择非常重要，如果 T 选得太大，抑制噪声的效果会减弱；如果 T 选得太小，则保持细节的能力又会下降。阈值平均法对抑制椒盐噪声比较有效，可保护仅有微小灰度差的图像细节。

3. 中值滤波

中值滤波是一种基于排序统计理论的非线性滤波技术，由 Tukey 首先提出，并应用于一维信号处理中，后来推广至二维图像处理技术领域。中值滤波是一种减少边缘模糊的非线性平滑方法[4]，它的思想是用邻域各像素灰度的中值代替图像当前点。邻域的中值不受个别噪声的影响，因此中值滤波能较好地抑制椒盐噪声。更进一步，由于中值滤波并不明显地模糊边缘，因此可以迭代使用。中值滤波是把邻域内所有像素按序排列，然后用中间值作为输出。二维中值滤波的定义为

$$g(m,n)=\underset{(m+i,n+j)\in\Omega}{\operatorname{median}}\left(f\left(m+i,n+j\right)\right) \tag{8.16}$$

式中，Ω 为以(m,n)为中心的一个邻域；$f(m+i,n+j)$为原始图像；median(·)为中值滤波算子，为邻域内所有像素灰度值排序后的中间值；$g(m,n)$为中值滤波后当前像素的灰度值。通常窗口的尺寸选取奇数，以便确定中间像素位置。若窗口大小为偶数，则中值可取中间两像素的平均值。由于中值滤波输出的像素是由邻域图像的中间值决定的，因此中值滤波对个别与周围像素灰度差异较大的点不如取平均值那么敏感，从而可以消除一些孤立的噪声点，又不容易产生模糊。

图 8.5 为常用的中值滤波器窗口，通常有线形、十字形、方形、菱形、圆形等。中值滤波窗口的大小和形状与滤波效果都有密切的关系，一般说来，小于滤波器面积一半的亮的或暗的物体基本上会被滤除，而较大的物体可被保存下来。因此，滤波器的大小要根据所处理的图像进行选择，具体选取什么形状的滤波窗口也应根据图像内容选取。一般来说，对于变化缓慢、具有较长轮廓线物体的图像，可选用方形或圆形窗口，而对于有尖角物体的图像则宜选用十字形窗口。

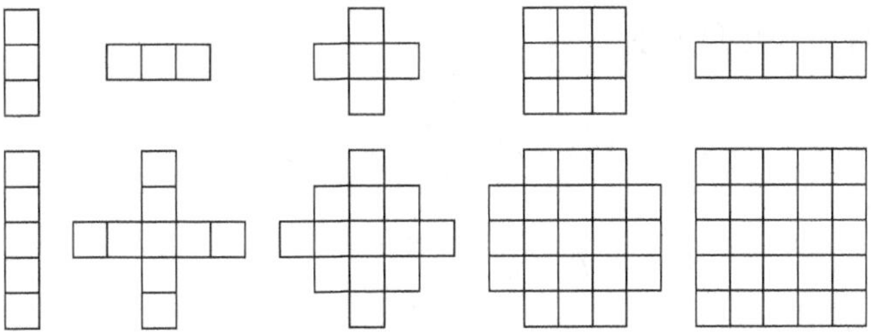

图 8.5 常用的中值滤波器窗口

图 8.6 为均值滤波和中值滤波的对比，可见，中值滤波能有效抑制椒盐噪声。需要注意的是，在抑制随机噪声能力方面，中值滤波比均值滤波差。此外，在本例中较小窗口的滤波效果比较好，这与所加噪声特性有关，实际应用中需根据应用要求选取窗口的大小。

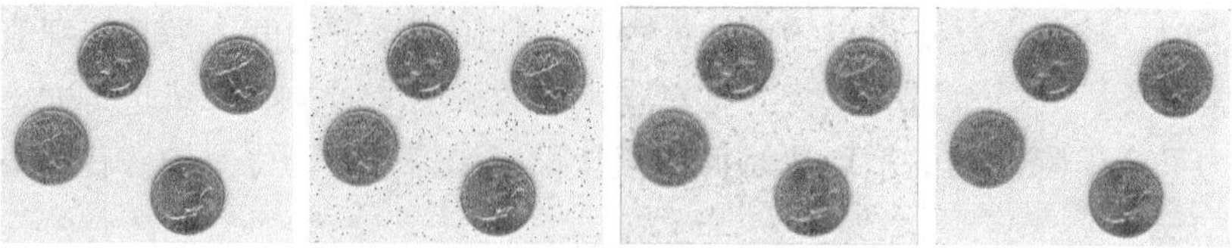

(a) 原图像　(b) 添加椒盐噪声图像　(c) 均值滤波结果　(d) 中值滤波结果

图 8.6　均值滤波和中值滤波对比[5]

一般而言，中值滤波对点状噪声和脉冲干扰有良好的抑制作用，且能较好地保持图像边缘。对一些细节多，特别是点、线、尖顶细节较多的图像，采用中值滤波时，一些有效信号也会被滤除。同时，它对高斯噪声也无能为力，对离散阶跃信号、斜坡信号等不产生作用。

8.1.4　空间域图像锐化

空间域平滑处理虽然可滤除图像中的高频噪声，但会使图像的边缘以及纹理信息变得模糊。在图像的判读或识别中如果需要突出边缘和轮廓信息，可以通过锐化滤波器来实现。图像锐化和平滑恰恰相反，是通过增强空间高频分量来减少图像中的模糊，因此锐化也称为高通滤波。边缘、轮廓处的灰度具有突变特性，从频谱角度出发，可以将灰度突变视作一个高频分量，而微分运算可以使图像的边缘或轮廓更加突出。以下介绍三种基于微分运算的图像锐化方法[3]。

1. 梯度法

考察正弦函数 $\sin(2\pi\alpha x)$，它的微分为 $2\pi\alpha\cos(2\pi\alpha x)$，二者具有相同的频率，幅度上升 $2\pi\alpha$ 倍，空间频率越高，幅度增加就越大。这表明微分是可以加强高频分量的，从而使图像轮廓变清晰。微分运算用来求取信号的变化率(梯度)，具有加强高频分量的作用。

图像 $f(x,y)$在点(x,y)处的一阶梯度是一个矢量，记为

$$\nabla \boldsymbol{f}(x,y)=\left[\frac{\partial f}{\partial x},\frac{\partial f}{\partial y}\right]^{\mathrm{T}} \tag{8.17}$$

梯度矢量的幅值和相角分别为

$$\left|\nabla \boldsymbol{f}(x,y)\right|=\sqrt{\left(\frac{\partial f}{\partial x}\right)^2+\left(\frac{\partial f}{\partial y}\right)^2} \tag{8.18}$$

$$\theta=\arctan\left(\frac{\partial f}{\partial y}\Big/\frac{\partial f}{\partial x}\right) \tag{8.19}$$

在数字图像中，某点的微分可以用差分来近似。对于二维图像，沿水平方向和垂直方向的一阶差分可以表示为

$$\begin{cases} g_{\mathrm{H}}(m,n)=\dfrac{\partial f(m,n)}{\partial m}=f(m+1,n)-f(m,n) \\ g_{\mathrm{V}}(m,n)=\dfrac{\partial f(m,n)}{\partial n}=f(m,n+1)-f(m,n) \end{cases} \tag{8.20}$$

梯度幅值表达式为

$$\left|\nabla f(m,n)\right| = \sqrt{\left(f(m+1,n)-f(m,n)\right)^2+\left(f(m,n+1)-f(m,n)\right)^2} \tag{8.21}$$

在实际应用中，为了简化计算，在计算精度允许的条件下，可采用绝对差算法近似为

$$\left|\nabla f(m,n)\right| = \left|f(m+1,n)-f(m,n)\right| + \left|f(m,n+1)-f(m,n)\right| \tag{8.22}$$

梯度幅值与相邻像素的灰度级差值成比例，在灰度变化剧烈的地方，梯度幅值大；在灰度变化比较平缓的地方，梯度幅值小；在灰度没有变化的地方，梯度幅值为零。

2. *高通滤波*

边缘是由灰度跳变点构成的，一般具有较高的空间频率。因此，采用高通滤波的方法让高频分量顺利通过，使低频分量得到抑制，就可增强高频分量，使图像的边缘或线条变得清晰，实现图像的锐化。在空间域中，对图像和高通滤波器的冲激响应函数进行相关/卷积的方法称为掩模法。在掩模法中，常用的算子有 Roberts 算子、Prewitt 算子、Sobel 算子和 Laplacian 算子等，其中前三个为一阶梯度算子，最后一个为二阶梯度算子。图 8.7 所示是 Roberts 算子、Prewitt 算子和 Sobel 算子的掩模板。Prewitt 算子利用像素点上下、左右邻点的灰度差，在边缘处达到极值检测边缘，去掉部分伪边缘，对噪声具有平滑作用。其原理是在图像空间利用两个方向模板与图像进行邻域卷积，这两个方向模板一个检测水平边缘，一个检测垂直边缘。Sobel 算子考虑了水平、垂直和两个对角共计 4 个方向上梯度的距离加权求和，是一个 3×3 各向异性的梯度算子。与 Prewitt 算子、Roberts 算子相比，Sobel 算子对像素位置的影响做了加权，具有较好的边缘表征性能，因此可以降低边缘模糊度。

−1	0
0	1

0	−1
1	0

(a) Roberts算子

−1	0	1
−1	0	1
−1	0	1

−1	−1	−1
0	0	0
1	1	1

(b) Prewitt 算子

−1	0	1
−2	0	2
−1	0	1

−1	−2	−1
0	0	0
1	2	1

(c) Sobel算子

图 8.7　几种经典梯度算子掩模板

Laplacian 算子也是一种常用的边缘增强算子，它是图像函数对空间坐标求二阶偏导数的结果，其掩模板如图 8.8 所示。

0	−1	0
−1	4	−1
0	−1	0

图 8.8　Laplacian 算子掩模板

从 Laplacian 算子掩模形式可以看出，如果图像中一个较暗的区域内出现了一个亮点，那么用 Laplacian 算子就会使这个亮点变得更亮。该性质在孤立点和边缘检测中非常有用。由于 Laplacian 算子是一种各向同性的二阶微分算子，因此其应用强调的是图像中各个方向的灰度突变，并不强调灰度缓慢变化的区域，这将产生把浅灰色边线和突变点叠加到暗色背景中的图像。将原图像和 Laplacian 图像叠加在一起可以复原背景特性，并保持 Laplacian 锐化处理的效果。如果使用的定义具有负的中心系数，那么必须将原图像减去经 Laplacian 算子

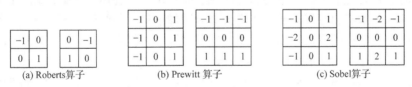

处理后的图像而不是加上，从而得到锐化效果。与一阶算子相比，Laplacian 算子对图像边缘有明显增强作用，且对边缘的定位更为精细准确。由于二阶导数对噪声存在明显增强作用，因此对噪声很敏感。在实际使用中，需结合某些平滑算子一起使用[3]。

3. 反锐化掩模

反锐化掩模技术最早应用于摄影技术中，增强图像的边缘和细节。光学上的操作方法是将聚焦的正片和散焦的负片在底片上进行叠加，结果是增强了正片的高频成分，从而增强轮廓，散焦的负片相当于“模糊”模板(掩模)，与锐化的作用正好相反，因此，该方法被称为反锐化掩模法。反锐化掩模将原图像进行模糊预处理(相当于采用低通滤波)后与原图像逐点做差值运算，然后再乘上修正因子与原图像求和，以达到提高图像中高频成分、增强图像轮廓的目的。

令 $f(x,y)$表示原图像，$\overline{f}(x,y)$为其模糊图像，反锐化掩模的处理过程如式(8.23)所示：

$$g_{\text{mask}}(x,y)=f(x,y)-\overline{f}(x,y) \tag{8.23}$$

锐化结果为

$$g(x,y)=f(x,y)+k\times g_{\text{mask}}(x,y) \tag{8.24}$$

式中，k 为权重系数，影响最后的锐化结果，当 $k=1$ 时，所得到的是非锐化掩模处理结果；当 $k>1$ 时，该处理称为高提升滤波；当 $k<1$ 时，不强调非锐化掩模的贡献。

8.1.5 边缘检测

边缘是图像最基本的特征之一，对人的视觉具有重要的意义。当人们看到一个有边缘的物体时，首先凭借一条粗略的轮廓线就能识别出一个物体，也就是说，物体可以用其边界来表示。由于边缘具有能够传递大部分图像信息、勾画区域形状等诸多优点，因此，边缘检测是特征提取、纹理分析的基础，在许多领域有着非常重要的应用价值。在军事领域中，边缘检测技术应用于目标检测、目标识别以及目标跟踪中的特征提取等。

图像的边缘是指图像中周围像素灰度有变化的像素的集合。常见的边缘类型主要有阶跃边缘、斜坡边缘、脉冲边缘和屋脊边缘。阶跃边缘是图像中两个具有不同灰度值的相邻区域的分界线。在实际应用中，由于图像传感器的性能、成像过程中噪声等因素的影响，理想的阶阶跃边缘是很少见的，而是有一个过渡带，表现为斜坡状，称为斜坡边缘。脉冲边缘是在一个灰度均匀的区域内，一条与其邻域像素有较大灰度差的直线或曲线。屋脊边缘上升沿和下降沿都比较缓慢。

在数学上可利用灰度的导数来刻画边缘点的变化，如对阶跃边缘和屋脊边缘分别求其一阶、二阶导数可得图 8.9 和图 8.10 所示的结果。从中可见，对阶跃边缘点 A，其灰度变化曲线的一阶导数在 A 点达到极大值；二阶导数在 A 点与零交叉。对屋脊边缘点 B，其灰度变化曲线的一阶导数在 B 点与零交叉，二阶导数在 B 点达到极值。边缘检测算法通常是针对阶跃边缘提出的，利用一阶导数最大值与二阶导数过零点得出不同算法。边缘的性质是各种边缘检测算法产生的基础。

灰度变化的一阶导数可用于检测图像中的一个点是否在边缘上。通过检测二阶导数的过零点可以确定边缘的中心位置，利用二阶导数在过零点附近的符号可判断一个边缘像素是位于边缘的暗区还是亮区。因此，图像微分和差分运算的各种图像锐化方法都可以用于图像的边缘检测。图像经过微分(差分)运算后，边缘处由于灰度变化较大，因此它的微分计算值较高，再通过阈值分割提取出微分值大于阈值的点作为图像的边缘。阈值的大小与边缘检测结果的准确性和真实性密切相关，若阈值过高，一些受噪声影响而较模糊的边缘就会被漏检，反之，阈值过低会检测到许多虚假边缘。

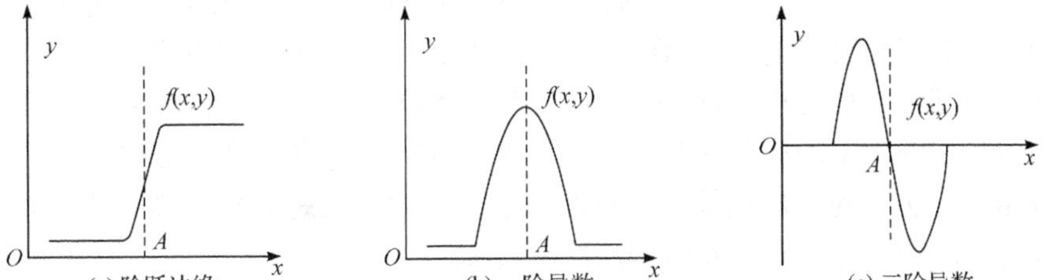

(a) 阶跃边缘　(b) 一阶导数　(c) 二阶导数

图 8.9　阶跃边缘及其一阶、二阶导数

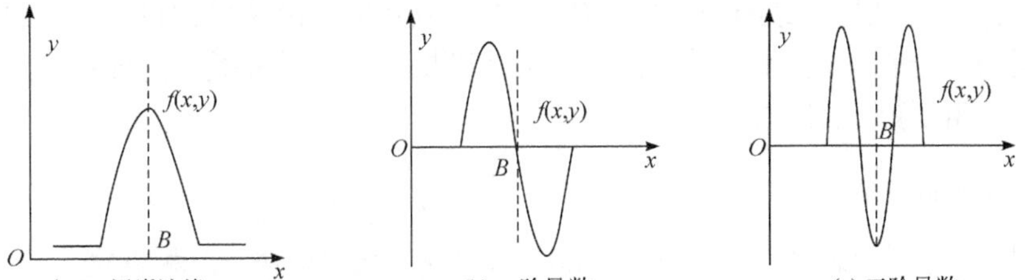

(a) 屋脊边缘　(b) 一阶导数　(c) 二阶导数

图 8.10　屋脊边缘及其一阶、二阶导数

8.2　自动目标检测技术

自动目标检测技术一直是军事侦察、空间探测等领域的研究热点，复杂背景下高效、鲁棒、可靠的目标检测是一项非常关键的技术，对于提高预警能力、反击能力以及在未来战争中的制空能力都有很高的军事价值。在复杂的作战应用中，目标探测主要采取两种探测方式，一种是利用雷达、激光等主动探测方法对目标进行搜索与跟踪，另一种是采用紫外、可见光、红外等成像探测系统以被动方式对目标进行检测与识别。随着光电成像技术、探测器性能及信号处理理论的高速发展，基于被动探测方式的光电探测系统逐渐普及，其隐蔽性高，且三维图像序列既包含一维序列时间信息，又包含二维图像空间信息，丰富的时、空域信息为准确探测、识别、跟踪和定位目标创造了条件。

传统目标检测的根本目的是目标增强和背景抑制，基本思路就是利用目标(背景)所固有的、规律性的多种特性，通过某些滤波算法，增强目标信号、抑制杂散背景和噪声，从而实现目标与背景的分离。传统目标检测算法流程可以划分为先检测后跟踪(detect before track，DBT)和先跟踪后检测(track before detect，TBD)两类。在信杂比较高的情况下，可使用先检测后跟踪的策略；在信杂比较低的情况下，可使用先跟踪后检测的策略，实现目标的高准确率检测。DBT 算法的流程包括对序列图像中的每幅图像进行预处理，通过分割目标与背景得到诸多类目标，根据目标运动规律的先验知识和灰度分布确认目标。这一类算法主要研究杂波抑制、滤波降噪和目标识别。传统的 DBT 算法主要包括空域滤波方法和频域滤波方法。空域滤波方法主要有高通模板滤波方法、中值滤波方法、最大中值(均值)滤波方法、形态学方法、局部对比度测量(local contrast measure，LCM)方法、改进的局部对比度测量(improved local contrast measure，ILCM)方法、二维最小均方(two-dimensional least mean square，TDLMS)方法和双边滤波方法等。

TBD 算法的流程主要包括利用目标运动规律知识对连续帧图像进行搜索，根据特定的判定准则得到类目标的运行轨迹，利用多帧序列图像确认真实目标运动轨迹，主要应用在较低信噪比条件下的小目标检测。传统的 TBD 算法有三维匹配方法、投影变换方法、高阶相关方法、动态规划算法、贝叶斯估计、粒子滤波算法、多假设验证方法、管道滤波方法、高阶累计量方法及时域滤波方法等。

8.2.1 基于分割的自动目标检测

图像分割是指把图像分成各具一定特性的区域并提取出感兴趣目标区域的技术和过程，它是图像处理和分析中的关键技术，目前已提出了上千种类型的分割算法。以下介绍几种常用的图像分割算法。

1. 解析阈值分割法

根据图像分割的定义，同一个分割区的图像灰度值具有相似(相近)性，不同的分割区具有较大差别。尤其对于图像中的目标与背景、不同目标之间的灰度值具有明显的差别，其灰度直方图呈双峰或多峰状，此时可通过取门限的方法将图像分割成不同的目标和背景区域。当图像的灰度直方图呈图 8.11(a)所示的双峰形状时，可通过取单门限将图像分割成目标和背景两类，即

$$g(i,j)=\begin{cases}1, & f(i,j)>T \\ 0, & \text{其他}\end{cases} \tag{8.25}$$

式中，T 是分割阈值，一般取直方图双峰间波谷的灰度值，此时就将图像分成标记为“1”的区域和标记为“0”的区域。至于哪个区域是目标，哪个区域是背景，要看目标和背景灰度值的相对大小，这种方法也称为阈值化二值分割。

当图像的灰度直方图呈多峰状时，可通过取多个门限的方法将图像分割成不同的区域，即

$$g(i,j)=\begin{cases}k, & T_{k-1}<f(i,j)\leqslant T_k \\ 0, & f(i,j)\leqslant T_0\end{cases} \tag{8.26}$$

式中，$T_0, T_1,\cdots, T_k$ 为一系列阈值；k 为分割后各区域的标记。

解析阈值分割法的关键在于选取阈值 T。当 T 取决于整幅图像的时候，该阈值就称为全局阈值。如果 T 取决于某个像素及其局部灰度分布，则该阈值称为局部阈值。此外，如果 T 取决于空间坐标，则该阈值称为动态的或自适应的。

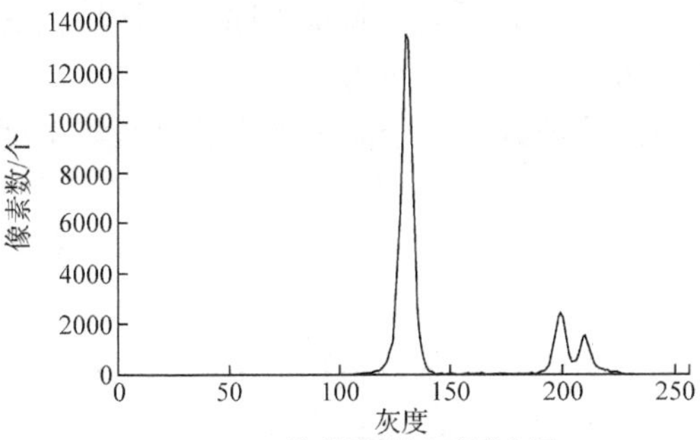

(a) 具有双峰的灰度直方图

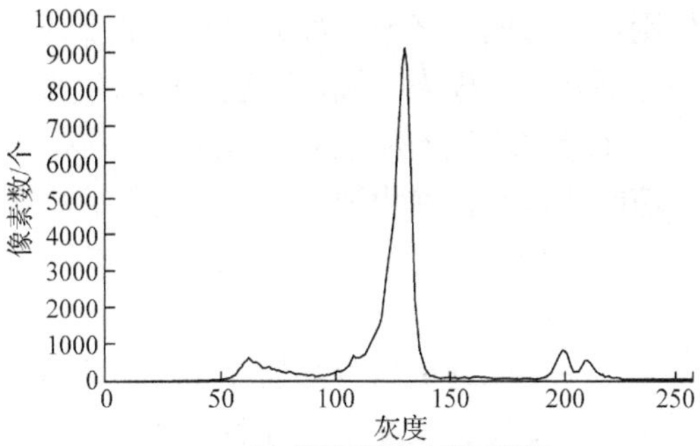

(b) 具有三峰的灰度直方图

图 8.11　具有双峰和多峰的灰度直方图

图像的灰度直方图可作为灰度阈值的选取依据。对于图 8.11(a)所示的双峰直方图，选择两峰之间的谷值作为阈值便可将目标与背景分开。谷值的选取方法有很多种，如极小值点阈值和最优阈值[6]等。解析阈值分割法具有简单、高效的特点，但是其局限性也很明显，对目标和背景灰度级有明显差别的图像分割效果较好，但对于目标和背景灰度一致性或均匀性较差(如目标的部分区域与背景灰度相近或者低于背景灰度)的图像分割效果不佳，且此分割方法只能将图像分割成两个区域，对于含有多种目标图像的分割几乎难以奏效。

2. 判别分析阈值法

图像的灰度反映了场景的亮度信息，对于灰度图像，可以通过阈值 T 将图像平面一分为二，使得低于阈值 T 的像素归于一类，高于阈值 T 的像素归于另一类，这样得到一个二值化图像。于是，阈值 T 的合理选取问题转换成有关原图像和二值化图像之间的“模式(图像)匹配”问题。从这个意义上讲，灰度图像的二值化可看成一个分类问题，因此可以采用模式识别中的分类技术来实现图像分割。图像的灰度直方图反映了图像像素的统计信息。由于图像像素本身具有的统计信息特点，原本在图像平面上的像素分类问题可转化为对图像灰度直方图进行阈值选取的问题。这一方面简化了问题的描述，另一方面简化了计算。在模式识别中，常用的分类方式是按最小距离进行的，距离一般采用平方距离。以下介绍基于平方距离的一些基本阈值化方法。为了叙述清楚、简单，以常见的单阈值问题为主进行论述。原则上，对多阈值问题可直接推广得到。

当图像像素的分类是以像素到各类中心的最小平方距离作为判决依据时，得到的阈值化方法称为最大类间方差法(包括一维最大类间方差法和二维最大类间方差法)或最小类内方差法。该方法由日本学者大津(Otsu)提出，故习惯称之为 Otsu 法[7]。

3. 区域分割法

区域分割法就是利用同一区域内灰度值相近的特性，将相似的区域合并，把不相似区域分开，最终形成不同的分割区域。常用的区域分割法有区域生长法、分裂合并法及空间聚类法等。

区域生长法是把图像分割成特征相似的若干小区域，比较相邻小区域的特征，若相似则合并为同一区域，如此进行，直到不能合并为止，最后生成特征不同的各区域，这种分割方法也称为区域扩张法。区域生长首先要解决以下三个问题：

(1) 确定要分割的区域数目，并在每个区域选择或确定一个能正确代表该区域灰度取值的像素点，称为种子点。

(2) 选择有意义的特征和邻域方式。

(3) 确定相似性准则。

第一个问题是指分割前先粗略确定区域数目，并在每个区域指定一个初始生长点，对于灰度图像，其基本特征就是灰度取值。邻域方式是区域的生长方式，一般是指像素方式和区域方式，像素方式一般用 4 邻域，区域方式用相邻。相似性准则是区域生长(或相邻小区域合并)的条件，最后要有生长终止条件。根据所用邻域方式和相似性准则的不同，区域生长法可以分为简单生长法(像素+像素)、质心生长法(区域+像素)和混合生长法(区域+区域)等。

1) 简单生长法

按事先确定的相似性准则，生长点(种子点为第一个生长点)接收(合并)其邻域(如 4 邻域)的像素点，该区域生长，接收后的像素点称为生长点，其值取种子点的值。重复该过程，直到不能生长为止，该区域生成。简单生长法的相似性准则为

$$\left|f(m,n)-f(s,t)\right|<T_1 \tag{8.27}$$

式中，$f(s,t)$为生长点(s,t)的灰度值；$f(m,n)$为(s,t)的邻域点(m,n)的灰度值；T_1 为相似阈值。$f(s,t)$始终取种子点的值，因此这种方法对种子点的依赖性强。

2) 质心生长法

为克服简单生长法中过分依赖种子点的缺陷，可修改简单生长法的相似性准则，将以生长点的灰度值作为基准改为用已生长区域内所有像素的灰度平均值作为基准，这种方法称为质心生长法。质心生长法的相似性准则用公式表示为

$$\left|f(m,n)-\overline{f(s,t)}\right|<T_2 \tag{8.28}$$

式中，$\overline{f(s,t)}$是已生长区域内所有像素(所有生长点)的灰度平均值。

3) 混合生长法

混合生长法按相似性准则进行相邻区域的合并，即相似性准则是相邻两区域的灰度均值相近，表示为

$$\left|\overline{f_i}-\overline{f_j}\right|<T_3 \tag{8.29}$$

式中，$\overline{f_i}$ 和 $\overline{f_j}$ 分别为相邻的第 i 个区域和第 j 个区域的灰度平均值。这样，就用某像素点周围区域的灰度均值来表示该点的特性，增强抗干扰性能。

图 8.12 给出了一个区域生长法分割图像的示例。其中，图 8.12(a)为原图像块，在其中标定两个种子点(灰度低值区的灰度 1 和灰度高值区的灰度 6)，用阴影标出；图 8.12(b)和(c)分别为门限 $T_1 = T_2 = 3$ 时简单生长法和质心生长法的分割结果，图像块被分成两个区域。虽然两种方法的分割结果恰巧相同，但生长过程中所用相似性准则是不同的。简

单生长法中，是用生长点和其邻域点直接比较，而质心生长法则用生长区域内所有生长点的均值与其邻域点比较。例如，在高灰度区的质心生长过程中，第一次从种子点 6 开始生长，得到其上下左右 4 个邻域点，此时这 5 个已接收点的平均灰度为(6 + 7 + 7 + 5 + 6)/5 = 6.2，故第二次生长就用这 4 个邻域点(生长点)的邻域点与门限 6.2 比较，按相似性准则[式(8.28)]再接受生长点的邻域点。如此进行，直到不能再生长或到图像块的边界为止。图 8.12(b)或(c)中的两个区域分别标记为 f_1 和 f_2，则其均值分别为 $\overline{f_1}=1.1$，$\overline{f_2}=5.7$。若取 $T_s = 5$，则 $\left|\overline{f_1}-\overline{f_2}\right|=|1.1-5.7|=4.6<T_3$，由混合生长法可将图 8.12(b)中的两个区域合并为同一个区域[图 8.12(d)]；若门限 $T_3 < 4.6$，则图 8.12 (b)中的两个区域不能合并。

1	1	0	4	6	5
0	2	1	5	7	6
1	1	0	5	6	4
2	1	2	7	6	5
1	0	1	5	7	6
1	2	2	6	5	7

(a) 原图像块

1	1	1	6	6	6
1	1	1	6	6	6
1	1	1	6	6	6
1	1	1	6	6	6
1	1	1	6	6	6
1	1	1	6	6	6

(b) 简单生长法分割结果

1	1	0	4	6	5
0	2	1	5	7	6
1	1	0	5	6	4
2	1	2	7	6	5
1	0	1	5	7	6
1	2	2	6	5	7

(c) 质心生长法分割结果

1	1	0	4	6	5
0	2	1	5	7	6
1	1	0	5	6	4
2	1	2	7	6	5
1	0	1	5	7	6
1	2	2	6	5	7

(d) 混合生长法分割结果

图 8.12 区域生长法分割图像

当完全不了解区域形状和区域数目时，可采用分裂合并法。这种方法首先将图像分解成互不重叠的区域，再按相似性准则进行合并。若用 R 表示整幅图像，则四叉树分裂合并法的步骤如下：

(1) 给定一相似性准则 P，如果对图像中的任一区域 R_i，有 $P(R_i)$ = false，即不满足相似性准则，则把 R_i 区域等分为四个子区 R_{i1}、R_{i2}、R_{i3} 和 R_{i4}。

(2) 对相邻的区域 R_i 和 R_j，若 $P(R_i \cup R_j)$ = true，则合并这两个区域。

(3) 当进一步分裂和合并都不能进行时，则分割结束。

此时，就可得到分割结果的四叉树表示[6]。

8.2.2 基于空域滤波的自动目标检测

代码

1. Facet 模型与 FODD 滤波器

在实际应用中，特别是在对空目标探测中，常面临小目标和弱小目标检测问题。对弱小目标检测问题，空域滤波是一种常用的方法。一个理想的点目标经过光学系统后能量会被分散，在图像中表现为衍射光斑。小目标的灰度分布可近似为二维高斯函数，其数学模型具体表现为

$$f(x,y)=\tau * \exp\left(-\frac{x^2+y^2}{2\sigma^2}\right) \tag{8.30}$$

式中，τ 表示目标的辐射强度；σ 表示目标的尺度；(x,y)和 $f(x,y)$分别表示小目标在图像上的位置和灰度。因此，在图像中，可以把小目标看作从中心向外灰度值逐渐衰减的圆斑。与小目标形状不同的是，背景通常由云层、海天线等组成，其形状包括大片相同的

亮度区域和条纹等，如图 8.13 所示。

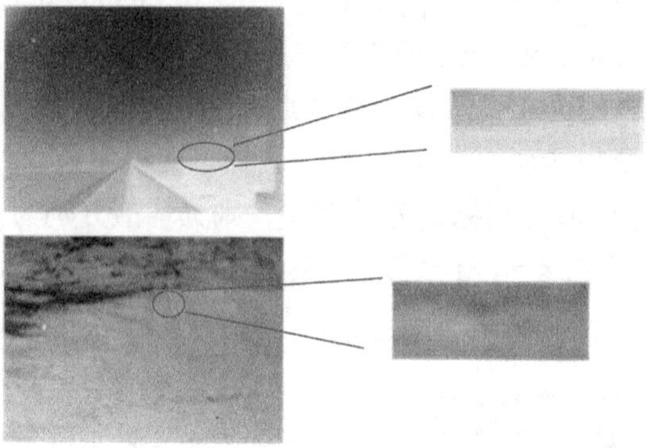

图 8.13　小目标与其背景的局部放大图[8]

通常可以把小目标的灰度分布近似为二维高斯分布，其分布特性是“各向同性”的，即无论在哪个方向上，小目标的灰度分布趋势是相同的。背景杂波的灰度分布是“各向异性”的，即在不同方向上，其灰度分布是不同的。因此，可以通过一阶方向导数(first order directional derivative，FODD)滤波器在不同方向对图像滤波，把独立“凸起”或“凹陷”的小目标信号和背景信号分别转化为高斯状的斑点和定向的条纹，检测独立“凸起”的信号和斜坡信号来区分小目标与背景，进而实现小目标检测。

可以利用文献[9]提出的面元(Facet)模型来设计 FODD 滤波器。假设一幅图像可以被划分为若干个连通的区域，每个区域都满足相应的灰度分布规律，则称这样的一个区域为一个面元。因此，图像中任意一像素点都可以用一个面元来拟合。每一个像素点都可以在以其为中心的某一邻域内找到最佳逼近该像素点的多项式函数。为此可以定义零阶、一阶、二阶等多项式，其中零阶多项式也被称为平模型，一阶多项式被称为斜模型等。不同形状的模型限制了拟合后图像的平稳性。文献[9]采用二元三阶多项式来拟合图像局部的灰度变化曲面，如式(8.31)所示：

$$f(r,c)=k_1+k_2r+k_3c+k_4r^2+k_5rc \\ +k_6c^2+k_7r^3+k_8r^2c+k_9rc^2+k_{10}c^3 \tag{8.31}$$

式中，(r,c)和 $f(r,c)$分别表示图像的横纵坐标和灰度；k_i 为所求的拟合系数。为了求解拟合系数 k_i，自然想到利用最小二乘法求解。但是如果直接用式(8.31)所示的多项式，求解过程非常困难。为此，引入离散的正交多项式来描述拟合函数，同时简化求解过程。对于一维情形，拟合函数可以表示为

$$f(r)=\sum_{n=0}^{N-1}a_nP_n(r) \tag{8.32}$$

式中，$f(r)$为 $r\in R$ 域的观测值；$P_n(r)$为引入的离散正交多项式基底；a_n 为待求的拟合系数。令离散域 R 为对称分布的，即 $r\in R$，$-r\in R$。设 $P_n(r)$为 n 阶多项式，令 $P_0(r)=1$，则有

$$P_n(r)=r^n+a_{n-1}r^{n-1}+\cdots+a_1r+a_0 \tag{8.33}$$

由于正交多项式基底是两两正交的，故存在 n 个方程：

$$\sum_{r\in R} P_k(r)\left(r^n + a_{n-1}r^{n-1} + \cdots + a_1 r + a_0\right) = 0,\quad k = 0,1,\cdots,n-1 \tag{8.34}$$

为了确定拟合系数 a_n，构建了 n 个通过式(8.35)所确定的多项式。

$$\begin{cases} P_0(r) = 1 \\ P_1(r) = r \\ P_2(r) = r^2 - \dfrac{\mu_2}{\mu_0} \\ P_3(r) = r^3 - \dfrac{\mu_4}{\mu_2} r \\ \mu_k = \sum\limits_{s\in R} s^k \end{cases} \tag{8.35}$$

由式(8.35)可知，多项式基底与域 R 有关，采用对称且离散的 5 邻域 $R \in \{-2,-1,0,1,2\}$ 来拟合此观测值，则按照式(8.35)的计算方法可求得此多项式基底组为

$$\begin{cases} P_0(r) = 1 \\ P_1(r) = r \\ P_2(r) = r^2 - 2 \\ P_3(r) = r^3 - \dfrac{17}{5} r \end{cases} \tag{8.36}$$

将上述推导推广到二维，对于两个对称分布的离散域 R 和 C，二维离散正交多项式基底可以通过两组一维正交多项式基底的张量积实现，即对于两组基底$\{P_0(r), P_1(r),\cdots, P_n(r)\}$和$\{Q_0(r), Q_1(r),\cdots, Q_m(r)\}$，二者的张量积为离散的正交基底$\{P_0(r)Q_0(r), P_1(r)Q_1(r),\cdots, P_n(r)Q_m(r)\}$。

因此，当 $R \in \{-2,-1,0,1,2\}$，$C \in \{-2,-1,0,1,2\}$时，位于 $R \times C$ 邻域内并忽略高于 3 次项后的离散正交多项式基底可以表示为

$$\left\{P_n(r,c)_{n=1,2,\cdots,10}\right\} = \left\{\begin{array}{l} P_1 = 1, P_2 = r, P_3 = c, P_4 = r^2 - 2, \\ P_5 = rc, P_6 = c^2 - 2, P_7 = r^3 - \dfrac{17}{5} r, \\ P_8 = \left(r^2 - 2\right)c, P_9 = \left(c^2 - 2\right)r, P_{10} = c^3 - \dfrac{17}{5} c \end{array}\right\} \tag{8.37}$$

每一个 $R \times C$ 邻域内的中心像素 $f(r,c)$均可用式(8.37)所示的二维离散正交多项式基底表示为

$$\begin{aligned} f(r,c) &= \sum_{n=1}^{10} k_n \cdot P_n(r,c) \\ &= k_1 + k_2 r + k_3 c + k_4\left(r^2 - 2\right) + k_5 rc + k_6\left(c^2 - 2\right) \\ &\quad + k_7\left(r^3 - \frac{17}{5} r\right) + k_8\left(r^2 - 2\right)c + k_9\left(c^2 - 2\right)r + k_{10}\left(c^3 - \frac{17}{5} c\right) \end{aligned} \tag{8.38}$$

在 $R \times C$ 邻域内，以(0,0)作为中心像素的位置，利用最小二乘法可求得 K_n：

$$K_n = \frac{\sum_r \sum_c P_n(r,c) f(r,c)}{\sum_r \sum_c P_n^2(r,c)} \tag{8.39}$$

通过式(8.39)可知，K_n 可由邻域 $R \times C$ 内所有像素灰度值的加权和得到，即

$$K_n = \sum_r \sum_c \boldsymbol{W}_n \cdot f(r,c) \tag{8.40}$$

那么此权重 $\boldsymbol{W}_n$ 可以表示为

$$\boldsymbol{W}_n = \frac{P_n(r,c)}{\sum_r \sum_c P_n^2(r,c)} \tag{8.41}$$

由式(8.40)可知，K_n 可由权重模板 $\boldsymbol{W}_n$ 与图像卷积后得到。将 $P_n(r,c)(n = 2,3,7,8,9,10)$ 的具体表达形式代入式(8.41)后，可以得到权重模板 $\boldsymbol{W}_n$ 的表达式：

$$\boldsymbol{W}_2 = \frac{1}{50}\begin{bmatrix} -2 & -2 & -2 & -2 & -2 \\ -1 & -1 & -1 & -1 & -1 \\ 0 & 0 & 0 & 0 & 0 \\ 1 & 1 & 1 & 1 & 1 \\ 2 & 2 & 2 & 2 & 2 \end{bmatrix}, \quad \boldsymbol{W}_3 = \boldsymbol{W}_2^{\mathrm{T}} \tag{8.42}$$

$$\boldsymbol{W}_7 = \frac{1}{60}\begin{bmatrix} -1 & -1 & -1 & -1 & -1 \\ 2 & 2 & 2 & 2 & 2 \\ 0 & 0 & 0 & 0 & 0 \\ -2 & -2 & -2 & -2 & -2 \\ 1 & 1 & 1 & 1 & 1 \end{bmatrix}, \quad \boldsymbol{W}_8 = \frac{1}{140}\begin{bmatrix} -4 & -2 & 0 & 2 & 4 \\ 2 & 1 & 0 & -1 & -2 \\ 4 & 2 & 0 & -2 & -4 \\ 2 & 1 & 0 & -1 & -2 \\ -4 & -2 & 0 & 2 & 4 \end{bmatrix} \tag{8.43}$$

$$\boldsymbol{W}_9 = \boldsymbol{W}_8^{\mathrm{T}}, \quad \boldsymbol{W}_{10} = \boldsymbol{W}_7^{\mathrm{T}} \tag{8.44}$$

定义 $f(r,c)$ 的一阶方向导数为

$$f'_\alpha(r,c) = \frac{\partial f}{\partial r}(r,c)\cos\alpha + \frac{\partial f}{\partial c}(r,c)\sin\alpha \tag{8.45}$$

式中，α 的方向起始于图像行坐标轴的顺时针方向。将式(8.38)代入式(8.45)后可分别得到在 $R \times C$ 的中心坐标(0,0)处两个方向的一阶偏导数：

$$\begin{aligned} \left.\frac{\partial f}{\partial r}\right|_{(0,0)} &= K_2 - \frac{17}{5}K_7 - 2K_9 \\ \left.\frac{\partial f}{\partial c}\right|_{(0,0)} &= K_3 - \frac{17}{5}K_{10} - 2K_8 \end{aligned} \tag{8.46}$$

因此，最终所得的一阶方向导数(FODD)滤波器的数学表达式为

$$f'_\alpha(0,0) = \left(K_2 - \frac{17}{5}K_7 - 2K_9\right)\cos\alpha + \left(K_3 - \frac{17}{5}K_{10} - 2K_8\right)\sin\alpha \tag{8.47}$$

在实际应用中，通过式(8.47)并利用所获得权重模板在不同方向上与图像做卷积运算，就能够获得图像在不同方向上的 FODD 滤波图。

考虑到在不同方向上小目标与背景杂波的特征存在差异，可选用 FODD 滤波器在 8 个方向上对图像滤波，即 $\alpha = 0°,45°, 90°, 135°, 180°, 225°, 270°, 315°$。经过滤波后不同方向 FODD 滤波图上灰度的取值范围是存在差别的，为了方便后续计算，对所获得的不同方向 FODD 滤波图做归一化处理，把所有 FODD 滤波图的灰度取值范围调整到[−1,1]，归一化的具体公式为

$$J(x,y)=2\left[\frac{I(x,y)-I_{\min}}{I_{\max}-I_{\min}}\right]-1 \tag{8.48}$$

式中，$J(x,y)$和 $I(x,y)$分别表示归一化后和运算前的图像灰度值；$I_{\min}$ 和 $I_{\max}$ 分别表示原图像的灰度最小值与最大值。图 8.14 和图 8.15 分别展示了一幅包含小目标的图像及其对应的 8 个方向 FODD 滤波图。

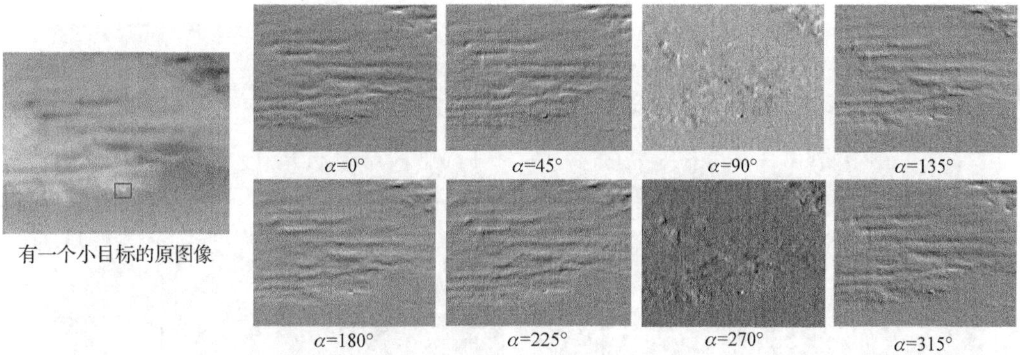

图 8.14　隐藏在云层中的小目标图像和其对应的 8 方向 FODD 滤波图[8]

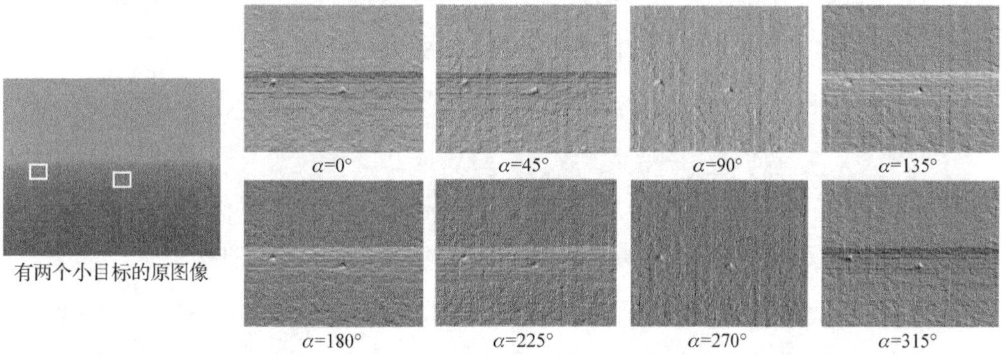

图 8.15　信号强度极弱的小目标图像和其对应的 8 个方向 FODD 滤波图[8]

从图 8.14 和图 8.15 可以发现，无论在哪个方向的 FODD 滤波图上，小目标处都展现了形状相同的高斯斑点状灰度分布，而背景杂波在不同方向上呈现出多种多样的条纹，没有表现出相同的灰度分布特性。在图 8.14 中，原图像中存在大量水平的云边缘，滤波后其特征在不同方向上存在很大差异。比较 $\alpha = 0°$和 $\alpha = 90°$，或者比较 $\alpha = 180°$和 $\alpha = 270°$的滤波图可以发现，云层在 $\alpha = 0°$和 $\alpha = 180°$滤波图上存在清晰的

带状条纹，而这种带状条纹却在 $\alpha=90°$和 $\alpha=270°$滤波图被抑制。同样的现象也存在于图 8.15 中。图 8.15 所示的红外图像中有一条水平的海天线，这条海天线经过 FODD 滤波后，在 $\alpha=0°$和 $\alpha=180°$方向上有较强的响应，但在 $\alpha=90°$和 $\alpha=270°$方向上几乎没有响应[8]。

2. 基于多方向过零点搜索的小目标检测方法

经过 FODD 滤波后，近似高斯分布的小目标沿着滤波方向信号强度先变强，随后逐渐变弱，或先变弱，随后逐渐变强。从图 8.14 和图 8.15 也可以发现，无论在哪幅滤波图上，沿着滤波方向小目标处的灰度总是由亮到暗变化，而背景杂波的亮度变化是杂乱无章的。更重要的是，滤波图上小目标的位置中心一定存在过零点。因此，可以通过在不同方向的 FODD 滤波图上检测过零点来区分目标和背景。图 8.16 和图 8.17 分别是图 8.14 和图 8.15 中不同滤波图上的过零点，图 8.18 是不同场景下的小目标检测结果。

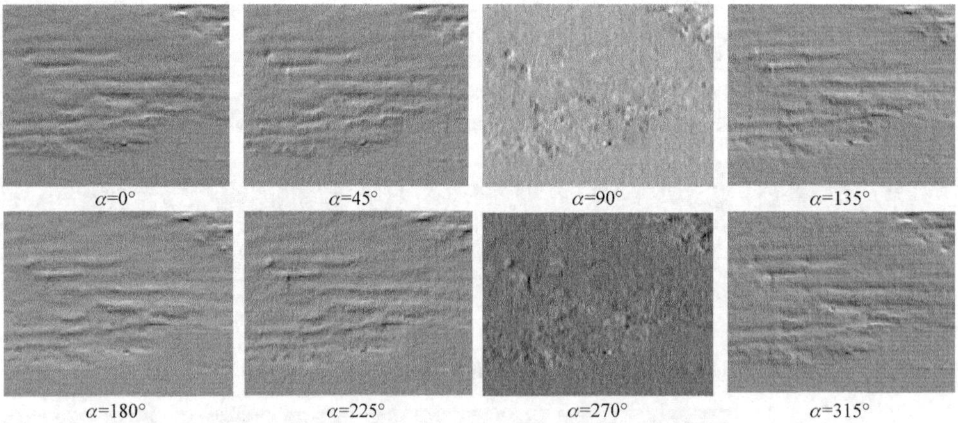

图 8.16 不同 FODD 滤波图(图 8.14)上的过零点[8]

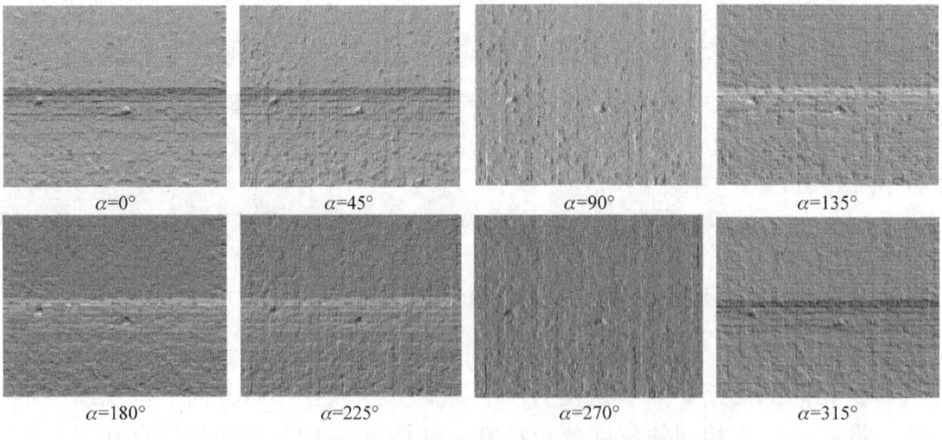

图 8.17 不同 FODD 滤波图(图 8.15)上的过零点[8]

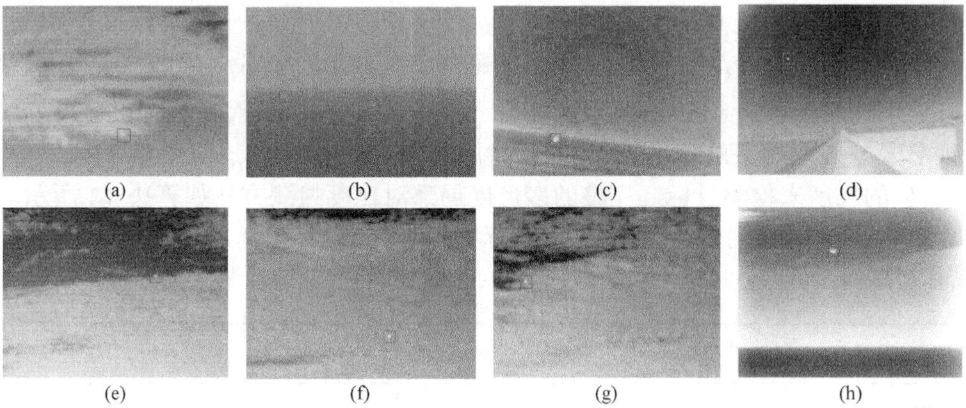

图 8.18 不同场景下的小目标检测结果[8]

8.2.3 基于局部对比度测量的自动目标检测

代码

借鉴人类视觉系统(human visual system，HVS)的特性，文献[10]提出了一种基于局部对比度测量(local contrast measure，LCM)的检测算法。通常情况下，弱小目标集中于一个比较小的区域，并且小目标与其邻域具有较明显的差异，而对于背景区域而言，背景与其邻域相比往往没有差异。基于局部对比度的方法就是根据人类视觉注意力机制，通过构造局部滑动窗口对原图像进行局部对比度值的提取，如图 8.19 所示。LCM 算法将滑动窗口划分为 3×3 的子块，滑动窗口通过上下左右滑动获得多个图像块，遍历整幅图像，在不同的位置得到显著值，从而生成显著度图，其中滑动窗口中心子块用数字“0”标记，周围子块用数字 1～8 分别标记。分别求取中心子块的最大值和周围邻域的均值，然后将二者的比值作为此区域的对比度，对比度超过设定阈值者即被判定为目标。LCM 算法的计算方法如式(8.49)所示：

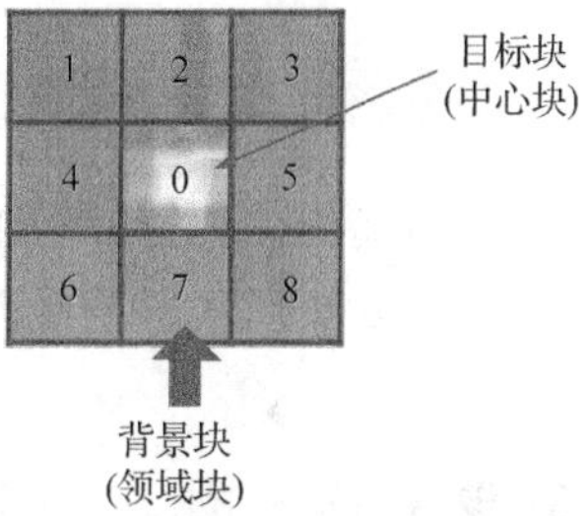

图 8.19 LCM 算法中的 9 子块分布图[8]

$$\begin{cases} m_t = \dfrac{1}{D^2}\sum_{h=1}^{D}\sum_{g=1}^{D} f(h,g) \\ \mathrm{LCM} = \min \dfrac{L_0^2}{m_t} \end{cases}, \quad t = 1,2,\cdots,8 \tag{8.49}$$

式中，L_0 是中心单元中的最大灰度值；m_t 是第 t 个背景区域单元的平均灰度值；D 是每个局部窗口单元的尺寸，取值往往要大于或者等于目标的尺寸；$f(h,g)$是图像在坐标(h,g)处的灰度值。在滑动窗口中，背景区域一般表现为连续均匀分布，那么背景和其局部邻域的灰度值是非常接近的，背景的 LCM 值较小，而目标所处位置的中心单元灰度最大值远高于其邻域的灰度均值，则目标区域的 LCM 值较高。因此，利用局部对比度算子可以很好地区分目标和背景区域。

为了适应不同大小的目标，LCM 在多种不同的尺度下对子块进行计算，文献[8]提出了一种多尺度搜索策略。窗口在滑动时，每个子块包含 $D \times D$ 像素，则整个窗口包含 $3D \times 3D$ 像素。首先在 $D \times D$ 的子块上求出每个像素的显著度 S_D，随后改变 D 的大小，在多个不同尺度上求出像素点的显著度 S_n^D，其中 n 表示第 n 个像素的索引。取 $D = 1, 2, \cdots, 9$，即求出 9 个尺度下的显著度值。最后将保留的最大值作为该位置的显著度值，并利用所对应的尺度来检测目标。完整的多尺度局部对比度检测方法如算法 8.1 所示。图 8.20 为对一组红外序列图像进行多尺度目标检测结果，目标由远及近从点目标演变为外形特征清晰的面目标，尺度发生了较大变化，算法依然能准确检测出目标。

算法 8.1 多尺度局部对比度检测方法[8]

输入： 原图像 $I(x,y)$

1) 对于 $D = 1, 2, \cdots, 9$

(1) 遍历尺度为 $D \times D$ 的窗口求出：

每个子块的均值：$m_i^D = m^D\left(\text{subblock}\left(p_i, q_i\right)\right)$

8 邻域子块的均值：$m_\Delta^D = \dfrac{1}{8}\sum_{i=1}^{8} m_i^D$

中心子块的亮度最大值：L_n

(2) 求出该图像块的对比度：$C_n^D = \dfrac{L_n^D \times m_0^D}{m_\Delta^D}$

(3) 求出每个像素点的显著度：$S_n^D = C_n^D - I$

2) 保留 9 个尺度下的最大值作为该像素点的最终响应：

$$S_n = \max\left(S_n^1, S_n^2, \cdots, S_n^9\right)$$

3) 设置自适应阈值，提取目标：$Th = \mu_S + k \times \sigma_S$

输出： 目标的位置与尺度

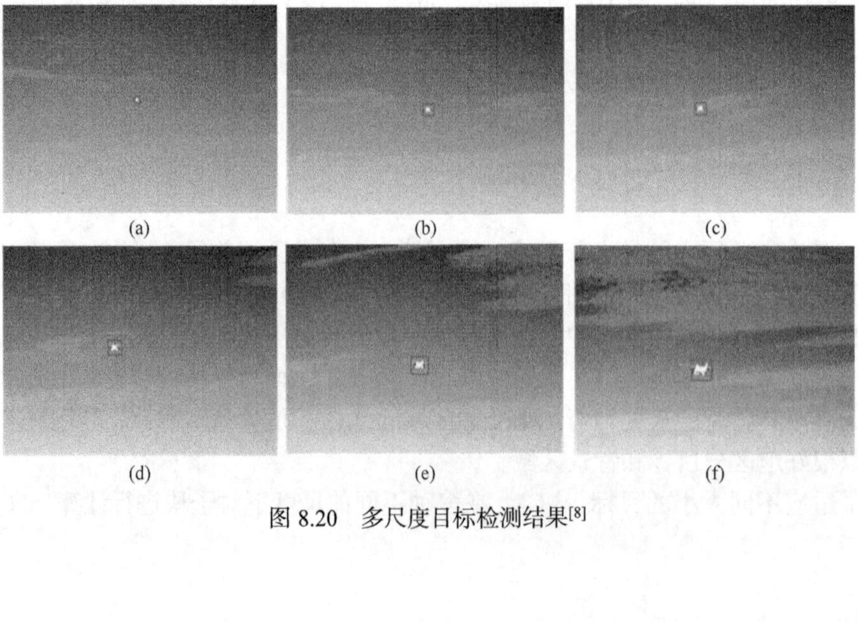

(a) (b) (c) (d) (e) (f)

图 8.20 多尺度目标检测结果[8]

LCM 在多种不同尺度下对子块进行计算，可以较好地适应不同大小的目标，但这也导致算法的实时性较差。针对该问题，文献[11]提出了一种改进 LCM(improved LCM，ILCM)的小目标检测方法。ILCM 首先利用高斯差分(DoG)滤波器对整幅图像滤波，初步提升图像的信杂比。随后如式(8.50)所示，用中心子块的最大值与均值的乘积取代 LCM 的中心子块最大值来计算对比度，可有效降低检测的虚警率，提高检测精度。

$$C_n = \min_i \frac{L_n m_0}{m_i} \tag{8.50}$$

式中，m_0 代表中心子块的均值。文献[12]提出了一种带权重的局部差异测量(weighted local difference measure，WLDM)方法。该方法首先以每个像元为中心，找出此像元在不同尺度下的局部差分最大值，其次计算出此像元在某一邻域内的熵作为自身的权重，最后与局部差分相乘来获得最终的对比度。WLDM 引入图像的局部熵作为每个像素点的权重，能够更加有效地提升目标区的对比度[8]。

8.3　自动目标识别技术

自动目标识别(automatic target recognition，ATR)是基于传感器获取的数据识别目标的技术，能够通过图像处理、模式识别、机器学习等算法实现目标的类别或属性的判定，是提升传感器信息感知能力、实现传感器技术应用的关键技术之一，在军用和民用领域都有着广泛的应用，具有重要的研究价值[13]。早期的目标识别方法源自 20 世纪 20 年代发展起来的经典统计方法。它利用目标特性的统计分布，结合已有样本的大量训练和基于模式空间距离度量的特征匹配与分类技术实现对场景内目标的有效识别。这类方法致力于建立一个决策边界以区分不同的模式类别，同时，利用定义的决策函数对给定模式进行判别，以确定其所属的相应模式类别。这类方法的早期研究热点集中在贝叶斯决策、概率密度估计等。近年来，虽然统计模式识别依然是备受关注、广泛应用的目标识别方法，然而，这类方法的实际应用受到目标样本获取难的限制，难以满足复杂场景下大量样本的需求。20 世纪 70 年代，基于知识的自动目标识别方法随着人工智能专家系统的应用而兴起，这种被称为知识基的方法按照对目标共性与特性的不同表征而分为普通知识基和特殊知识基。它根据场景中待识别目标与背景或其他干扰目标的特点，提取差异性大、抗干扰能力强、具有一定稳定性的特征，并利用它们构建模型知识库，再采用相关的识别方法对目标进行识别。这类方法对桥梁、特定尺度与外形的飞机、小目标等具有较好的识别效果，然而其灵活性较差，仅针对一些特定场景的目标有效。另一类是基于模型的方法，与前者的差别在于它将对目标的表达由知识转化至更加灵活的模型空间，对目标进行模型估计拟合，真实目标在场景中的变化特性均可以通过特定的目标模型在参数空间内的变化进行表征。这类方法对模型的目标表达能力要求很高，在存在强干扰的复杂背景中往往无法取得令人满意的效果。20 世纪 80 年代，随着红外热成像、微波雷达、合成孔径雷达、激光雷达等多种传感器技术的成熟，基于多传感器信息融合的目标识别方法被逐渐使用[14]。这类目标识别方法首先利用信息融合方法将多种不同体制传感器获取的信息进行融合，以对目标进行有效增强，然后再根据不同传感器提供的同源或异源信息，采取适当的目标检测与识别算法进行目标识别。多传感器的优势是比单一传感器具有更强的抗干扰能力，使得目标识别手段多样化，提高获取目标的信息量，从而提高目标识别的准确性和鲁棒性。

8.3.1 ATR 的工作流程和系统

ATR 的工作流程与系统框图如图 8.21 所示。ATR 的工作流程大体上可分为三个阶段，分别是低层处理、中层处理与高层处理。低层处理包括图像形成过程本身、对成像的各种补偿、对图像背景/干扰的抑制等，可视为不要求智能或智能程度不高的自动的无意识反应。中层处理从低层处理后的图像数据中提取各种图像特征分量(如区域、边缘、角、线条等)，包括分割、特征提取、表示和描述。这一阶段一定程度的智能行为已经引入其中，如灵活的分割，具有注意力机制的兴趣区提取和特征检测等。更高级的包括具有知觉组织特点的断裂边界点连接和集成多种低级特征为较高级特征的功能等。高层处理涉及识别或解释，非常接近人的宏观智能感知。由于这方面的知识非常缺乏而且非常不准确，不得不对问题加上约束或理想化以减少任务的复杂性。实际应用的 ATR 系统的运作能力和相应的性能是高度专门化、面向特定任务的。

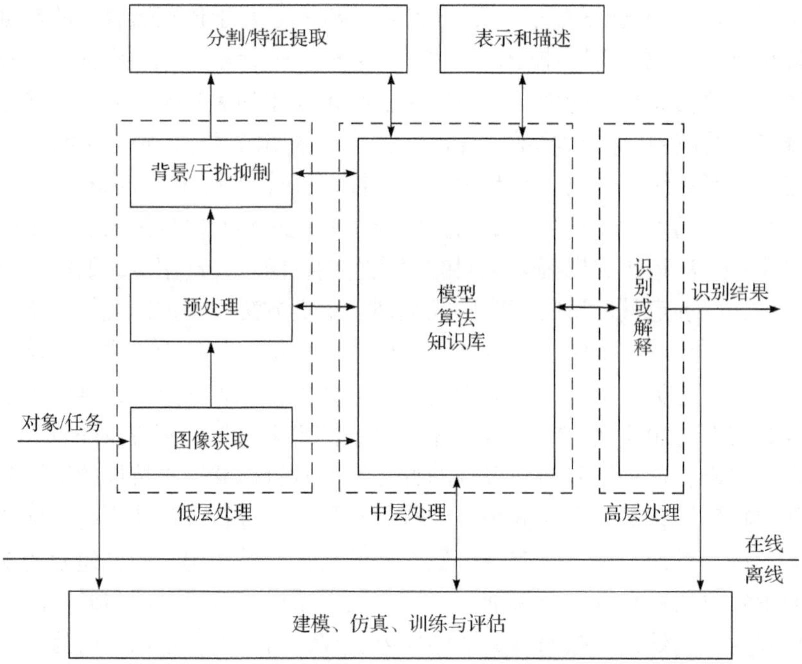

图 8.21 ATR 的工作流程与系统框图[15]

关于对象、任务的问题域的模型，知识和各种算法以知识库的形式编码构成目标识别系统的核心部分。知识库也控制 ATR 系统各子模块间的相互作用，还可通过知识库辅助其他模块间的反馈操作。例如，图像中某位置应由五个分量组成一个目标，但系统仅发现了其中四个分量，这将导致目标识别解释模块判断两个分量可能连在一起，此时它发出一个反馈要求通过知识库传给分割模块，要求它在相应子区域再做更精细的处理。

建模、仿真、训练与评估是 ATR 系统的支持环境，通常是离线的，在 ATR 发展的过程中日益显示出其重要性和对全局的影响[15]。

8.3.2　预处理与背景抑制

常规的目标识别和计算机视觉方法很少考虑基于成像物理过程的预处理和复杂条件下的背景抑制。一般假定成像条件是理想的，背景是相对简单的，识别方法就是在理想条件下进行分割、特征提取、符号描述和目标识别分类等。然而，工作在复杂背景/环境条件下的自动目标识别系统必须在前述场景、大气条件、传感器特性和平台动力学特性等因素约束的条件下进行工作，因此，预处理和背景抑制是极其重要的处理层次。

预处理涉及大气湍流、传感器平台运动等引起的图像降质及其校正和恢复问题，此外，还包括红外成像传感器成像的非均匀性所引起的图像降质及其校正问题。预处理是必要的，这是因为图像的降质会显著影响后续目标探测和识别的性能，甚至严重到使自动目标识别成为不可能。

平台的运动包括旋转、不可控制的振动，将使其承载的传感器获取的单帧图像模糊、畸变，同时还将使序列图像各帧之间的相对关系发生混乱。这时，需要研究在平台特定的动力学特性下，成像的调制传递函数建模、从单帧或多帧图像中估计模糊和畸变的调制传递函数，进而得到恢复、校正后较清晰的目标图像。平台的运动可能造成序列图像中目标/背景各帧的对应性关系破坏，这时各帧图像的帧间配准成为必要，否则，就不能利用目标的运动连续性去抑制背景探测目标。

大气湍流会导致目标图像模糊、产生位移，这将大大降低目标的探测距离和正确识别率，并且引入目标的定位误差。此时，对湍流的等效调制传递函数的建模、估计和湍流降质图像的恢复、校正成为影响目标探测识别成功与否的重要条件。

背景/干扰抑制模块利用目标与背景在空间/时间/谱域的特性区别，抑制背景，突出目标。特别对于点源目标、斑状目标或小目标，在其形态信息完全没有或不显著的情况下，研究和利用各种空间/时间/谱域滤波算法减弱背景图像的能量，增强目标图像的能量是非常重要的研究课题。这里，更为关键的是背景和目标图像的建模和描述，这种模型化反映了目标/背景在空间/时间/谱域或频率域的基本特性。要求这种模型是数字的，可以有效计算。背景抑制客观上相当于提高了处理后图像或图像序列的信杂比。背景抑制与前述的场景参数、图像度量参数密切相关。

场景参数涉及目标/背景特性，它们通过大气、传感器转换为图像，这样一个映射过程是非常复杂的，最终要通过图像度量参数反映其对目标识别的影响。因此，背景图像和目标图像特性的模型化是实际场景模型化的复杂映射结果[15]。

8.3.3　多级动态特征空间

在目标识别中，特征提取的目的是使用有效的数学工具减少目标模式表达的维数，这种低维表达必须具有区别不同目标模式类别的特质，称之为特征。特征提取的用途是多方面的，首先是基于工程的考虑，因为识别分类器的复杂性和其硬件实现的复杂性随着模式空间的维数快速增长。其次，还会降低信息传输通道的容量。另外，有证据表明，模式的维数并非越大越好，存在一个最优维数使错误识别率最小，通过提取特征减少模式维数可达到提高正确识别率的目的。更重要的是，原始目标图像模式通常是不稳定的测量数据，通过特征提取获得具有不变或准不变性质的信息，关系到目标识别的成败。

一般将特征提取作为一个映射过程，它将所有可用的目标模式测量映射到一个低维特征空间中，忽略冗余的、无关的或重要性低的信息，即

$$\boldsymbol{X}=\boldsymbol{A}(\boldsymbol{Y}) \tag{8.51}$$

式中，$\boldsymbol{Y}$ 为 D 维原始目标模式向量；$\boldsymbol{X}$ 为获得的 d 维低维特征向量，$D>d$。映射可以是线性的，也可以是非线性的。前者可以表示为

$$\boldsymbol{X}=\boldsymbol{A}^{\mathrm{T}}(\boldsymbol{Y}) \tag{8.52}$$

式中，$\boldsymbol{A}$ 为特征提取算子，它是一个 $D\times d$ 维的矩阵，将 D 维模式向量 $\boldsymbol{Y}$ 变换为 d 维特征向量 $\boldsymbol{X}$。

非线性映射则复杂得多，利用模式产生过程的知识，有可能获得一种非线性映射的十分自然的形式。例如，若某模式向量的各分量是经由一个自回归滑动平均过程产生(或模型化的近似)，则实际的观测值可以变换到低维的参数空间，这些参数规定了模式产生的自回归滑动平均过程。

经典模式识别理论定义的特征空间并没有强调分级或层次的概念，本书层次的含义有以下几个方面：

(1) 尺度空间的分级。一幅图像中的信息分布在相当大的空间尺度范围内变化，因此目标特征的维数本质上可以离散化为多个级别。用于目标分类识别的特征提取映射，如果考虑为分级的多个映射并形成分级的多个特征空间，则无论对于把握表达-识别的全过程，还是研究优化的算法都是非常自然的。

(2) 抽象层次的分级。图像特征大体上包含低级、中级、高级三个层次。低级特征如点、边缘；中级特征如由点、边缘构成的线条、角、面等；高级特征涉及多个中级、低级特征构成的复杂结构及其描述，其抽象层次客观存在的分级构成抽象层次不同的低→中→高三级特征空间。

(3) 过程的分级。当由远及近地探测、识别目标和分析某场景时，绝不可能在过程的开始就获得目标及场景的全部细节。起初总是获得粗略的、大范围的特征信息，这在很大程度上是由视点、视距和成像传感器的分辨率决定的。确定粗略的感兴趣区后，在中等距离上进一步获得较细致的较小空间范围的特征信息。最后在较近的距离上，获得非常细致的特征信息，并用于识别分类。类似这样的过程，本质上就是分级的。因此，特征提取映射及表达目标的特征空间应该是分级的，否则识别算法将不能应付这样一个搜索、探测、识别过程。特征提取及其表达必须适应这样一个过程。

给定一组模式($\omega_i, i=1,2,\cdots,N$)，每一类的模式向量 $\boldsymbol{\xi}_i=(\xi_{i1},\xi_{i2},\cdots,\xi_{iD})$在观察空间 Ω 中将占据独特的一个区域 Ω_i，令模式向量经特征提取映射 $\boldsymbol{A}$ 将 D 维观测空间变换为 d 维特征空间，每一类的模式特征向量 $\boldsymbol{\xi}_{f_i}=\left(\xi_{f_{i1}},\xi_{f_{i2}},\cdots,\xi_{f_{id}}\right)$ 在 d 维特征空间 Ω_f 中将占据独特的区域 Ω_{f_i}，若 $\left\{\xi_{f_i}\right\}$ 和 $\left\{\Omega_{f_i}\right\}$ 均为时间的函数，则称 Ω_f 为动态特征空间。$\left\{\xi_{f_i}\right\}$ 和 $\left\{\Omega_{f_i}\right\}$ 将以某种系统的方式改变，可用确定的方式或随机的方式(排除随机干扰或随机噪

声引起的改变)，如模式特征向量概率分布密度的变化，类别可分性的变化，模式新特征的产生或消失等。

特征空间的动态变化在成像目标识别中不胜枚举。例如，对光学成像的目标识别、光照条件、气候条件的变化将使同一个场景的目标/背景图像发生剧烈的变化。因此，各种环境条件的目标识别问题就是典型的动态特征空间目标识别问题，其处理方法包括性能分析，与静态特征空间有本质的区别。如果要以统一的观点系统地考察这一问题，动态特征空间的概念将把人们引入模式识别新的研究领域[15]。

成像自动目标识别本质上是一个逆问题求解，即从客观场景的表象——图像或图像序列逆向推导客观场景的某些本质信息的反演问题。它可以分为四个层次：①检测——仅仅给出潜在的待识别目标，但还没有确认，还存在虚警的可能。②识别——确认目标所属类型。③定量信息的提取——目标的位置、运动特性、目标的结构等。④理解——目标行为及场景语义的解释等。

正如很多逆问题求解一样，成像自动目标识别本质上也属于一个不适定问题。由于有太多的外在因素影响，大量为随机因素，必须要在特定约束条件下才能得到近似解[15]。

8.3.4　基于统计模式识别的自动目标识别

基于统计模式识别的自动目标识别以统计决策和估计理论为基础。目标特征和参考目标模式特征的获取过程都不可避免地会引入噪声和各种不确定因素，所以需要将统计方法和决策理论应用到目标识别算法中，即统计分类器。目标识别和分类的基础是可被成像传感器所测量的特征，必须存在能被测量和计算的目标特征。例如，若可见光或红外图像用于分类过程，则目标在图像中所占面积就可作为特征，而周长和低阶矩也可以作为特征。统计分类器将图像的特征度量与各种具体目标类型所对应的特征度量进行比较，选择特征最相似的目标类型。多维特征空间的决策面确定了能最佳识别的各类特征组合，当用于分类过程的特征已知时，借助每个独立特征的均值和标准差就可以对分类器进行设计和评价。对于每个类，特征的标准差常与测量过程中的精度和一致性有关，可表示特征的不确定性——特征噪声。特征数据可表示为超空间中的点，其坐标为各个特征量值。根据任务的需要，超空间可以划分或降维为若干个子空间。参考模式类在特征空间中的点代表从训练样本集获得的类平均特征。在判别实际获取的某个模式属于哪一个模式类的分类过程中，其特征度量向量与类平均特征向量比较，并将该度量归为与类平均特征度量最近的那一类。如果有关类平均特征度量和特征噪声参数的概率分布已知或根据训练样本估计得出，就可以计算错分概率。特征分布重叠而导致的分类错误就是贝叶斯错误。如果在分类前必须估计特征本身分布，就会带来额外的错误，即分类错误是由贝叶斯错误和估计统计量与判断量的概率分布时的错误造成的。

最近邻分类方法就是在特征空间中将待识别数据点归类于训练集中与其最近的所属类别，它是一种非参数方法，因此不需要确定的概率密度函数定义。然而，它需要定义特征空间上的距离。这样，当特征度量与训练集中的元素距离很小时，对应的概率密度函数几乎是相同的。将待识别模式的度量值归为 k 个最近邻出现最多的类别就将最近邻准则推广为 k 近邻准则[15]。

8.3.5 基于模型的自动目标识别

基于模型的自动目标识别方法在许多方面扩展了统计识别方法的内容，这类方法涉及基于模型的推理、基于模型的识别、基于模型的视觉、基于模型的训练等，其算法框架如图 8.22 所示。

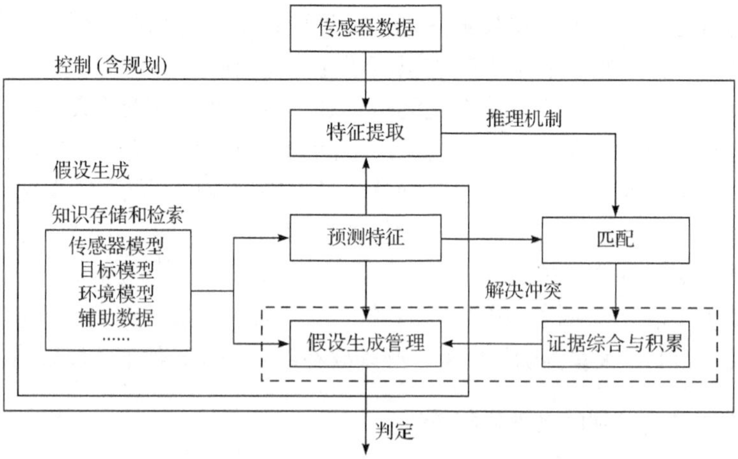

图 8.22 基于模型的自动目标识别算法框架[15]

控制机制就是通过推理来控制整个识别处理过程，规划机制优化识别过程，并提供处理不同情况的灵活性。假设生成就是预测场景中将被检测和验证的物体、物体的位置和特征的过程。知识存储和检索就是存储和调用模型与知识的过程。特征提取就是控制从一个或多个成像或非成像信源中提取信息的过程。推理机制把预测特征与提取的特征进行匹配，不确定性处理过程则用于处理不确定的、不明确的或不完全的信息。解决冲突指处理支持相互矛盾假设的信息的过程。

知识存储和检索过程包含感兴趣目标及其分布等参考模型和来源的信息。传感器数据信息提取本质上是发现感兴趣目标的信号或图像的处理过程。推理和匹配过程在任何一级目标表达层次上分析感兴趣的区域，并将其与所选择的各种目标模型匹配。对于给定的各种模型，假设产生过程包含一个索引步骤，确定哪些模型应当与提取的感兴趣图像区域或特征进行比较。过程的初始化、搜索参考模型、维护中间积累的信息、解决矛盾、执行决策门限及终止迭代过程、报告决策结果等都少不了控制。

推理是通过产生假设并试图验证各种可能的假设来完成的，可能还要利用辅助信息。顶层假设在没有具体目标假设下开始特征和数据的搜集，正常状态下，只要一小部分初始提取的特征与证据结合就可触发目标假设的生成。假设生成管理以自上而下的方式从目标假设中生成二级假设，这些二级假设反过来又预测图像中的某些特征。然后，在特征提取所有层次上，推理机制试图通过与随后提取的图像特征进行匹配来验证预测的特征。从下一层假设中得到推论性的证据用于更新和修改目标假设，然后启动另一轮的下一层假设和验证，或确认得到最终检验过的目标假设。认为搜索到目标之后，可开始在图像中搜索其他目标。

从上面叙述的一般过程可以看到，完整地实施基于模型的目标识别方法面临巨大的复杂性，要多次执行图像提取、假设形成和匹配验证的迭代循环。问题或假设一个比一个更直接更详细，直至获得良好的匹配。逐渐累积证据，从而在目标物和非目标物的存在及目标物类型的决策上达到高可信度。可以设想如下的例子，情报“某装甲纵队正沿公路向前方战场移动”——提供了识别任务的说明。依据这一说明信息，识别算法就知道了有许多活跃的坦克热目标以纵队形式移动。算法也许还应了解预期与这些目标遭遇时的天气状况。算法依据某些坦克结构，如表面温度或炮塔与外壳的关系等，产生几种不同的坦克外表假设。在到达目标区时，传感器应识别出按线排列的一些热斑，利用相应滤波算法抑制背景并将热斑从图像中分离出来，输入到匹配过程中。匹配流程在假设模型的误差范围内找出几种长宽比。假设生成模块指示图像提取模块在感兴趣区寻找引擎和排气装置。匹配模块计算图像区域与引擎和排气装置假设匹配度，若在一定的匹配误差允许范围内匹配度很高，就可在图像上进一步寻找与坦克相似的特征。如果匹配过程只得到了引擎匹配证据，那么就要试用其他的候选模型，模型匹配所得的中间证据需要保存。所列假设表在下一次迭代中得到细化和缩减，直至超过决策置信门限或超出处理时间限制，并报告决策结果和置信度[15]。

8.3.6　基于人工神经网络的自动目标识别

人工神经网络与生物、医学研究相关联的历史很长，已有仿神经网络的超大规模集成电路实现的例子。视觉神经网络模型最初用于生物视觉系统模型，模型通过中心结构和周围结构竞争性的相互作用来实现对图像数据对比度的增强。一些模型还与协作式的竞争行为结合在一起实现边缘和轮廓检测。近十余年神经网络在自动目标识别领域也得到了成功应用。

神经网络的研究涉及网络拓扑结构、节点特性、学习和训练规划。一般认为有六种神经网络，如图 8.23 所示，可归纳为连续型输入和二进制(离散型)输入两类，这两类又可进一步分为有监督训练和无监督训练两类。

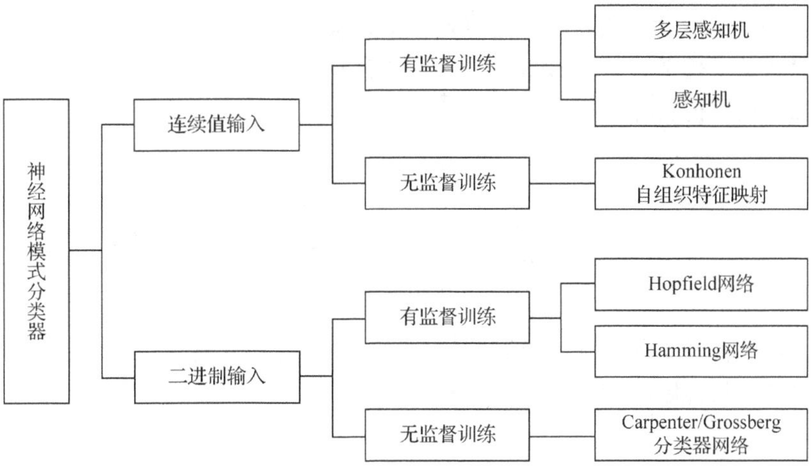

图 8.23　神经网络模式分类器[15]

对于需要大量并行复杂关系计算，又不容易明确编程的部分 ATR 算法(如算法设计者不能明确用于目标分类的最佳特征)，神经网络结构的算法可能最合适。神经网络是数据驱动的，它们一般需要大量的训练数据。对于所支持的算法过程，神经网络结构目前在设计上是非常专用的[15]。

8.4 自动目标跟踪技术

微课

随着计算机和信息技术的飞速发展，成像跟踪技术的应用越来越广泛，已经发展成为一门独立的有强大生命力的学科，在导弹制导、火力控制、卫星测控以及智能交通等方面有着广阔的应用前景，是当前计算机视觉领域的一个研究热点。目标跟踪是对图像序列中的目标进行检测、提取、识别和跟踪，获得目标的位置、速度、加速度等参数，从而进行进一步处理与分析，对运动目标的行为进行分析，以完成更高一级的任务[16]。

8.4.1 基本方法和共性问题

对于目标跟踪问题的处理，总体上有两种思路，一种是自底向上(bottom-up)的处理方法，另一种是自顶向下(top-down)的处理方法。自底向上的处理方法又称为数据驱动(data-driven)方法，这种方法不依赖于先验知识，直接从序列图像中获得目标的运动信息并进行跟踪。自顶向下的处理方法又称为模型驱动(mode-driven)方法，这种方法依赖于所构建的模型或先验知识，在序列图像中进行匹配运算或求解后验概率，实现目标跟踪[16]。

1. 自底向上的目标跟踪方法

自底向上实现目标跟踪的思想以 Marr 的视觉计算理论最具代表性。Marr 认为视觉过程的主要任务是从二维图像中定量地恢复图像所反映的场景中三维物体的形状和空间位置。如图 8.24 所示，自底向上的目标跟踪过程按处理顺序共分三步，第一步是图像预处理，即对获得的图像序列进行降噪或增强，提高图像质量以方便后续处理；第二步为目标检测，采用空域滤波法、帧差法以及背景差法等方法进行目标检测；第三步为目标跟踪，要完成这个任务，首先提取出检测到的目标，其次对该目标进行识别匹配，最后在目标跟踪阶段获得目标的相关运动信息[16]。

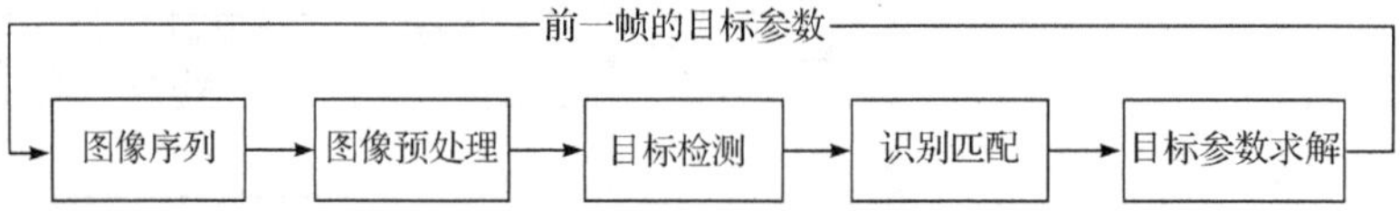

图 8.24 跟踪过程流程图[16]

这种方法的优点是能快速检测并跟踪目标，便于工程实现，目前已有大量实际系统利用该思路解决目标跟踪问题。

2. 自顶向下的目标跟踪方法

自顶向下的目标跟踪方法以 Bar-Shalom 的目标跟踪思想最具代表性，将目标跟踪问题转换为在贝叶斯理论框架下，已知目标状态的先验概率，获得新的测量后不断求解目标状态最大后验概率的过程。也就是说，在贝叶斯理论框架下，将视觉跟踪问题看作“最优猜测”或者“最优推理”的过程，通常采用状态空间法实现视觉跟踪。当系统噪声为高斯分布时，可以利用卡尔曼滤波求解后验概率，如果状态空间是离散的，而且是由有限个状态组成的，则可以使用隐马尔可夫模型进行跟踪。自顶向下的目标跟踪方法利用先验知识对跟踪问题建立模型，然后利用实际序列图像验证模型的正确性。这种方法具有坚实的数学理论基础，可以使用很多数学工具，因此一直是理论界研究视觉跟踪问题的主流方法。但是，先验知识的表述是人工智能中的困难所在，而且人的很多先验知识也很难用数学来表达。此外，通过模型匹配来实现跟踪往往比较费时。

自底向上跟踪和自顶向下跟踪有着各自的优点和缺点。若将自底向上和自顶向下这两种思路结合起来使用，就有可能克服各自缺点，取长补短，实现更为有效的跟踪。

目标检测跟踪的基础就是对动态序列图像的分析，关键是目标检测跟踪的准确性和智能化程度。但是，很多因素会导致图像灰度和内容的变化，如物体本身随着运动变大或变小、摄像机与物体产生相对运动、场景环境的变化等，从而使跟踪的过程变得比较复杂。许多学者在目标跟踪和多目标跟踪领域投入了大量的时间和精力，在理论研究上取得了重大突破，但是还有诸多影响跟踪效果的因素，主要包括：

(1) 初始化。初始化就是在跟踪的起始处发现要跟踪的目标。完整的目标跟踪系统一般包含两个步骤，即目标检测和目标跟踪，而一般讨论某个跟踪算法时主要讨论的是目标跟踪，目标检测作为另外一个图像问题也有很多人在研究。很多研究者采用人机交互的方式对被跟踪目标进行初始化，即用鼠标选择图像中感兴趣的目标完成目标检测和识别功能，这样主要的精力放在跟踪算法的研究中。但是，目标初始化的精确度直接影响到跟踪精度。

(2) 复杂的背景。实际应用中，目标所处的环境千差万别，导致其背景各种各样。在地对空探测跟踪应用中，背景相对简单，但也存在云层等干扰因素，给跟踪问题带来挑战。在空对地跟踪应用中，地面背景有道路、草地、海洋、山地等复杂干扰，条纹状背景会导致基于边缘特征的跟踪算法失效。背景中的物体具有与目标相近的颜色，对基于颜色特征的跟踪方法而言，也是最不利的干扰因素。

(3) 光照变化。同一目标在不同的环境辐射条件下或自身不同温度条件下具有显著的差异，虽然可以采用一些方法来减轻上述变化对算法的影响，但是光照变化仍然是困扰目标跟踪的一个重要问题。光线亮度变化的影响是很多室外跟踪系统中阻碍性能提升的瓶颈因素之一。

(4) 目标的尺度变化和形变。在跟踪过程中目标的平移或者旋转运动，引起与摄像机的距离和相对视角的变化，会造成目标图像的尺度变化和形变。这些变化会造成目标图像表达的非线性变化，从而导致跟踪失败。另外，对于机载和弹载等跟踪平台，因其平台本身不稳定，同样会造成目标的形变，还有位置的变化。

(5) 目标复杂的运动模式。有的目标跟踪算法采用滤波预测算法预测目标在下一个时刻的位置，在目标可能出现的区域内进行局部搜索，当目标具有复杂的运动模式，如目标的运动速度或者方向突然发生改变，不在预测的搜索区域内时，会造成简单滤波预测算法失效，进而造成目标丢失。

(6) 遮挡问题。被跟踪的目标在运动中可能被其他物体(运动或静止的)部分遮挡或全部遮挡，或者被跟踪的多个目标互相遮挡。遮挡是造成目标图像表达突然变化的重要原因之一，并且这种变化具有突然性和不连续性，从而容易导致跟踪算法的失效。因此，它是目标跟踪算法必须解决的问题。虽然许多学者针对各种算法提出了不同的改进措施，但遮挡问题仍然是目标跟踪需要面对的一个重要挑战[16]。

8.4.2 经典自动目标跟踪算法

经典自动目标跟踪算法有质心跟踪、边缘跟踪、相关跟踪、Mean-shift、粒子滤波以及跟踪-学习-检测(tracking-learning-detection，TLD)算法等。这些算法按照其工作原理又可以归类为基于检测的跟踪算法、基于匹配的跟踪算法、基于滤波的跟踪算法以及组合跟踪算法等。基于检测和基于匹配的跟踪算法属于自下而上的算法，无需先验知识，直接从图像得到目标信息，建立目标模型，根据目标模型确定其在图像中的具体位置，从而完成对目标的跟踪。基于滤波的跟踪算法属于自上而下的算法，主要处理目标的动态特性，通过对场景中先验知识的学习，对不同的假设进行评价完成目标跟踪。基于滤波的方法能够根据目标的运动信息预测目标的位置，滤波方法的引入有利于增强跟踪算法的鲁棒性。组合跟踪算法是将多种算法组合在一起实现对目标的鲁棒、精确跟踪。这类算法的典型代表有TLD算法，该算法将传统跟踪算法和传统检测算法相结合来解决被跟踪目标在被跟踪过程中发生的形变、部分遮挡等问题。同时，通过一种改进的在线学习机制不断更新跟踪模块的“显著特征点”和检测模块的目标模型及相关参数，从而使得跟踪更加稳定可靠。

自动目标跟踪过程可以分为目标表示模型、目标匹配度量、目标搜索、目标模型更新等阶段，各阶段的常用方法如图 8.25 所示[16]。

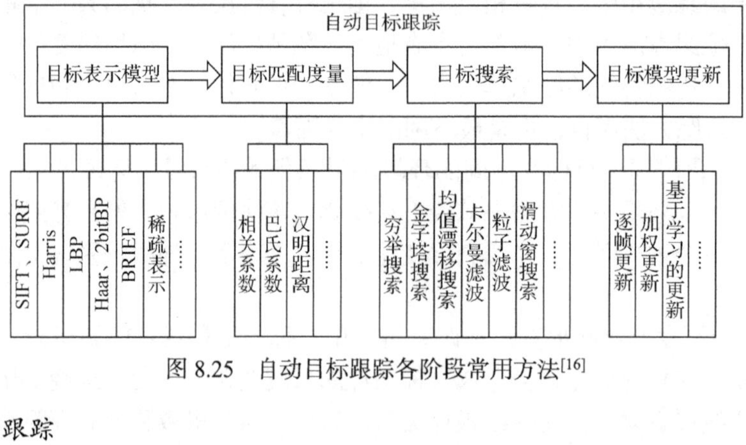

图 8.25 自动目标跟踪各阶段常用方法[16]

1. 质心跟踪

把目标图像看成一块密度均匀的薄板，这样求出的重心即为目标的质心。质心的位置是目标上的一个确定点，当目标姿态变化时，这个点位置变动较小，所以用质心跟踪方法对目标进行跟踪时，跟踪比较平稳，而且抗杂波干扰能力强。目标质心的定义如式(8.53)和式(8.54)所示：

$$\bar{x}=\frac{\iint_{\Omega} x\cdot p(x,y)\mathrm{d}x\mathrm{d}y}{\iint_{\Omega} p(x,y)\mathrm{d}x\mathrm{d}y} \tag{8.53}$$

$$\bar{y}=\frac{\iint_{\Omega} y\cdot p(x,y)\mathrm{d}x\mathrm{d}y}{\iint_{\Omega} p(x,y)\mathrm{d}x\mathrm{d}y} \tag{8.54}$$

式中，积分区域Ω为跟踪窗区域；$(\bar{x},\bar{y})$为目标质心坐标。如图 8.26 所示，一个经二值化处理后的目标图像 O 被框在跟踪窗Ω内，目标图像 O 内像素值为 1，目标图像 O 外的像素值为 0，即

$$p_i=\begin{cases}1, & (x_i,y_i)\in O\\ 0, & \text{其他}\end{cases} \tag{8.55}$$

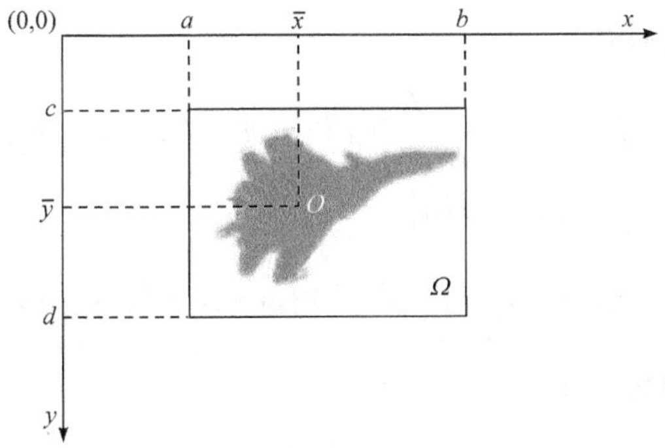

图 8.26　质心跟踪[16]

离散目标图形的质心计算方法如式(8.56)和式(8.57)所示：

$$\bar{x}=\frac{\sum_{\Omega} x_i\cdot p_i}{\sum_{\Omega} p_i} \tag{8.56}$$

$$\bar{y}=\frac{\sum_{\Omega} y_i\cdot p_i}{\sum_{\Omega} p_i} \tag{8.57}$$

质心跟踪方法的最大优点就是计算速度快，适用于目标单一、背景简单的场景，在夜晚恒星标校中经常使用；其缺点是当背景稍微复杂时，很容易受背景干扰[16]。

2. 相关跟踪

在众多成像跟踪算法中，相关跟踪算法具有对场景图像质量要求不高，可实现低信噪比条件下对目标的稳定跟踪，能适应较复杂场景结构的目标和背景，具有较强的抗干

扰能力等特点。所以，相关跟踪在红外或可见光成像的目标跟踪系统中是极其常用的一种跟踪方式。它的基本思想是将包含目标的基准图像在实时图像上以不同的偏移值平移，通过计算两幅图像之间的相关度判断目标在实时图像中的位置。这个过程也称为“模板匹配”，一般采用穷举搜索法，即遍历目标周围的邻域位置，寻找最匹配的位置。在实际应用中，为提高匹配速度，也常采用序贯相似性检测算法(sequential similarity detection algorithm，SSDA)、金字塔搜索等快速算法。

用于描述目标“模板”的是目标某些特征量的集合，根据对先验知识的利用率，将其分为三种。第一种是图像部分区域的像素点灰度构成的模板；第二种是图像的边缘特征构成的模板，以轮廓为代表；第三种是图像的高层特征模板，一般具有语义性质，且符合人类的某些视觉特性，如小波特征等。模板匹配就是将一帧图像中的某一些像素点的灰度值或者某些特征的集合作为“模板”，在下帧图像中搜索相同或相似的部分进行匹配，进而求解目标的运动参数。

1) 相似性度量

使用目标模板与图像部分区域做匹配，首先要进行相似性度量，常用的相似性度量方法有如下几种。

(1) 最小均方误差(MSE)：

$$\mathrm{MSE}(i,j)=\frac{1}{M\times N}\sum_{m=1}^{M}\sum_{n=1}^{N}\left[T(m,n)-F(m+i,n+j)\right]^2 \tag{8.58}$$

(2) 最小平均绝对差值(MAD)函数：

$$\mathrm{MAD}(i,j)=\frac{1}{M\times N}\sum_{m=1}^{M}\sum_{n=1}^{N}\left|T(m,n)-F(m+i,n+j)\right| \tag{8.59}$$

(3) 最大匹配像素(MPC)统计：

$$\mathrm{MPC}(i,j)=\sum_{m=1}^{M}\sum_{n=1}^{N}N(i,j) \tag{8.60}$$

式中，$N(i,j)=\begin{cases}1, & \left|T(m,n)-F(m+i,n+j)\right|\leqslant t\\ 0, & \text{其他}\end{cases}$，$t$ 为阈值。

(4) 归一化互相关(NC)函数，包括两种形式，分别是

$$\mathrm{NC}(i,j)=\frac{\sum_{m=1}^{M}\sum_{n=1}^{N}T(m,n)F(m+1,n+j)}{\sqrt{\sum_{m=1}^{M}\sum_{n=1}^{N}T^2(m,n)\sum_{m=1}^{M}\sum_{n=1}^{N}F^2(m+i,n+j)}} \tag{8.61}$$

$$\mathrm{ZNC}(i,j)=\frac{\sum_{m=1}^{M}\sum_{n=1}^{N}\left[T(m,n)-\overline{T}\right]\left[F(m+1,n+j)-\overline{F}(i,j)\right]}{\sqrt{\sum_{m=1}^{M}\sum_{n=1}^{N}\left[T(m,n)-\overline{T}\right]^2\sum_{m=1}^{M}\sum_{n=1}^{N}\left[F(m+1,n+j)-\overline{F}(i,j)\right]^2}} \tag{8.62}$$

式中，$\overline{T}=\frac{1}{M\times N}\sum_{m=1}^{M}\sum_{n=1}^{N}T(m,n)$；$\overline{F}(i,j)=\frac{1}{M\times N}\sum_{m=1}^{M}\sum_{n=1}^{N}F(m+i,n+j)$。

其中，MSE、MAD 和 MPC 方法实现比较简单，运算量也较小，但对光照的变化很敏感，而 NC 和 ZNC 方法对灰度的线性变化不敏感，但是计算量较大。

2) 匹配量的搜索

定义模板以后，需要寻找目标的最佳状态估计。一般认为，最佳状态估计就是当前帧图像中与模板最相似的部分。以平移运动模型为例，若原图像大小为 $M \times N$，以目标中心为原点，T_X和 T_Y分别是 X 方向和 Y 方向坐标，则(T_X, T_Y)构成了 $M \times N$ 的运动参数空间 $E(i, j)$，$i = 1, 2, \cdots, M$，$j = 1, 2, \cdots, N$，此空间描述了目标所有的可能状态(不包括目标脱离视场的情况)。跟踪过程就是在参数空间 $E(i, j)$中寻找一个最佳的匹配点，进而得到最佳的运动参数估计值。

传统的穷举搜索方法遍历参数空间 $E(i, j)$的所有点，需进行 $M \times N$ 次匹配，计算量极大。通常采用预测的方法，把上一帧目标的参数作为当前帧目标参数的预测值，在该值的邻域中逐点进行穷举搜索。现实操作中，为了使计算变得简单，可采用菱形搜索、三步搜索及金字塔多分辨率搜索等快速搜索方法，但这些方法得到的结果有时是次优的，而不是最优的匹配结果。

以上介绍的搜索方法的本质是峰值/谷值搜索，也就是说相关函数达到峰值或谷值时，搜索到的目标与模板“最相似”，此时的目标参数就是最佳的参数。前帧与后帧之间传递的信息只有该“最相似”点的信息，在帧内计算与帧间预测时，其他相关值小于峰值或大于谷值点的信息都没有被合理利用[16]。

3. 基于自适应相关滤波的目标跟踪方法

传统相关跟踪算法采用滑窗相关匹配的方式进行目标跟踪，计算与图像滤波的原理完全一致，都是滤波模板在整幅图像上遍历一次，每一个遍历点都有一个对应的响应值，即图像经过滤波模板对每个像素点加权处理过的结果。同理，相关匹配也是遍历完整图像后得到相关模板在整幅图像每一点的相关系数。为提高计算速度，对输入图像作傅里叶变换，可将空域的卷积运算转换为频域的乘运算，过程如图 8.27 所示。在对图像

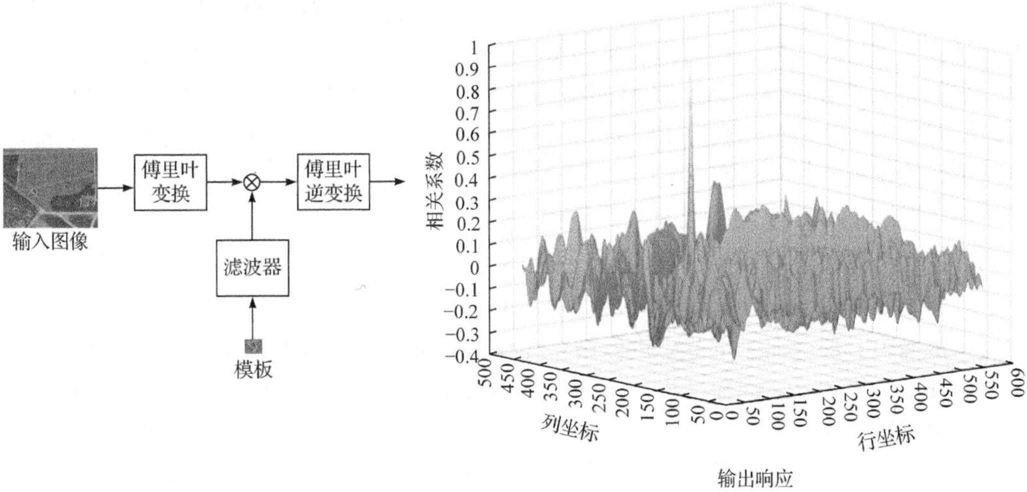

图 8.27 传统相关跟踪算法示意图

进行滤波前，需对模板图像进行延拓，将模板图像大小扩大到与输入图像大小一致，这里将模板图像边缘补 0，再将其与输入图像做卷积运算，计算结果做逆傅里叶变换获得整幅图像各个点的相关响应值，最后通过查找最大响应值所对应的位置获得目标的最新位置。

1) 相关滤波

循环矩阵是一种特殊形式的 Toeplitz 矩阵，其行向量每个元素都是由前一个行向量各个元素依次右移一位得到。由于循环矩阵的这个性质，可以将其用在向量的卷积上。循环矩阵在离散傅里叶变换方面有着较多应用，将循环矩阵的性质运用到图像滤波方面可以大幅提升运算速度。设一维 $n\times1$ 向量 $\boldsymbol{u}$ 的循环矩阵 $\boldsymbol{C}(\boldsymbol{u})$为

$$\boldsymbol{C}(\boldsymbol{u})=\begin{bmatrix} u_0 & u_1 & \cdots & u_{n-1} \\ u_{n-1} & u_0 & \cdots & u_{n-2} \\ \vdots & \vdots & & \vdots \\ u_1 & u_2 & \cdots & u_0 \end{bmatrix} \tag{8.63}$$

循环矩阵的优秀性质，使其可方便地被用于计算向量的卷积，并且在存储循环矩阵 $\boldsymbol{C}(\boldsymbol{u})$时，只需存储向量 $\boldsymbol{u}$。循环矩阵的性质还能大幅提高卷积运算的计算速度。根据卷积的性质，空间相关可以用一个函数的傅里叶变换与另一个函数傅里叶变换的复共轭乘积的傅里叶逆变换得到，设 $\boldsymbol{v}$ 是 $n\times1$ 的向量，向量 $\boldsymbol{u}$ 和 $\boldsymbol{v}$ 的相关可表示为循环矩阵 $\boldsymbol{C}(\boldsymbol{u})$ 同 $\boldsymbol{v}$ 的向量积，即

$$\boldsymbol{C}(\boldsymbol{u})\boldsymbol{v}=F^{-1}\left[F^{*}(\boldsymbol{u})\cdot F(\boldsymbol{v})\right] \tag{8.64}$$

式中，$\cdot$ 表示矩阵的阿达玛(Hadamard)乘积；F 和 F^{-1} 分别表示傅里叶变换和傅里叶逆变换；*表示复共轭。由于循环矩阵的和、积以及逆均是循环矩阵，其适用范围很宽，并且计算过程中只需存储一个矩阵，节省了大量内存空间。

为简单起见，上述的向量 $\boldsymbol{u}$ 和 $\boldsymbol{v}$ 可视为一维向量。下面分析以上性质对于二维图像的适用性。二维向量的循环卷积涉及循环矩阵的块循环、二维傅里叶变换等性质。有文献证明了循环矩阵的性质同样适用于二维向量，从而将循环卷积的性质运用到了图像处理领域。二维向量的循环移动指向量的行或列的循环移动，这就类似于目标跟踪问题中目标搜索时的滑窗搜索方式，能够遍历搜索范围内的所有可能目标，再运用卷积的性质，同时结合快速傅里叶变换(FFT)和快速傅里叶逆变换(IFFT)，可大幅减少模板匹配的计算量，使模板匹配实时实现。

循环矩阵还有一些性质很有用。例如，循环矩阵 $\boldsymbol{C}(\boldsymbol{u})$的第 i 个行向量可以表示成 $\boldsymbol{P}^{i}\boldsymbol{u}$，其中 $\boldsymbol{P}$ 为置换矩阵，表示每次对向量 $\boldsymbol{u}$ 循环移位 1 个元素，$\boldsymbol{P}^{i}$ 表示循环移位 i 次。设输入图像样本为 x，则对该输入图像做循环移位得到图像 x^{i}，$x^{i}=\boldsymbol{P}^{i}x$，这就等价于将样本图像中心部分在一定范围内做滑窗操作，目标能够遍历整个匹配区域。然而，由于图像样本边缘的不连续性，当对图像做循环移位后，图像上会出现明显的分割线，仅使用非重叠矩形窗来选取信号并不是最佳选择，因为边缘的不连续性会导致频域的噪声变大，从而使频域处理出现问题。因此，一般信号在局部窗口的边缘上都要采用诸如余弦窗或汉明窗平滑抑制到零，如此图像循环移位后也具有较好的连续性，并且这也等价

于对输入图像进行加权处理，即输入图像离目标中心越近就赋予越大的权值，消除边缘不连续带来的影响。处理过程和效果如图 8.28(b)、(d)～(g)所示。

(a) 目标区域图像　(b) 加权后的图像　(c) 理想输出响应　(d) 向左上循环移位的图像　(e) 向左下循环移位的图像

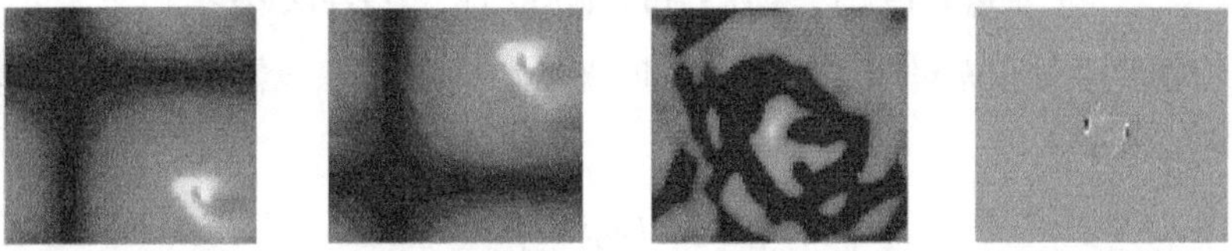

(f) 向右下循环移位的图像　(g) 向右上循环移位的图像　(h) 实际输出响应　(i) 滤波器模块频谱

图 8.28　相关滤波各处理流程的中间结果[16]

2) 基于相关滤波的目标跟踪方法

相关跟踪中如果目标一直不发生明显变化，没有相似物的干扰，那么跟踪效果会很好，但是如果跟踪过程中出现目标姿态变化、被完全或部分遮挡、光照变化等干扰时，跟踪器就很难将目标、背景区分开，从而导致跟踪失败。传统的相关跟踪在空间域进行处理，计算量很大，当目标搜索区域大到一定程度时，将无法满足实时性要求。然而，运用卷积定理，时域的卷积运算就转化为频域的点对点乘积运算，这样就大大减少了运算量，同时再应用快速傅里叶变换，目标跟踪的实时性就完全可以得到保证。

在模板匹配中，如果目标不发生明显的变化，用模板可以很好地匹配上目标。但是多数情况下，目标总是在不断变化，并且环境亮度的变化也会影响到目标匹配的效果，图像中的相似物干扰也会对模板匹配产生大的影响。以上几种情况可能都会导致模板匹配算法的区分度降低。

基于滤波的目标跟踪方法首先用样本训练获得的滤波器得到目标模型，目标是通过第一帧人工选择的跟踪框的位置确定的。目标确定之后，跟踪和目标滤波器的训练同时进行。下一帧中的目标跟踪是用当前帧训练得到的滤波器与目标搜索区域做相关运算获得的，相关输出结果最大值的位置即为所要跟踪的目标位置。同时，新位置确定后，根据当前新位置信息训练新的滤波器模板。为使跟踪速度更快，相关运算在傅里叶域用快速傅里叶变换进行。首先，计算输入图像 f 的二维傅里叶变换，同理，计算滤波器的二维傅里叶变换，然后求二者的 Hadamard 乘积，计算结果再用傅里叶逆变换转换到空间域。算法的关键在于傅里叶变换和傅里叶逆变换。由于图像卷积时要用到图像的周期延拓，本质上就是用滑窗法遍历图像的所有像素，将图像用上述的方法做余弦窗加权以保证图像边缘的连续性。余弦窗加权之前，先用对数函数将像素值映射到 0～1，这样有利于对低对比度图像的处理。

图 8.28 为基于相关滤波的目标跟踪方法处理过程中目标区域的状态以及所用信息。为训练获得更好的滤波器模板，需要一定数量的输入图像和输出响应信息，设输入训练

图像为 f_i，期望输出相关系数为 $\boldsymbol{g}_i$， $\boldsymbol{g}_i$ 可以是任意合理的输出函数。例如，用式(8.65)表示的二维高斯函数(函数响应见图 8.28(c))。

$$\boldsymbol{g}_i(x,y)=\exp\left[-\frac{(x-x_i)^2+(y-y_i)^2}{\sigma^2}\right] \tag{8.65}$$

式中，(x_i,y_i) 为目标位置；σ 为方差，该参数控制系统对响应噪声的容限。

设输入图像为 f，滤波器为 h，则有

$$\boldsymbol{g}(x,y)=(f*h)(x,y)=F^{-1}[\boldsymbol{F}(w,v)\cdot\boldsymbol{H}(w,v)] \tag{8.66}$$

式中，$\boldsymbol{F}$、$\boldsymbol{H}$ 分别为 f 和 h 对应的二维傅里叶变换。为求得滤波器的表达式，根据相关和卷积运算的关系可得

$$\boldsymbol{G}(w,v)=\boldsymbol{F}(w,v)\cdot\boldsymbol{H}^*(w,v) \tag{8.67}$$

则滤波器 $\boldsymbol{H}$ 可表示为

$$\boldsymbol{H}^*(w,v)=\frac{\boldsymbol{G}(w,v)}{\boldsymbol{F}(w,v)} \tag{8.68}$$

式中除法表示矩阵对应元素的除。

为获得最优的滤波器 $\boldsymbol{H}$，使得输出响应接近期望响应函数，通过计算使实际输出响应和期望输出响应的误差平方和最小的滤波器 $\boldsymbol{H}$，即

$$\boldsymbol{H}=\arg\min_{H}\sum\left|\boldsymbol{F}_i\cdot\boldsymbol{H}^*-\boldsymbol{G}_i\right|^2 \tag{8.69}$$

在实际的目标跟踪任务中，目标的位置通常不会一直处于搜索区域的中心，输出矩阵 $\boldsymbol{g}_i$ 的峰值会随着目标的运动而移动，从而导致输出矩阵 $\boldsymbol{g}_i$ 可能并不是理想的二维高斯曲面，而是其他形状，特别是在多目标跟踪中，$\boldsymbol{g}_i$ 会有多个峰值。

式(8.69)中，$\boldsymbol{F}_i$ 和 $\boldsymbol{G}_i$ 分别为输入图像和其对应的理想输出响应的频域表示。由于该函数为含有复变量的函数，而且方程是在傅里叶域中两个矩阵对应元素进行计算的，所以滤波器 $\boldsymbol{H}$ 的每一个元素都能够独立计算得到，因此该问题就由一个多变量的优化问题转化为求 $\boldsymbol{H}$ 的各个元素的最优问题。为求得最优滤波器 $\boldsymbol{H}$，将式(8.69)对 $\boldsymbol{H}^*$ 求偏导，令结果为 0，得到

$$\frac{\partial}{\partial\boldsymbol{H}^*}\sum_i\left|\boldsymbol{F}_i\cdot\boldsymbol{H}^*-\boldsymbol{G}_i\right|^2=0 \tag{8.70}$$

这里设 $\boldsymbol{H}$ 和 $\boldsymbol{G}$ 的 w 行和 v 列对应元素分别为 H_{wv} 和 G_{wv}，此时式(8.69)和式(8.70)分别可以变为式(8.71)和式(8.72)，分别求单个元素的表达式：

$$H_{wv}=\min_{H_{wv}}\sum_i\left|\boldsymbol{F}_{iwv}\cdot\boldsymbol{H}_{wv}^*-\boldsymbol{G}_{iwv}\right|^2 \tag{8.71}$$

$$\frac{\partial}{\partial H_{wv}^*}\sum_i\left|\boldsymbol{F}_{iwv}\boldsymbol{H}_{wv}^*-\boldsymbol{G}_{iwv}\right|^2=0 \tag{8.72}$$

由于 $\boldsymbol{H}$ 为一个复变量矩阵，所以式(8.72)可改写为

$$\frac{\partial}{\partial H_{wv}^*}\sum_i (F_{iwv}H_{wv}^* - G_{iwv})(F_{iwv}H_{wv}^* - G_{iwv})^* = 0 \tag{8.73}$$

将式(8.73)展开得

$$\frac{\partial}{\partial H_{wv}^*}\sum_i \left[(F_{iwv}H_{wv}^*)(F_{iwv}H_{wv}^*)^* - (F_{iwv}H_{wv}^*)G_{iwv}^* - G_{iwv}(F_{iwv}H_{wv}^*)^* + G_{iwv}G_{iwv}^* \right] = 0 \tag{8.74}$$

式(8.74)求偏导，则

$$\sum_i \left(F_{iwv}F_{iwv}^* H_{wv} - F_{iwv}G_{iwv}^* \right) = 0 \tag{8.75}$$

由式(8.75)可计算出 H_{wv} 的表达式：

$$H_{wv} = \frac{\sum_i G_{iwv}F_{iwv}^*}{\sum_i F_{iwv}F_{iwv}^*} \tag{8.76}$$

根据以上推导，式(8.70)计算得到的滤波器的表达式为

$$H^* = \frac{\sum_i G_i \times F_i^*}{\sum_i F_i \times F_i^*} \tag{8.77}$$

3) 滤波器的在线学习更新

前面已经将最佳滤波模块 $\boldsymbol{H}$ 计算出来，随着跟踪的进行，目标、背景信息都在发生变化，当前帧中目标的参数可能和初始化时的参数完全不同，如果不对目标的模板信息进行更新，当图像中目标变化到一定程度时，就不能实现对目标的准确跟踪。针对目标和场景的不断变化，需要适时对滤波器模型进行更新，考虑到目标运动过程中参数的不断变化，并且当前帧之前的所有参数都会对当前参数产生影响，可以采用适当的滤波器模型在线学习更新机制，当跟踪器跟踪到当前帧目标后，用当前帧的信息训练滤波器模型，使滤波器能够适应目标的变化。

当只有一个输入训练图像 $\boldsymbol{F}_i$ 和一个理想输出 $\boldsymbol{G}_i$ 时，计算出来的滤波器误差为 0，该滤波器称为确定滤波器，可用式(8.78)求得

$$\boldsymbol{H}^* = \frac{\boldsymbol{G}_i}{\boldsymbol{F}_i} = \frac{\boldsymbol{G}_i \cdot \boldsymbol{F}_i^*}{\boldsymbol{F}_i \cdot \boldsymbol{F}_i^*} \tag{8.78}$$

确定滤波器对于当前帧图像的滤波效果非常好，然而当新的一帧图像到来时，通常确定模板滤波器会匹配失败，由此 Bolme 等在文献[17]中提出了求多帧图像滤波器模板的平均，根据引导聚合(bootstrap aggregation，Bagging)理论[18]，通过平均多个弱分类器的分类结果可以得到一个分类效果很好的强分类器。Bolme 用了类似的方法计算滤波器模板，即

$$\boldsymbol{H}^* = \frac{1}{N}\sum_i \frac{\boldsymbol{G}_i \cdot \boldsymbol{F}_i^*}{\boldsymbol{F}_i \cdot \boldsymbol{F}_i^*} \tag{8.79}$$

当 $N = 1$ 时，该滤波器就为固定滤波器模板。需要说明的是，当训练样本数目较小

时，该算法效果并不稳定，因为在这种情况下，式(8.79)中分母接近于 0，此时该式的计算结果不稳定。当训练样本数量足够大时，该问题就能很好地得到解决，输出的滤波器就较为稳定。对于频率能量低的图像，可以采用规则化方法求取稳定的滤波器，即在频谱能量上加上一个固定的值，也就是用 $\boldsymbol{F}_i \cdot \boldsymbol{F}_i^* + \varepsilon$ 替换 $\boldsymbol{F}_i \cdot \boldsymbol{F}_i^*$，其中 ε 为规则化因子。向训练图像的背景噪声增加能量谱可使训练出的滤波器具有更高的抗噪能力，这里向能量谱中加 ε 就等价于给训练图像增加一定的白噪声。

式(8.77)和式(8.79)描述了初始化过程中滤波器模板的建立方法，也可在初始帧中增加随机扰动生成若干(如 8)幅随机仿射变换的图像 f_i，以此作为初始化训练集，初始输出响应 g_i 根据每帧图像中目标对应的位置生成理想尖峰响应。跟踪过程中，由于目标的状态会发生诸如旋转、尺度、姿态以及光照等变化，所以滤波器要随着目标的变化而不断更新，可以每一帧都更新滤波器，也可按照其他策略更新滤波器。设当前图像是第 i 帧，更新算法如式(8.80)所示：

$$\boldsymbol{H}_i^* = \eta \frac{\boldsymbol{G}_i \cdot \boldsymbol{F}_i^*}{\boldsymbol{F}_i \cdot \boldsymbol{F}_i^*} + (1-\eta)\boldsymbol{H}_{i-1}^* \tag{8.80}$$

式中，η 为学习因子。该算法将滤波器 $\boldsymbol{H}$ 作为一个整体去更新，而没有考虑理想输出和输入图像的状态，也可以采取另一种学习更新策略，即

$$\boldsymbol{H}_i^* = \frac{\boldsymbol{A}_i}{\boldsymbol{B}_i} \tag{8.81}$$

式中，$\boldsymbol{A}_i$ 和 $\boldsymbol{B}_i$ 的表达式分别为

$$\boldsymbol{A}_i = \eta \boldsymbol{G}_i \cdot \boldsymbol{F}_i^* + (1-\eta)\boldsymbol{A}_{i-1} \tag{8.82}$$

$$\boldsymbol{B}_i = \eta \boldsymbol{F}_i \cdot \boldsymbol{F}_i^* + (1-\eta)\boldsymbol{B}_{i-1} \tag{8.83}$$

学习因子能够控制当前帧的影响，如果学习因子较大，那么当前帧所起的作用比较大，反之当前帧所起作用比较小。一般学习因子较小，这样就能使先前数据起更大的作用，而当前帧数据所起的作用被弱化，并且随着时间的推移，先前数据的影响会越来越小，因此即使目标被遮挡，短时间内滤波器参数也不会发生较大变化，目标出现后还能够再次找到目标。算法 8.2 为滤波器在线学习更新算法的具体步骤。

算法 8.2 滤波器在线学习更新算法[16]

输入： 样本图像 f；理想期望响应 g；学习因子 η

1: for $i = 1$: frame
2: $\boldsymbol{F}_i = \mathrm{FFT}(f_i)$
3: $\boldsymbol{G}_i = \mathrm{FFT}(g_i)$
4: if i=1
5: $\boldsymbol{H}^* = \frac{1}{N}\sum_i \frac{\boldsymbol{G}_i \cdot \boldsymbol{F}_i^*}{\boldsymbol{F}_i \cdot \boldsymbol{F}_i^*}$

6:　　else

7:　　　$\boldsymbol{A}_i = \eta \boldsymbol{G}_i \cdot \boldsymbol{F}_i^* + (1-\eta)\boldsymbol{A}_{i-1}$

8:　　　$\boldsymbol{B}_i = \eta \boldsymbol{F}_i \cdot \boldsymbol{F}_i^* + (1-\eta)\boldsymbol{B}_{i-1}$

9:　　　$\boldsymbol{H}_i^* = \dfrac{\boldsymbol{A}_i}{\boldsymbol{B}_i}$

10:　　　$\boldsymbol{G}_i = \boldsymbol{F}_i^* \cdot \boldsymbol{H}^*$

11:　　　$\boldsymbol{g}_i = \mathrm{IFFT}(\boldsymbol{G}_i)$

12:　　end if

13: end for

输出：*H*

8.5　智能目标检测、识别与跟踪技术

随着深度学习理论与技术、并行处理器体系结构以及集成电路的发展，深度学习越来越广泛地应用于目标检测、识别与跟踪领域。

8.5.1　深度学习在目标检测与识别中的应用

目标检测与识别作为计算机视觉领域中最根本也是最具有挑战性的问题之一，近年来受到广泛关注。作为计算机视觉领域的一项重要任务，目标检测与识别通常需要完成的是提供图像中某类视觉对象的具体位置，此外，目标检测与识别也是实例分割、图像描述生成、目标跟踪等任务的重要环节。

深度学习模型具有强大的表征和建模能力，通过监督或非监督的训练方式，能够逐层、自动地学习目标的特征表示，实现对物体层次化的抽象和描述[19]。深度学习技术首先在语音识别领域取得了突破性进展[20]。在图像识别领域，Krizhevsky 等[21]于 2012 年构建深度卷积神经网络，在大规模图像分类问题上取得了巨大成功。随后在目标检测与识别任务中，深度学习方法也超越了传统方法。

目前，应用于图像识别和分析研究的深度学习模型主要包括堆叠自动编码器(stacked auto-encoder，SAE)[22]、深度置信网络(deep belief network，DBN)[23-24]和卷积神经网络(convolutional neural network，CNN)[25]等。SAE 模型的实质是多个自动编码器(auto encoder，AE)的堆叠。一个自动编码器由编码器和解码器两部分组成，能够尽可能地复现输入信号。作为一种无监督学习的非线性特征提取方法，其输出与输入具有相同的维度，隐藏层则被用来进行原始数据的特征表示或编码。SAE 模型将前一层自动编码器的输出作为后一层自动编码器的输入，逐层地对自动编码器进行预训练，然后利用 BP 算法对整个网络进行微调。基于 SAE 的扩展模型有很多，如堆叠去噪自动编码器(stacked denoising auto-encoder，SDA)[26]、堆叠卷积自动编码器(stacked convolutional auto-encoders，SCAE)[27]。

DBN 类似于 SAE，它的基本单元是受限玻尔兹曼机(restricted Boltzmann machine，RBM)，整个网络的训练分为两个阶段，分别是预训练和全局微调。首先以原始输入为可视层，训练一个单层的 RBM，该 RBM 训练完成后，其隐层输出作为下一层 RBM 的输入，继续训练下一层 RBM。依此类推，逐层训练，直至将所有 RBM 训练完成。通过这种贪婪式的无监督训练，整个 DBN 模型得到一个比较好的初始值，然后加入数据标签对整个网络进行有监督的微调，进一步改善网络性能[19]。

CNN 是图像和视觉识别中的研究热点，近年来取得了丰硕成果。CNN 通常包含卷积层、池化层和全连接层。卷积层通过使用多个滤波器与整个图像进行卷积，可以得到图像的多个特征图表示；池化层实际上是一个下采样层，通过求局部区域的最大值或平均值来达到降采样的目的，进一步减少特征空间；全连接层用于进行高层推理，实现最终分类。CNN 的权值共享和局部连接大大减少了参数的规模，降低了模型的训练复杂度，同时卷积操作保留了图像的空间信息，具有平移不变性和一定的旋转、尺度不变性。2012 年，Krizhevsky 等[21]将 CNN 模型用于 ImageNet 大规模视觉识别挑战赛的图像分类问题，使错误率大幅降低，在国际上引起了对 CNN 模型的高度重视，也因此推动了目标视觉检测与识别的研究进程。

8.5.2 深度学习在目标跟踪中的应用

深度学习在目标跟踪中得到了成功应用。根据跟踪机制的不同，基于深度学习的目标跟踪算法大致可以分为两类，一类是基于深度学习特征的目标跟踪算法，这类方法没有改变目标跟踪问题的传统解决框架，只是采用深度神经网络对目标进行特征提取；另一类是面向目标跟踪的深度学习网络，这类方法不仅使用深度神经网络对目标进行特征提取和表示，而且提出了专门针对目标跟踪问题的端到端网络，不需要对网络的输出做后处理。

1. 基于深度学习特征的目标跟踪算法

在目标跟踪任务中，最常被使用的模型主要是栈式自编码器和卷积神经网络[28]。基于深度卷积特征的相关跟踪算法在近年来的国际视觉跟踪(visual object tracking，VOT)竞赛中一直表现优异，这源于深度卷积神经网络强大的表征学习能力和特征泛化能力。与其他基于深度学习的跟踪算法一样，此类算法需要较大的计算量，难以满足较高的实时性需求。另外，目前的 CNN 特征预训练往往来自 ImageNet 等大规模的图像识别数据库，建立一个针对目标跟踪问题且适合做深度学习训练的大规模数据库，以获得理想的预训练效果是一个值得关注的问题[28]。

2. 面向目标跟踪的深度学习网络

虽然基于深度学习网络提取特征的目标跟踪算法取得了十分优异的成果，学者们仍然希望设计出专门针对目标跟踪问题的深度学习网络，得到计算量小、精准度更佳的目标跟踪算法。

多域卷积神经网络[29]是 2015 年 VOT 比赛的“冠军”，该方法设计了一个专门针对跟踪图像序列特性的卷积神经网络，并为不同的视频或图像序列构建了不同的全卷积层，通过多次迭代训练得到跟踪视频图库中的共性深度卷积特征。多域卷积神经网络的原理如图 8.29 所示。

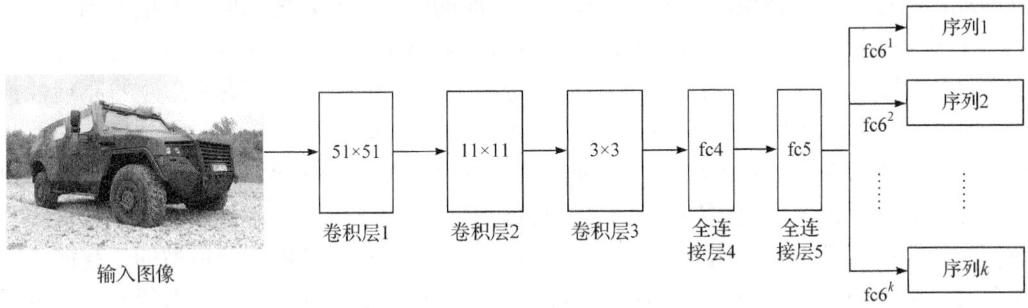

图 8.29　多域卷积神经网络原理示意图

和大部分判别式模型一样，多域卷积神经网络将跟踪看作二分类问题，缺乏应对误差累积效应的机制。为了缓解判别式模型带来的误差累积效应，Nam 等[30]提出了一种针对目标跟踪问题的树形深度卷积神经网络算法。如图 8.30 所示，树形卷积神经网络考虑了多个卷积神经网络，用它们的线性加权组合来确定目标的位置。该模型每 10 帧增加 1 个卷积神经网络作为新节点，从之前的卷积神经网络集合中选择可靠性最高的作为自己的父节点，并逐层更新父节点的全连接层权重，同时删去最旧的卷积神经网络节点。树形卷积神经网络是 2016 年 VOT 比赛的“冠军”，但由于庞大的计算量，其实时性不佳。

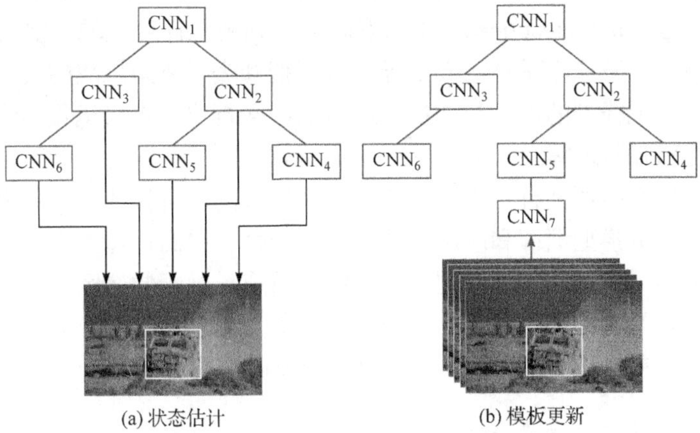

图 8.30　树形结构的卷积神经网络的状态估计与模板更新过程

8.5.3　目标探测、识别与跟踪技术的发展方向

1. 目标探测识别技术的未来发展方向

近年来，由于深度学习技术的迅猛发展和应用，目标检测与识别方法研究取得了很大的进展。在未来较长的时间内，基于深度学习的目标检测与识别方法研究仍然是该领域的主流方向。不同于传统利用手工特征的方法可能忽视掉一些重要的特征信息，深度

学习方法可以通过端到端训练自动学习与任务相关的特征，通过多层非线性变换获得图像的高层次抽象表示。尽管深度学习在目标检测与识别领域取得了一定成功，但是还存在一些问题。一是深度学习理论还不完善。将深度学习模型应用于目标检测时还缺乏足够的理论支撑，学习模型的可解释性较弱。目前的研究通常是把深度学习模型当作一个黑盒子来直接使用，对于如何选择和构建模型、如何确定模型的深度以及深度学习的本质等基本问题还没有给出很好的解释。理论的不完善导致研究时缺乏充分的原理性指导，在设计新的模型时往往只能凭借经验和运气。因此，必须进一步完善深度学习理论，为改进模型结构、加速模型训练和提高检测效果等提供指导。二是大规模多样性数据集还很缺乏。深度学习模型主要是数据驱动的，依赖于大规模多样性的标记数据集。对一个特定的任务，增加训练数据的规模和多样性可以提高深度学习模型的泛化能力，避免过拟合。但是，目前缺乏可用于目标检测的大规模多样性数据集，即便是最大的公共数据集也只提供了很有限的标记类型。人工采集和标注含有大量目标类型的大规模多样性数据集非常费时耗力，并且由光照、天气、复杂背景、目标外观、摄像机视角和物体遮挡等导致的复杂性和挑战性，同一类型目标在不同图像中可能看起来非常不同，使得人工标注变得困难甚至容易出错。虽然可以采用众包方法进行数据标注，但是同样要耗费大量的人力、财力，并且标注困难。另外，在一些特殊领域(如医疗和军事等领域)很难获得大规模实际图像。标记数据集的不足可能导致训练出的目标检测模型的可靠性和鲁棒性达不到要求[19]。

为了解决上述问题，未来可以采用平行视觉的思路进行研究。2016 年，王坤峰等[31]将复杂系统建模与调控的“人工社会，计算实验，平行系统”(artificial societies，computational experiment，and parallel execution，ACP)理论推广到视觉计算领域，提出平行视觉的基本框架和关键技术。其核心是利用人工场景来模拟和表示复杂挑战的实际场景，通过计算实验进行各种视觉模型的设计与评估，最后借助平行执行在线优化视觉系统，实现对复杂环境的智能感知与理解。

另外，在深度学习模型自身方面，如何提高模型的可解释性，改善模型结构，设计新的优化方法，降低模型训练和应用时的计算复杂性，提高计算效率，得到更加有用和更加有效的深度学习模型，这些问题都需要深入研究。基于候选区域的目标检测方法精度最高，基于回归的 SSD 方法在实时性上表现最好，如何将这两类方法相结合，借鉴和吸收彼此的优点，在检测精度和速度上取得新的突破还有待研究[19]。

2. 目标跟踪技术的未来发展方向

由于场景和目标变化的复杂性，目标跟踪问题一直是计算机视觉领域最具挑战性的研究方向之一。虽然基于深度学习的目标跟踪算法已经取得了一系列重大进展，但由于实际场景往往比评测数据复杂，当前的跟踪算法还不能同时满足鲁棒性、实时性和精准度的需要。从跟踪问题的本质出发，基于深度学习的跟踪算法在以下几个方面仍有较大的提升空间。

(1) 基于深度学习的算法的性能很大程度上依赖于训练数据的数量和好坏，但跟踪问题的难点之一在于样本的缺乏。当前大多数跟踪算法采用用于目标识别的大规模数据库对深度网络进行离线预训练，建立面向目标跟踪的有效数据集并将其应用于深度网络的训练，将是未来目标跟踪算法研究的一项重要内容。

(2) 目前大多数基于深度网络的目标跟踪算法只是将问题简单地看作二分类问题，如能充分利用视频或图像序列中的有效运动信息，将在一定程度上避免跟踪点漂移问题。

(3) 恰当地平衡深度网络强大的表征能力所需要的计算量和跟踪问题的实时性需求。

(4) 将深度学习和传统跟踪方法相结合，解决训练样本获取问题。对于某些特殊应用场合，事先无法得到用于训练的目标样本，可以利用传统跟踪方法进行前期的跟踪，同时获取训练样本，用于训练深度网络。

(5) 将特征提取方法和深度学习相结合，提高深度学习方法的实时性。通常认为深度网络自身具有特征提取能力，但该能力是以大量卷积运算为代价的，如果能用图像特征代替原图像作为输入，将有助于提高深度学习方法的实时性[32]。

习　　题

8.1　简述常用基于直方图处理的图像增强方法。

8.2　简述图像直方图均衡处理的流程。

8.3　简述空间域图像滤波中边界延拓处理的目的及常用方法。

8.4　简述常用空间域平滑滤波方法。

8.5　简述图像中值滤波的基本思想及适用对象。

8.6　简述常用空间域图像锐化方法。

8.7　常用的边缘检测方法有哪些？请简述其基本原理。

8.8　简述 Otsu 图像分割方法的基本思想及流程。

8.9　简述一个自动目标识别系统应包含的主要功能模块。

8.10　简述自动目标跟踪的共性问题。

8.11　简述相关跟踪中常用的相似性度量方法。

8.12　简述基于相关滤波的目标跟踪方法的基本思想。

参 考 文 献

[1] 王敏, 周树道. 数字图像预处理技术及应用[M]. 北京: 科学出版社, 2021.

[2] SONKA M, HLAVAC V, BOYLE R. 图像处理、分析与机器视觉[M]. 4 版. 兴军亮, 等译. 北京: 清华大学出版社, 2016.

[3] 彭真明, 何艳敏, 蒲恬, 等. 光电图像处理[M]. 北京: 科学出版社, 2021.

[4] TYAN S G. Median Filtering: Deterministic Properties[M]//Two-Dimensional Digital Signal Processing Ⅱ. Topics in Applied Physics, vol 43. Berlin: Springer, 1981.

[5] 蒋爱平, 王晓飞, 杜宝祥, 等. 数字图像处理[M]. 北京: 科学出版社, 2013.

[6] 许录平. 数字图像处理[M]. 2 版. 北京: 科学出版社, 2007.

[7] 范九伦. 灰度图像阈值分割法[M]. 北京: 科学出版社, 2019.

[8] 张祥越. 复杂背景下目标检测与抗干扰跟踪方法研究[D]. 沈阳: 中国科学院沈阳自动化研究所, 2020.

[9] HARALICK R M . Digital step edges from zero crossing of second directional derivatives[J]. IEEE Transactions on Pattern Analysis and Machine Intelligence, 1984, 6(1): 58-68.

[10] CHEN C L P , LI H , WEI Y , et al. A local contrast method for small infrared target detection[J]. IEEE Transactions on Geoscience & Remote Sensing, 2014, 52(1): 574-581.

[11] HAN J, MA Y , ZHOU B , et al. A robust infrared small target detection algorithm based on human visual system[J]. IEEE Geoscience & Remote Sensing Letters, 2014, 11(12): 2168-2172.

[12] DENG H, SUN X , LIU M , et al. Small infrared target detection based on weighted local difference measure[J]. IEEE Transactions on Geoscience & Remote Sensing, 2016, 54(7): 4204-4214.

[13] 党思航. 目标识别中的增量学习方法研究[D]. 成都: 电子科技大学, 2021.

[14] 漆昇翔. 视觉显著性及其在自动目标识别系统中的应用[D]. 武汉: 华中科技大学, 2015.

[15] 张天序. 成像自动目标识别[M]. 武汉: 湖北科学技术出版社, 2005.

[16] 朱明, 高文, 郝志成. 机载光电平台的目标跟踪技术[M]. 北京: 科学出版社, 2016

[17] BOLME D S, DRAPER B A, BEVERIDGE J R. Average of synthetic exact filters[C]. 2009 IEEE Conference on Computer Vision and Pattern Recognition, Miami, USA, 2009: 2105-2112.

[18] BREIMAN L. Bagging predictors[J]. Machine Learning, 1996, 24(2): 123-140.

[19] 张慧, 王坤峰, 王飞跃. 深度学习在目标视觉检测中的应用进展与展望[J]. 自动化学报, 2017, 43(8): 1289-1305.

[20] HINTON G, DENG L, YU D, et al. Deep neural networks for acoustic modeling in speech recognition: The shared views of four research groups[J]. IEEE Signal Processing Magazine, 2012, 29(6): 82-97.

[21] KRIZHEVSKY A, SUTSKEVER I, HINTON G E. ImageNet classification with deep convolutional neural networks[C]. Proceedings of the 25th International Conference on Neural Information Processing Systems, Lake Tahoe, USA, 2012: 1097-1105.

[22] BENGIO Y, LAMBLIN P, POPOVICI D, et al. Greedy layer-wise training of deep networks[C]. Proceedings of the 19th International Conference on Neural Information Processing Systems, Cambridge, USA, 2006: 153-160.

[23] HINTON G E, SALAKHUTDINOV R R. Reducing the dimensionality of data with neural networks[J]. Science, 2006, 313(5786): 504-507.

[24] HINTON G E, OSINDERO S, TEH Y W. A fast learning algorithm for deep belief nets[J]. Neural Computation, 2006, 18(7): 1527-1554.

[25] LECUN Y, BOTTOU L. Gradient-based learning applied to document recognition[J]. Proceedings of the IEEE, 1998, 86(11): 2278-2324.

[26] VINCENT P, LAROCHELLE H, BENGIO Y, et al. Extracting and composing robust features with denoising autoencoders[C]. Proceedings of the 25th IEEE International Conference on Machine Learning , Helsinki, Finland, 2008: 1096-1103.

[27] MASCI J, MEIER U, CIRESAN D, et al. Stacked convolutional auto-encoders for hierarchical feature extraction[C]. Proceedings of the 21th International Conference on Artificial Neural Networks, Berlin, Germany, 2011: 52-59.

[28] 许凌云. 基于深度学习的目标跟踪算法研究[D]. 沈阳: 中国科学院沈阳自动化研究所, 2018.

[29] NAM H,HAN B. Learning multi-domain convolutional neural networks for visual tracking[C]. 2016 IEEE Conference on Computer Vision and Pattern Recognition, Las Vegas, USA, 2016: 4293-4302.

[30] NAM H, BAEK M, HAN B. Modeling and propagating CNNs in a tree structure for visual tracking[J]. arXiv Preprint arXiv: 1608. 07242, 2016.

[31] 王坤峰, 苟超, 王飞跃. 平行视觉: 基于 ACP 的智能视觉计算方法[J]. 自动化学报, 2016, 42(10): 1490-1500.

[32] 罗海波, 许凌云, 惠斌, 等. 基于深度学习的目标跟踪方法研究现状与展望[J]. 红外与激光工程, 2017, 46(5): 14-20.

第 9 章

激光探测原理及应用

激光因方向性好、单色性好、亮度高和相干性好等特点，广泛应用于探测和制导系统。随着激光技术和激光器件的快速发展，激光技术在军事与民用领域的应用日益广泛，特别是在军事技术中，应用于激光雷达、激光测距、激光引信、激光制导、激光陀螺、激光武器等多个领域。

9.1 激光的特点与传输特性

9.1.1 激光的特点

1. 方向性好

方向性即光束的指向性，通常用发散角的大小来评价。发散角越小，则光束发散越小，方向性就越好。激光的发散角一般在毫弧度数量级，约为微波的 1/100。激光方向性好、强度高，因此激光测距机和激光雷达测量目标的距离、方位和速度比普通微波雷达要精确得多。

2. 单色性好

一种光所包含的波长范围越小，其颜色就越纯，单色性就越高。通常把波长小于几埃的一段辐射称为单色光，其波长范围称为谱线宽度。波长范围越小，谱线宽度越窄，单色性就越好，即谱线宽度是衡量单色性优劣的标志。单色性好的氦氖激光，波长范围比千万分之一埃还要小，已知最小的达到一千亿分之几埃。由于具有单色性好的特点，激光可以用来精确计量长度和速度，在光通信中可提高信噪比、增加通信距离。

3. 亮度高

亮度是指光源在单位面积上的发光强度，是评价光源明亮程度的重要指标。一支功率仅为 1mW 的氦氖激光器的亮度，比太阳约高出 100 倍；一台巨型脉冲固体激光器的亮度比太阳表面亮度高 100 亿倍。激光是目前最亮的光源，由于激光的高亮度，光束可以转换为热能。工业上已经成功地使用激光束进行精密打孔、焊接和切割，在军事上激光可用来制造各种激光武器等。

4. 相干性好

激光是一种相干光，这是激光与普通光源最重要的区别。激光的相干性与激光的方向性和单色性是密切相关的。单色性和方向性越好的光，相干性必定越好，激光全息照相就是激光干涉的典型例子。

9.1.2 激光在大气中的传输特性

激光在大气中的传输特性主要有大气衰减效应、大气湍流效应、大气击穿效应和大气折射率变化等，本小节主要介绍前两种效应[1]。

1. 大气衰减效应

激光在大气中传输时，受到空气中气体分子和悬浮微粒(如雨、雾、烟、尘)的吸收和散射等影响，其强度会逐渐减弱，此即大气衰减效应。在大气同等含水量的条件下，对激光的衰减作用排序是雾最大，雪次之，雨最小。云由冰粒和水滴构成，对激光的衰减很严重。大气衰减作用对不同波长的激光影响作用不同，因此激光系统的波长也需工作在相应的大气窗口内。

2. 大气湍流效应

影响激光在大气中传输特性的另一个因素是大气湍流效应。大气温差会产生空气对流，进而引起大气密度的变化，在大气层内形成许多空气密度不均匀的区域。激光在密度不均匀的大气中传输时，会不断地改变其光束方向，使光波强度、相位和频率在时间和空间中呈现随机起伏，即大气湍流效应，这种效应对激光的正常传输极其不利。

9.2 激光测量原理

由于激光的波长比微波和毫米波短且相关性极好，因此具有很高的测量精度。例如，激光雷达测量精度比毫米波雷达高出 2～4 个数量级。此外，激光优异的单色性和极小的脉冲宽度使激光雷达具有极强的抗地面杂波和干扰的能力，因此其探测和跟踪超低空目标的性能也很好。

激光受大气散射和吸收影响比微波严重，尤其在有云、雨、雾和霾时，激光雷达作用距离远小于微波雷达。此外，由于激光发散角很小，在大范围搜索时容易丢失目标，不宜作为搜索雷达使用，可结合微波雷达共同使用。

9.2.1 激光测距原理

激光测距有脉冲式和连续波式两种类型，目前军用激光测距机以脉冲式为主，工作波长为 1.064μm。

1. 激光脉冲测距原理

激光脉冲雷达在测距点向被测目标发射激光脉冲，光脉冲照射到目标后，部分反射回测距点被接收器接收。假定光脉冲在测距点与目标间来回一次所经历的时间为 t，那么目标距离为

$$R=\frac{1}{2}ct \tag{9.1}$$

式中，c 为光速。

引起激光脉冲测距误差的主要因素有大气传输中光速变化、大气折射率变化、测时误差等，脉冲测距的精度一般为米级。

2. 激光相位测距原理

将连续激光波束调制成频率为 f 的正弦波，相应的角频率为

$$\omega=2\pi f \tag{9.2}$$

若调制光束在测距点和目标间往返一次所产生的相位变化为 $\Delta\varphi$，则激光的往返时间为

$$t=\frac{\Delta\varphi}{\omega}=\frac{\Delta\varphi}{2\pi f} \tag{9.3}$$

被测距离为

$$R=\frac{ct}{2}=\frac{c\Delta\varphi}{4\pi f} \tag{9.4}$$

相位差 $\Delta\varphi$ 的测量精度直接影响激光相位法测距的精度，假如相位差测量精度 $\Delta\varphi'$ 为 0.2°，激光调制频率为 30MHz，则激光相位法测距的精度为

$$\Delta R=\frac{c\Delta\varphi'}{4\pi f}=2.78(\text{mm}) \tag{9.5}$$

因此，激光相位法测距的精度很高，通常为毫米级。

9.2.2 激光测速原理

通过测量目标回波(被目标反射或散射回的激光)的多普勒频率 Δf 来计算速度，该方法精度较高，被现代激光雷达广泛采用。当激光雷达与目标之间存在径向速度(沿激光雷达与目标连线方向的速度分量)时，目标激光回波的频率与本振频率不同，通过回波和本振波相干差频获得径向速度引起的多普勒频率。多普勒频率 Δf 与目标径向速度 V (规定目标靠近激光雷达时为正，反之为负)的关系为

$$\Delta f\approx 2V/\lambda \tag{9.6}$$

式中，λ 为激光在介质中的波长。显然，多普勒频率 Δf 与目标径向速度 V 成正比，与激光载波的波长成反比。由于激光的波长很短，微小的径向速度即可引起较大的多普勒

频移，因此激光雷达测速精度很高，比典型毫米波雷达高2～3个数量级。

利用目标回波的多普勒频率Δf的测量值，可得到目标径向速度的测量结果：

$$V=\frac{\lambda\Delta f}{2} \tag{9.7}$$

9.2.3 激光测角原理

激光雷达可以测量目标的径向距离、径向速度以及高低角和方位角等参数。激光测角也可以采用半主动测角方式，即由其他激光雷达或者激光照射器照射目标，激光在目标表面发生漫反射后，在四象限探测器上形成光斑，利用四象限探测器光斑能量分布的不同实现角度解算。

四象限探测器的四个象限内，各有一个独立的光电二极管，以光轴为对称轴分布，位于光学系统的焦平面附近，如图9.1所示。若目标在光轴方向，则其反射激光所成光斑为以光轴对称的圆形，各象限光电二极管接收到相等的激光能量，若目标偏离光轴方向，则光斑中心不再位于光轴上，四个光电二极管被光斑覆盖的面积不相等[2]。

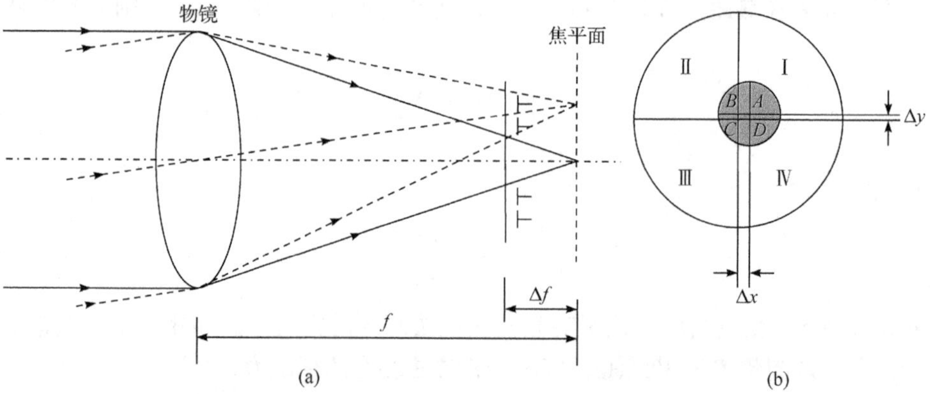

图9.1 四象限探测器工作原理图

设测角系统的物镜组口径为D_0，焦距为f，四象限探测器与焦平面的距离为Δf，则探测器上的光斑直径可表示为

$$D_S=D_0\frac{\Delta f}{f} \tag{9.8}$$

进一步，假设整个光斑上光强均匀分布，即几何中心与能量中心重合，若光斑中心相对于探测器中心有Δx、Δy的偏离，则对应的二维偏差角可表示为

$$\begin{cases}\varepsilon_x=\arctan\left(\dfrac{\Delta x}{f-\Delta f}\right)\approx\dfrac{\Delta x}{f}\\ \varepsilon_y=\arctan\left(\dfrac{\Delta y}{f-\Delta f}\right)\approx\dfrac{\Delta y}{f}\end{cases} \tag{9.9}$$

虽然Δx、Δy的真实数值无法得到，但其测量值$\Delta x'$、$\Delta y'$可通过式(9.10)近似计算[3]。

$$\begin{cases}\Delta x' = \dfrac{\pi}{8} D_D \dfrac{(S_A + S_D) - (S_B + S_C)}{S_A + S_B + S_C + S_D} \\ \Delta y' = \dfrac{\pi}{8} D_D \dfrac{(S_A + S_B) - (S_C + S_D)}{S_A + S_B + S_C + S_D}\end{cases} \tag{9.10}$$

式中，$S_i(i = A,B,C,D)$表示光斑在第$j(j = \text{I},\text{II},\text{III},\text{IV})$个象限中的面积。

式(9.10)成立的条件为偏差角不能过大，因而四象限探测器存在线性区与非线性区，如图 9.2 所示，仅当测量角度位于线性区内时，输出信号才较为准确。

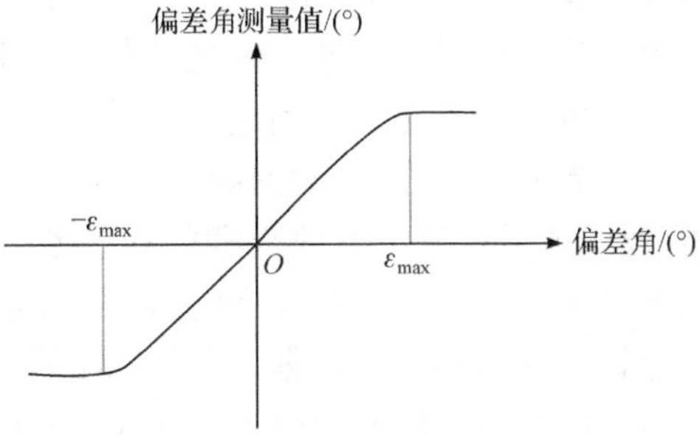

图 9.2　线性区与非线性区

图 9.2 中，$[-\varepsilon_{\max},\varepsilon_{\max}]$为激光测角系统的线性区范围。

最后，考虑探测器输出电压$V_j(j=\text{I},\text{II},\text{III},\text{IV})$与光斑面积$S_i(i=A,B,C,D)$的正比关系以及光电探测器的光谱响应度$R(\lambda)$、电路系统的放大倍数$A$等因素，引入比例因子$k$，式(9.10)表示为

$$\begin{cases}\varepsilon_x = k\dfrac{(V_{\text{I}} + V_{\text{IV}}) - (V_{\text{II}} + V_{\text{III}})}{V_{\text{I}} + V_{\text{II}} + V_{\text{III}} + V_{\text{IV}}} \\ \varepsilon_y = k\dfrac{(V_{\text{I}} + V_{\text{II}}) - (V_{\text{III}} + V_{\text{IV}})}{V_{\text{I}} + V_{\text{II}} + V_{\text{III}} + V_{\text{IV}}}\end{cases} \tag{9.11}$$

基于式(9.11)，可以完成对目标的角度测量。

9.3　激光探测的应用实例

激光探测技术在军事领域具有广泛的应用，除 6.1 节介绍的激光雷达外，还应用于激光测距机、激光半主动制导、激光驾束制导及激光近炸引信等领域。

9.3.1　激光测距机

目前，激光测距机以脉冲式为主。脉冲激光测距机是通过直接测量发射脉冲与回波脉冲之间的时间差来测定目标距离的，是使用最早、最普及的激光测距方法。

脉冲激光测距机的原理：利用脉冲激光器对目标发射单个或系列的光脉冲，测量光脉冲到达目标并由目标返回到接收机的时间t，设光在空气中的传播速度为c，则可计算

出目标距离 $R = ct/2$ 。

在脉冲激光测距机中，t 是通过计数器计数从光脉冲发射到目标，以及从目标返回到接收机期间进入计数器的钟频脉冲个数来测量的。设在这段时间里，有 n 个钟频脉冲进入计数器，钟频脉冲之间的时间间隔为 τ，钟频脉冲频率为 f ，则

$$R = \frac{1}{2}cn\tau = \frac{c}{2f}n = nl \tag{9.12}$$

式中，$l = c/(2f)$ ，表示每一个钟频脉冲所代表的距离增量。

脉冲激光测距机的工作过程[4]：首先用瞄准光学系统瞄准目标，然后接通激光电源储能电容器充电，产生触发闪光灯的触发脉冲，闪光灯点亮，激光器受激辐射，从输出反射镜发射出激光脉冲，通过发射光学系统压缩光束发射角后射向目标。同时，从激光器全反射镜透射出来的极少量激光能量作为起始脉冲，通过取样器输送给激光接收机，经光电探测器转变为电信号，并通过放大器放大和脉冲成形电路整形后，进入门控电路，作为门控电路的开门脉冲信号。门控电路在开门脉冲信号的控制下开门，石英振荡器产生的钟频脉冲进入计数器，计数器开始计数。由目标漫反射回来的激光回波脉冲经接收光学系统接收后，通过光电探测器转变为电信号和放大器放大，输送到阈值鉴别电路。超过阈值电平的信号送至脉冲成形电路整形，使之与起始脉冲信号的形状(脉冲宽度和幅度)相同，然后输入门控电路，作为门控电路的关门脉冲信号。门控电路在关门脉冲信号的控制下关门，钟频脉冲停止进入计数器。通过计数器计数出从激光发射至接收到目标回波期间所进入的钟频脉冲个数，从而得到目标距离，并通过显示器显示出距离数据。

9.3.2 激光半主动制导

激光半主动制导系统具有制导精度高、抗干扰能力强、结构简单、成本低等优点，且能同时对付多个目标，容易实现通用化模块设计，在空地导弹、直升机载反坦克导弹、制导炸弹、制导火箭弹等武器系统中具有重要的应用价值。

激光半主动制导系统的工作原理如图 9.3 所示，即由机载或地面的激光照射器(也称为“激光目标指示器”)瞄准目标并发射激光照射波束，激光波束经大气介质传输后被目标表面所散射，部分散射回波再经大气介质传输后被激光导引头的光学系统所接收。激

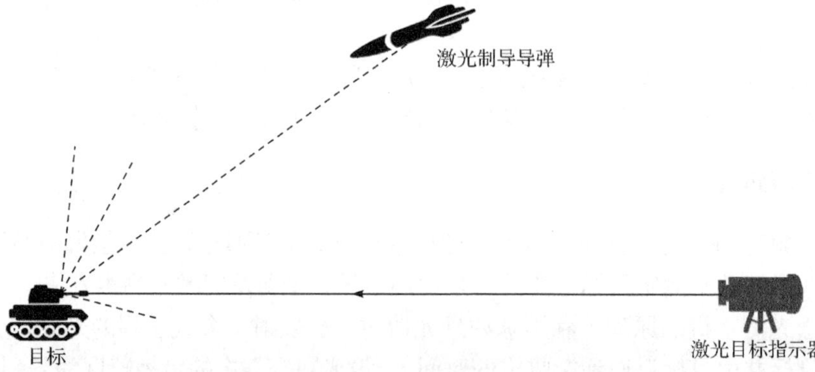

图 9.3 激光半主动制导系统工作原理

光导引头根据目标光斑在四象限探测器上位置的不同，由电子舱实时处理得到角偏差信息并输送给弹上计算机，再由弹上计算机结合导引头、陀螺仪等信息按一定的制导规律形成制导指令并输入稳定控制系统，由执行机构完成对弹体飞行姿态及速度矢量方向的实时修正，最终按所需的制导精度命中目标。

9.3.3　激光驾束制导

激光驾束制导是一种波束制导方法。激光驾束制导系统需要一个跟踪瞄准装置和激光照射器，其制导原理如图 9.4 所示。首先，跟踪瞄准装置发现、跟踪、锁定目标，并发射导弹。同时，激光照射器向目标(或预测的前置点)发出经过编码的激光束，形成控制场，根据导弹的飞行距离调整激光的发散角，从而保证导弹处于编码激光束中，并且位于弹尾的激光信号接收器能够接收激光信号。发射后的导弹在激光波束内飞行，当导弹偏离激光波束轴线时，弹尾的激光信号接收器感应偏离的大小和方位并形成误差信号，按导引规律形成控制指令来修正导弹的飞行路线，引导导弹回到波束中心位置。导弹沿着照射目标的激光束飞行，直至命中目标，实现“指哪打哪”。

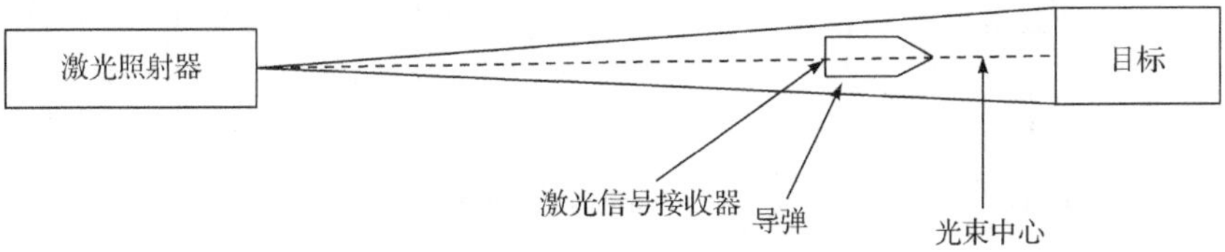

图 9.4　激光驾束制导原理图

光束编码是激光驾束制导的技术关键，是赋予导弹弹道坐标方位信息的主要手段。光束编码技术是把标志激光束的特征量，如频率、波长、振幅、相位、强度、偏振等信息，变换成光束的空间与时间信息参量，这样导弹就可确定偏离波束轴线的距离和方位，实时控制导弹返回波束中心，最终命中目标。

激光驾束制导导弹的前部没有导引头，只在尾部安装激光信号接收器，因此结构简单、成本低廉。此外，导弹直接接收己方照射的激光，对激光照射功率要求比激光半主动制导低，且抗干扰能力更强。由于激光驾束制导必须在通视条件下才能完成，所以适合于近程作战使用。

9.3.4　激光近炸引信

激光近炸引信是一种主动式光电引信。它通过发射光学系统将特定幅值、时域和空域特性的激光波束对目标进行照射，光电接收系统接收目标反射回波，并进行实时识别和处理。当引信在预定距离内检测到目标，即导弹或战斗部处在最佳炸点位置时，就通过电子系统产生起爆信号启动战斗部[5]。

与激光测距相比，激光近炸引信最特殊的要求为近程、超近程探测。近炸引信的作用距离通常很近，一般只有几米到十几米，甚至在 1m 以下，在此条件下近炸引信的定距精度还要满足指标要求。

激光近炸引信主要有几何截断定距与距离选通定距，此外还有定距精度更高且可装定作用距离的脉冲鉴相定距体制，适用于远距离定距的脉冲激光测距机定距体制，以及不易被干扰的伪随机编码定距体制。下面对距离选通定距体制的激光近炸引信做简要介绍。

距离选通定距体制激光近炸引信作用原理如图 9.5 所示。脉冲激光电源激励脉冲半导体激光器发射峰值功率较高的光脉冲(功率取决于作用距离)，通过发射光学系统形成一定形状的激光束，光脉冲照射到目标后，一部分光反射到接收光学系统，经接收光学系统会聚在光电探测器上，输出电脉冲信号，经放大、整形等处理后送到选通器。另外，在激光脉冲电源激励半导体激光器的同时，激励信号经延迟器适当的延迟后控制选通器。因此，只要选择适当的延迟时间，就可以使预定距离范围内的目标反射信号通过选通器到达点火电路，但在此距离之外的目标回波信号无法通过选通器，最终实现在预定距离范围内起爆战斗部[5]。

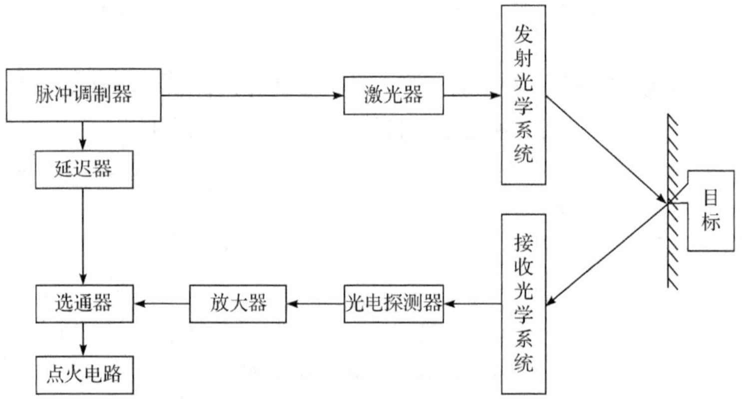

图 9.5 距离选通定距体制激光近炸引信作用原理框图

与几何截断定距体制相比，距离选通定距体制采用回波脉冲的相位信息判断距离，具有较高的定距精度，且系统虚警率降低。

习 题

9.1 激光具有哪些特点？

9.2 简述激光在大气中的传输特性。

9.3 分析四象限探测器测角原理。

9.4 阐述距离选通定距体制激光近炸引信作用原理。

参 考 文 献

[1] 卢晓东, 周军, 刘光辉. 导弹制导系统原理[M]. 北京: 国防工业出版社, 2015.

[2] 洪新华, 张向东, 武翠琴. 光电位敏探测器组件在 SAL 制导系统中的应用[J]. 红外与激光工程, 2008, 37(6): 5.

[3] 魏雨晨. 基于四象限探测器的激光光斑中心高精度定位方法研究[D]. 西安: 西安电子科技大学, 2023.

[4] 周晓东, 李超旺, 文健. 弹药目标探测与识别[M]. 北京: 北京理工大学出版社, 2019.

[5] 张合, 江小华. 目标探测与识别技术[M]. 北京: 北京理工大学出版社, 2015.

第 10 章

目标定位与跟踪的滤波方法

10.1 线性系统滤波方法

1960 年，科学家卡尔曼(Kalman)在他的论文中提出了解决离散系统线性滤波问题的递归方法[1]，后人为了纪念他的突出贡献，将这种方法命名为卡尔曼滤波方法。得益于计算机技术的巨大进步，卡尔曼滤波作为最受欢迎的最优线性估计方法成为状态估计与预测的强有力工具之一，在控制领域得到了广泛应用。

10.1.1 线性离散系统卡尔曼滤波基本方程

微课

设随机线性离散系统的状态方程为

$$\boldsymbol{X}(k+1)=\boldsymbol{F}(k)\boldsymbol{X}(k)+\boldsymbol{\Gamma}(k)\boldsymbol{V}(k) \tag{10.1}$$

$$\boldsymbol{Z}(k+1)=\boldsymbol{H}(k+1)\boldsymbol{X}(k+1)+\boldsymbol{W}(k+1) \tag{10.2}$$

式中，$\boldsymbol{X}(k)$ 是 n 维系统状态向量；$\boldsymbol{Z}(k+1)$ 是 m 维系统量测向量；$\boldsymbol{V}(k)$ 是 p 维系统过程噪声；$\boldsymbol{W}(k+1)$ 是 m 维量测噪声；$\boldsymbol{F}(k)$ 是系统 $n\times n$ 维状态转移矩阵；$\boldsymbol{\Gamma}(k)$ 是 $n\times p$ 维噪声输入矩阵；$\boldsymbol{H}(k+1)$ 为 $m\times n$ 维量测矩阵；k 表示第 k 时刻。

关于系统过程噪声和量测噪声的统计特性，假定如下：

$$\begin{cases} E\left[\boldsymbol{V}(k)\right]=0, \quad E\left[\boldsymbol{V}(k)\boldsymbol{V}^{\mathrm{T}}(j)\right]=\boldsymbol{Q}(k)\delta(k,j) \\ E\left(\boldsymbol{W}(k)\right)=0, \quad E\left[\boldsymbol{W}(k)\boldsymbol{W}^{\mathrm{T}}(j)\right]=\boldsymbol{R}(k)\delta(k,j) \\ E\left[\boldsymbol{V}(k)\boldsymbol{W}^{\mathrm{T}}(j)\right]=0 \end{cases} \tag{10.3}$$

式中，$\boldsymbol{Q}(k)$ 是系统过程噪声 $\boldsymbol{V}(k)$ 的非负定方差矩阵；$\boldsymbol{R}(k)$ 是系统量测噪声 $\boldsymbol{W}(k)$ 的正定方差矩阵；$\delta(k,j)$ 是 Kronecker-δ 函数。

如果系统状态 $\boldsymbol{X}(k)$ 和量测值 $\boldsymbol{Z}(k+1)$ 满足式(10.1)和式(10.2)描述的约束，系统过程噪声 $\boldsymbol{V}(k)$ 和量测噪声 $\boldsymbol{W}(k)$ 满足式(10.3)描述的统计特性假设，则可按照如下方程求解 $\boldsymbol{X}(k+1)$ 的状态估计。

状态一步预测方程为

$$\hat{\boldsymbol{X}}\left(k+1\,|\,k\right)=\boldsymbol{F}\left(k\right)\hat{\boldsymbol{X}}\left(k\right) \tag{10.4}$$

状态更新方程为

$$\hat{\boldsymbol{X}}(k+1)=\hat{\boldsymbol{X}}(k+1|k)+\boldsymbol{K}(k+1)\left[\boldsymbol{Z}(k+1)-\boldsymbol{H}(k+1)\hat{\boldsymbol{X}}(k+1|k)\right] \tag{10.5}$$

滤波增益矩阵：

$$\boldsymbol{K}(k+1)=\boldsymbol{P}(k+1|k)\boldsymbol{H}^{\mathrm{T}}(k+1)\left[\boldsymbol{H}(k+1)\boldsymbol{P}(k+1|k)\boldsymbol{H}^{\mathrm{T}}(k+1)+\boldsymbol{R}(k+1)\right]^{-1} \tag{10.6}$$

一步预测误差方差矩阵：

$$\boldsymbol{P}(k+1|k)=\boldsymbol{F}(k)\boldsymbol{P}(k)\boldsymbol{F}^{\mathrm{T}}(k)+\boldsymbol{\varGamma}(k)\boldsymbol{Q}(k)\boldsymbol{\varGamma}^{\mathrm{T}}(k) \tag{10.7}$$

估计误差方差矩阵：

$$\boldsymbol{P}(k+1)=\left[\boldsymbol{I}-\boldsymbol{K}(k+1)\boldsymbol{H}(k+1)\right]\boldsymbol{P}(k+1|k)\left[\boldsymbol{I}-\boldsymbol{K}(k+1)\boldsymbol{H}(k+1)\right]^{\mathrm{T}}+\boldsymbol{K}(k+1)\boldsymbol{R}(k+1)\boldsymbol{K}^{\mathrm{T}}(k+1) \tag{10.8}$$

式中，$\boldsymbol{I}$ 为单位矩阵。

式(10.8)可以进一步等效为

$$\boldsymbol{P}(k+1)=\left[\boldsymbol{I}-\boldsymbol{K}(k+1)\boldsymbol{H}(k+1)\right]\boldsymbol{P}(k+1|k) \tag{10.9}$$

式(10.4)～式(10.9)即为线性离散系统卡尔曼滤波基本方程。只要给定初值 $\hat{\boldsymbol{X}}(0)$ 和 $\boldsymbol{P}(0)$，并根据第 $k+1$ 时刻的量测值 $\boldsymbol{Z}(k+1)$，就可以基于式(10.4)～式(10.9)递推计算出第 $k+1$ 时刻的状态估计 $\hat{\boldsymbol{X}}(k+1)$。

卡尔曼滤波过程可以分为状态更新过程和量测更新过程，也就是预测与校正的过程，工作原理如图 10.1 所示。状态更新过程通过估计下一时刻状态变量和误差方差矩阵，为更新状态构造先验估计；量测更新过程结合先验估计和当前量测值改进后验估计。

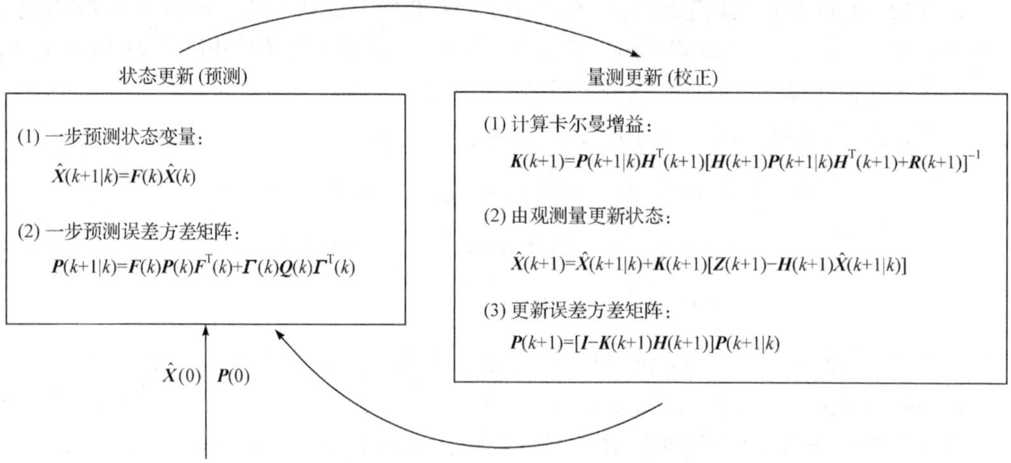

图 10.1　卡尔曼滤波工作原理

在实现卡尔曼滤波器时，可以离线获取系统量测值以计算系统量测噪声方差 $\boldsymbol{R}(k+1)$，是滤波器的已知条件。对于系统过程噪声方差 $\boldsymbol{Q}(k)$，在得到系统过程信号 $\boldsymbol{X}(k)$ 的前提下，可以通过数理统计推算得到系统过程噪声方差 $\boldsymbol{Q}(k)$。

10.1.2　α-β 滤波和 α-β-γ 滤波

卡尔曼滤波中某一时刻的状态更新值等于该时刻的预测值加上与卡尔曼增益有关的修正项，而在卡尔曼滤波过程中，计算增益占用了大部分工作量，为此人们提出了常增益滤波，通过改变增益矩阵的计算方法以减少计算量。此时的增益不仅可以离线计算，而且不再与协方差有关，更易于工程实现。α-β 滤波和 α-β-γ 滤波便是两种典型的常增益滤波方法，下面重点讨论这两种滤波方法的特性。

1) α-β 滤波

α-β 滤波是针对匀速运动目标模型的一种常增益滤波方法，目标状态向量只包含位置和速度两项。不同于卡尔曼滤波的增益计算，α-β 滤波的增益具有如下的形式：

$$\boldsymbol{K}(k+1)=\begin{bmatrix}\alpha\\ \beta/T\end{bmatrix} \tag{10.10}$$

系数 α 和 β 分别为目标状态位置和速度分量的常滤波增益，此时协方差和目标状态估计的计算不再通过增益交织在一起。在单目标情况下，协方差的计算可以忽略，但在多目标情况下，由于波门大小与新息协方差有关，而新息协方差又与一步预测协方差和更新协方差有关。单目标情况下 α-β 滤波的状态估计可按照如下方程求解。

状态一步预测方程为

$$\hat{\boldsymbol{X}}(k+1|k)=\boldsymbol{F}(k)\hat{\boldsymbol{X}}(k|k) \tag{10.11}$$

状态更新方程为

$$\hat{\boldsymbol{X}}(k+1|k+1)=\hat{\boldsymbol{X}}(k+1|k)+\boldsymbol{K}(k+1)\boldsymbol{v}(k+1) \tag{10.12}$$

式中，新息为

$$\boldsymbol{v}(k+1)=\boldsymbol{Z}(k+1)-\boldsymbol{H}(k+1)\hat{\boldsymbol{X}}(k+1|k) \tag{10.13}$$

在多目标情况下，需要一步预测误差方差矩阵：

$$\boldsymbol{P}(k+1|k)=\boldsymbol{F}(k)\boldsymbol{P}(k)\boldsymbol{F}^{\mathrm{T}}(k)+\boldsymbol{\Gamma}(k)\boldsymbol{Q}(k)\boldsymbol{\Gamma}^{\mathrm{T}}(k) \tag{10.14}$$

新息方差为

$$\boldsymbol{S}(k+1)=\boldsymbol{H}(k+1)\boldsymbol{P}(k+1|k)\boldsymbol{H}^{\mathrm{T}}(k+1)+\boldsymbol{R}(k+1) \tag{10.15}$$

更新误差方差矩阵：

$$\begin{aligned}\boldsymbol{P}(k+1)=&\left[\boldsymbol{I}-\boldsymbol{K}(k+1)\boldsymbol{H}(k+1)\right]\boldsymbol{P}(k+1|k)\left[\boldsymbol{I}-\boldsymbol{K}(k+1)\boldsymbol{H}(k+1)\right]^{\mathrm{T}}\\&+\boldsymbol{K}(k+1)\boldsymbol{R}(k+1)\boldsymbol{K}^{\mathrm{T}}(k+1)\end{aligned} \tag{10.16}$$

式中，状态转移矩阵、过程噪声矩阵和量测矩阵分别为

$$\boldsymbol{F}(k)=\begin{bmatrix}1 & T\\ 0 & 1\end{bmatrix} \tag{10.17}$$

$$\boldsymbol{\Gamma}(k)=\begin{bmatrix}T & 1\end{bmatrix}^{\mathrm{T}} \tag{10.18}$$

$$\boldsymbol{H}=\begin{bmatrix}1 & 0\end{bmatrix} \tag{10.19}$$

式中，T 为采样间隔。

α-β 滤波的关键是系数 α 、β 的确定问题。一般情况下，由于采样间隔相对于目标

跟踪时间是很短的，所以在每一个采样周期内过程噪声$\boldsymbol{V}(k)$可近似看成常数。如果过程噪声在各采样周期之间是相互独立的，则该模型就是分段常数白色过程噪声模型。为描述分段常数白色过程噪声模型下的α和β值，首先定义机动指标λ为

$$\lambda = \frac{T^2 \sigma_V}{\sigma_W} \tag{10.20}$$

式中，T为采样间隔；σ_V和σ_W分别为过程噪声和量测噪声的标准差。

位置和速度分量的常滤波增益分别为

$$\alpha = -\frac{\lambda^2 + 8\lambda - (\lambda+4)\sqrt{\lambda^2+8\lambda}}{8}, \quad \beta = -\frac{\lambda^2 + 4\lambda - \lambda\sqrt{\lambda^2+8\lambda}}{4} \tag{10.21}$$

可以看出，只有当过程噪声标准差σ_V和量测噪声标准差σ_W均已知时，才能求得目标的机动指标λ，进而求得增益α和β。通常情况下量测噪声标准差σ_W是已知的，过程噪声标准差σ_V不能事先确定，那么增益α和β两参数也就无法确定。此时，工程上采用如下与采样时刻k有关的α、β确定方法：

$$\alpha = \frac{2(2k-1)}{k(k+1)}, \quad \beta = \frac{6}{k(k+1)} \tag{10.22}$$

对α来说，从$k=1$开始计算；对β来说，从$k=2$开始计算，但滤波从$k=3$开始工作，而且随着k的增加，α、β都是减小的。

2) α-β-γ滤波

α-β-γ滤波是针对匀加速运动目标模型的一种常增益滤波方法，目标状态向量包含位置、速度和加速度三项分量。若取状态向量为$\boldsymbol{X}(k)=\left[\dot{x},\ddot{x},\dddot{x}\right]^{\mathrm{T}}$，则相应的状态转移矩阵、过程噪声矩阵和量测矩阵分别为

$$\boldsymbol{F}(k) = \begin{bmatrix} 1 & T & T^2/2 \\ 0 & 1 & T \\ 0 & 0 & 1 \end{bmatrix} \tag{10.23}$$

$$\boldsymbol{\Gamma}(k) = \begin{bmatrix} T^2/2 & T & 1 \end{bmatrix}^{\mathrm{T}} \tag{10.24}$$

$$\boldsymbol{H} = \begin{bmatrix} 1 & 0 & 0 \end{bmatrix} \tag{10.25}$$

此时，滤波增益$\boldsymbol{K}(k+1)$为

$$\boldsymbol{K}(k+1) = \begin{bmatrix} \alpha & \dfrac{\beta}{T} & \dfrac{\gamma}{T^2} \end{bmatrix}^{\mathrm{T}} \tag{10.26}$$

式中，T为采样间隔；系数α、β和γ分别为状态的位置、速度和加速度分量的常滤波增益，其与机动指标λ之间的关系描述如下：

$$\frac{\gamma^2}{4(1-\alpha)} = \lambda^2 \tag{10.27}$$

$$\beta = 2(2-\alpha) - 4\sqrt{(1-\alpha)} \text{ 或 } \alpha = \sqrt{2\beta} - \frac{1}{2}\beta \tag{10.28}$$

$$\gamma = \frac{\beta^2}{\alpha} \tag{10.29}$$

α-β-γ 滤波的公式形式同 α-β 滤波，只是滤波的维数增加，此处不再赘述。

与 α-β 滤波类似，如果过程噪声标准差 σ_V 较难获得，那么机动指标 λ 就无法确定，导致 α 、β 和 γ 无法确定，也就是无法获得滤波增益。此时，工程上常采用如下与采样时刻 k 有关的 α 、β 和 γ 确定方法：

$$\alpha = \frac{3(3k^2-3k+2)}{k(k+1)(k+2)},\quad \beta = \frac{8(2k-1)}{k(k+1)(k+2)},\quad \gamma = \frac{60}{k(k+1)(k+2)} \tag{10.30}$$

同样，对 α 来说，从 $k=1$ 开始计算；对 β 来说，从 $k=2$ 开始计算；对 γ 来说，从 $k=3$ 开始取值。

10.2　非线性系统滤波方法

10.1 节对线性系统滤波问题进行了分析和讨论，而许多实际系统存在不同程度的非线性，其中有些系统可以近似成线性系统，而有些系统中的非线性因素不能忽略，必须应用能准确反映实际系统的非线性数学模型。

线性系统滤波方法已非常成熟，相比之下，非线性系统滤波问题将会遇到本质上的困难，主要表现在：

(1) 对于非线性高斯系统，状态和输出一般也不再是高斯分布，故先前关于高斯分布的滤波结论不再适用。特别是对于非线性非高斯系统，其滤波问题将更为复杂。

(2) 对于非线性系统，任一时刻的系统状态后验均值和协方差不能通过非线性函数的直接传递得到，其依赖于系统状态的高阶矩信息，故原来建立在线性方程基础之上的递推关系或微分方程将不再适用。

(3) 所有基于线性系统所得到的滤波理论都将失效，且叠加原理不再成立，状态、控制输入及噪声之间相互耦合，互相影响，理论分析更加困难。

非线性系统最优滤波的关键就是精确得到系统状态后验概率密度函数，从这个角度出发，非线性最优滤波的一般方法可以由递推贝叶斯滤波方法统一描述。

10.2.1　递推贝叶斯滤波方法

考虑具有加性噪声的非线性离散系统：

$$\boldsymbol{X}(k+1) = \boldsymbol{f}(k, \boldsymbol{X}(k)) + \boldsymbol{V}(k) \tag{10.31}$$

$$\boldsymbol{Z}(k+1) = \boldsymbol{h}(k+1, \boldsymbol{X}(k+1)) + \boldsymbol{W}(k+1) \tag{10.32}$$

式中，$k \in N$，是时间指标；$\boldsymbol{X}(k) \in R^n$，是 k 时刻的系统状态向量；$\boldsymbol{f}(k, X(k))$: $N \times R^n \to R^n$，是系统状态演化映射；$\boldsymbol{V}(k) \in R^n$，是过程噪声；$\boldsymbol{Z}(k+1) \in R^n$，是 k 时刻对系统状态的量测向量；$\boldsymbol{h}(k+1, X(k+1))$: $N \times R^n \to R^m$，是量测映射；$\boldsymbol{W}(k+1) \in R^m$，是量测噪声。假定：

(1) 初始状态的概率密度函数已知，即有 $p(\boldsymbol{X}(0))$，且与 $\boldsymbol{V}(k)$ 和 $\boldsymbol{W}(k)$ 相互独立。

(2) $\boldsymbol{V}(k)$ 和 $\boldsymbol{W}(k)$ 都是独立过程，且两者相互独立。$\boldsymbol{V}(k)$ 和 $\boldsymbol{W}(k)$ 的概率密度函数

已知，即有 $p\left(\boldsymbol{V}(k)\right)$、$p\left(\boldsymbol{W}(k)\right)$，$k \in N$。

(3) 系统状态服从一阶马尔可夫过程，系统量测值仅与当前时刻的状态有关。所有滤波相关的概率密度函数都可以计算得到。

贝叶斯滤波问题就是在每个时刻 k，利用所获得的量测信息 $\boldsymbol{Z}^k=\left\{\boldsymbol{Z}(1),\boldsymbol{Z}(2),\cdots,\boldsymbol{Z}(k)\right\}$ 求得非线性系统状态的后验概率密度函数 $p\left(\boldsymbol{X}(k)|\,\boldsymbol{Z}^k\right)$，$k \in N$，从而得到 k 时刻的状态估计及其估计误差的协方差矩阵，即

$$\hat{\boldsymbol{X}}(k)=\int \boldsymbol{X}(k)\,p\left(\boldsymbol{X}(k)\middle|\boldsymbol{Z}^k\right)\mathrm{d}\boldsymbol{X}(k),\ k \in N \tag{10.33}$$

$$\boldsymbol{P}(k)=\int\left[\boldsymbol{X}(k)-\hat{\boldsymbol{X}}(k)\right]\left[\boldsymbol{X}(k)-\hat{\boldsymbol{X}}(k)\right]^{\mathrm{T}} p\left(\boldsymbol{X}(k)\middle|\boldsymbol{Z}^k\right)\mathrm{d}\boldsymbol{X}(k),\ k \in N \tag{10.34}$$

递推贝叶斯滤波的步骤如下所述。

(1) 假定在 k 时刻已经获得了 $p(\boldsymbol{X}(k)\mid\boldsymbol{Z}^k)$，那么状态一步预测的概率密度函数是

$$p\left(\boldsymbol{X}(k+1)\mid\boldsymbol{Z}^k\right)=\int p\left(\boldsymbol{X}(k+1)\mid\boldsymbol{X}(k)\right)p\left(\boldsymbol{X}(k)\mid\boldsymbol{Z}^k\right)\mathrm{d}\boldsymbol{X}(k) \tag{10.35}$$

式中，$p\left(\boldsymbol{X}(k+1)\mid\boldsymbol{X}(k)\right)$表示状态转移概率密度，满足：

$$p\left(\boldsymbol{X}(k+1)\mid\boldsymbol{X}(k)\right)=\int \delta\left[\boldsymbol{X}(k+1)-f\left(k,\boldsymbol{X}(k)\right)\right]p\left(\boldsymbol{V}(k)\right)\mathrm{d}\boldsymbol{X}(k) \tag{10.36}$$

式中，$\delta(\cdot)$ 为 Dirac-δ 函数。

(2) 在已经获得 $p\left(\boldsymbol{X}(k+1)\mid\boldsymbol{Z}^k\right)$ 的基础上，得到量测一步预测的概率密度函数为

$$p\left(\boldsymbol{Z}(k+1)\mid\boldsymbol{Z}^k\right)=\int p\left(\boldsymbol{Z}(k+1)\mid\boldsymbol{X}(k+1)\right)p\left(\boldsymbol{X}(k+1)|\,\boldsymbol{Z}^k\right)\mathrm{d}\boldsymbol{X}(k+1) \tag{10.37}$$

式中，$p\left(\boldsymbol{Z}(k+1)\mid\boldsymbol{X}(k+1)\right)$表示似然概率密度函数，满足：

$$p\left(\boldsymbol{Z}(k+1)\mid\boldsymbol{X}(k+1)\right)=\int \delta\left[\boldsymbol{Z}(k+1)-\boldsymbol{h}\left(k+1,\boldsymbol{X}(k+1)\right)\right]p\left(\boldsymbol{W}(k+1)\right)\mathrm{d}\boldsymbol{X}(k+1) \tag{10.38}$$

(3) 在第 $k+1$ 时刻，已经获得新的量测数据 $\boldsymbol{Z}(k+1)$，可以利用贝叶斯公式计算得到后验概率密度函数，即

$$\begin{aligned}
p\left(\boldsymbol{X}(k+1)\mid\boldsymbol{Z}^{k+1}\right)&=\frac{p\left(\boldsymbol{Z}^{k+1}|\boldsymbol{X}(k+1)\right)p\left(\boldsymbol{X}(k+1)\right)}{p\left(\boldsymbol{Z}^{k+1}\right)}\\
&=\frac{p\left(\boldsymbol{Z}(k+1),\boldsymbol{Z}^{k}|\boldsymbol{X}(k+1)\right)p\left(\boldsymbol{X}(k+1)\right)}{p\left(\boldsymbol{Z}^{k+1}\right)}\\
&=\frac{p\left(\boldsymbol{Z}(k+1)|\boldsymbol{Z}^{k},\boldsymbol{X}(k+1)\right)p\left(\boldsymbol{Z}^{k}|\boldsymbol{X}(k+1)\right)p\left(\boldsymbol{X}(k+1)\right)}{p\left(\boldsymbol{Z}(k+1)|\boldsymbol{Z}^{k}\right)p\left(\boldsymbol{Z}^{k}\right)}\\
&=\frac{p\left(\boldsymbol{Z}(k+1)|\boldsymbol{Z}^{k},\boldsymbol{X}(k+1)\right)p\left(\boldsymbol{X}(k+1)|\boldsymbol{Z}^{k}\right)p\left(\boldsymbol{Z}^{k}\right)}{p\left(\boldsymbol{Z}(k+1)|\boldsymbol{Z}^{k}\right)p\left(\boldsymbol{Z}^{k}\right)}\\
&=\frac{p\left(\boldsymbol{Z}(k+1)|\boldsymbol{X}(k+1)\right)p\left(\boldsymbol{X}(k+1)|\boldsymbol{Z}^{k}\right)}{p\left(\boldsymbol{Z}(k+1)|\boldsymbol{Z}^{k}\right)}
\end{aligned} \tag{10.39}$$

需要注意的是，该方法的最大困难在于概率密度函数的计算，即使在噪声为高斯分布假设的情况下，计算也是非常复杂的。

10.2.2　扩展卡尔曼滤波方法

对于非线性滤波问题，通常利用线性化方法将非线性滤波问题转化为一个近似的线性滤波问题，使用线性滤波理论得到关于原非线性滤波问题的次优滤波算法。最常用的线性化方法是泰勒级数展开，滤波方法即扩展卡尔曼滤波方法。

假设非线性系统的状态方程为

$$\boldsymbol{X}(k+1)=f(k,\boldsymbol{X}(k))+\boldsymbol{V}(k)$$

式中，过程噪声为零均值白噪声，方差为

$$E\left\{\boldsymbol{V}(k)\boldsymbol{V}^{\mathrm{T}}(j)\right\}=\boldsymbol{Q}(k)\delta(k,j) \tag{10.40}$$

量测方程为

$$\boldsymbol{Z}(k+1)=\boldsymbol{h}(k,\boldsymbol{X}(k))+\boldsymbol{W}(k) \tag{10.41}$$

式中，量测噪声为零均值白噪声，方差为

$$E\left\{\boldsymbol{W}(k)\boldsymbol{W}^{\mathrm{T}}(j)\right\}=\boldsymbol{R}(k)\delta(k,j) \tag{10.42}$$

假设过程噪声和量测噪声序列彼此不相关，且具有初始状态估计 $\hat{\boldsymbol{X}}(0|0)$ 和协方差矩阵 $\boldsymbol{P}(0|0)$，则 k 时刻的状态估计为

$$\hat{\boldsymbol{X}}(k)\approx E\left[\boldsymbol{X}(k)\middle|\boldsymbol{Z}^{k}\right] \tag{10.43}$$

相应的协方差矩阵为 $\boldsymbol{P}(k)$。

为了得到状态的一步预测 $\hat{\boldsymbol{X}}(k+1|k)$，对式(10.31)中的非线性函数在 $\hat{\boldsymbol{X}}(k)$ 附近进行泰勒级数展开，取其一阶或者二阶项，以产生一阶或者二阶扩展卡尔曼滤波，其中二阶泰勒级数展开式为

$$\begin{aligned}\boldsymbol{X}(k+1)=&\boldsymbol{f}(k,\hat{\boldsymbol{X}}(k))+\boldsymbol{f}_{X}(k)\left[\boldsymbol{X}(k)-\hat{\boldsymbol{X}}(k)\right]\\&+\frac{1}{2}\sum_{i=1}^{n}\boldsymbol{e}_i\left[\boldsymbol{X}(k)-\hat{\boldsymbol{X}}(k)\right]^{\mathrm{T}}\boldsymbol{f}_{XX}^{i}(k)\left[\boldsymbol{X}(k)-\hat{\boldsymbol{X}}(k)\right]+\boldsymbol{f}_{\mathrm{ho}}(k)+\boldsymbol{V}(k)\end{aligned} \tag{10.44}$$

式中，$\boldsymbol{f}_{\mathrm{ho}}(k)$ 为非线性函数的三阶及以上高阶项的和；n 为状态向量 $\boldsymbol{X}(k)$ 的维数；$\boldsymbol{e}_i$ 为第 i 个笛卡儿基本向量；$\boldsymbol{f}_X(k)$ 为 $\boldsymbol{f}(k,\boldsymbol{X}(k))$ 的雅可比矩阵，即

$$\boldsymbol{f}_X(k)=\begin{bmatrix}\dfrac{\partial f_1(\boldsymbol{X})}{\partial x_1} & \cdots & \dfrac{\partial f_1(\boldsymbol{X})}{\partial x_n}\\ \vdots & & \vdots\\ \dfrac{\partial f_n(\boldsymbol{X})}{\partial x_1} & \cdots & \dfrac{\partial f_n(\boldsymbol{X})}{\partial x_n}\end{bmatrix}_{X=\hat{X}(k)} \tag{10.45}$$

$\boldsymbol{f}_{XX}^{i}(k)$ 为 $\boldsymbol{f}(k,\boldsymbol{X}(k))$ 第 i 个分量的海赛矩阵，即

$$f_{XX}^{i}(k)=\begin{bmatrix}\dfrac{\partial^2 f^i(\boldsymbol{X})}{\partial x_1\partial x_1} & \cdots & \dfrac{\partial^2 f^i(\boldsymbol{X})}{\partial x_1\partial x_n}\\ \vdots & & \vdots \\ \dfrac{\partial^2 f^i(\boldsymbol{X})}{\partial x_n\partial x_1} & \cdots & \dfrac{\partial^2 f^i(\boldsymbol{X})}{\partial x_n\partial x_n}\end{bmatrix}_{\boldsymbol{X}=\hat{\boldsymbol{X}}(k)} \tag{10.46}$$

式(10.44)略去高阶项，并取以 $\boldsymbol{Z}^k$ 为条件的期望值，得到从 k 时刻到 $k+1$ 时刻的状态预测值，即

$$\hat{\boldsymbol{X}}(k+1\mid k)=E\left[\boldsymbol{X}(k+1)\mid \boldsymbol{Z}^k\right]=\boldsymbol{f}(k,\hat{\boldsymbol{X}}(k))+\frac{1}{2}\sum_{i=1}^{n}\boldsymbol{e}_i\mathrm{tr}\left[\boldsymbol{f}_{XX}^{i}(k)\boldsymbol{P}(k)\right] \tag{10.47}$$

忽略较高阶项，由式(10.44)和式(10.47)可获得状态预测值的估计误差，即

$$\begin{aligned}\tilde{\boldsymbol{X}}(k+1\mid k)&=\boldsymbol{X}(k+1)-\hat{\boldsymbol{X}}(k+1\mid k)=\boldsymbol{f}_X(k)\tilde{\boldsymbol{X}}(k\mid k)\\&+\frac{1}{2}\sum_{i=1}^{n}\boldsymbol{e}_i\left[\tilde{\boldsymbol{X}}^{\mathrm{T}}(k\mid k)\boldsymbol{f}_{XX}^{i}(k)\tilde{\boldsymbol{X}}(k\mid k)-\mathrm{tr}\left[\boldsymbol{f}_{XX}^{i}(k)\boldsymbol{P}(k\mid k)\right]\right]^{\mathrm{T}}+\boldsymbol{V}(k)\end{aligned} \tag{10.48}$$

利用式(10.48)求得与式(10.47)相对应的协方差为

$$\begin{aligned}\boldsymbol{P}(k+1\mid k)&=E\left[\tilde{\boldsymbol{X}}(k+1\mid k)\tilde{\boldsymbol{X}}^{\mathrm{T}}(k+1\mid k)\mid \boldsymbol{Z}^k\right]\\&=\boldsymbol{f}_X(k)\boldsymbol{P}(k)\boldsymbol{f}_X^{\mathrm{T}}(k)+\frac{1}{2}\sum_{i=1}^{n}\sum_{j=1}^{n}\boldsymbol{e}_i\boldsymbol{e}_j^{\mathrm{T}}\mathrm{tr}\left[\boldsymbol{f}_{XX}^{i}(k)\boldsymbol{P}(k)\boldsymbol{f}_{XX}^{j}(k)\boldsymbol{P}(k)\right]+\boldsymbol{Q}(k)\end{aligned} \tag{10.49}$$

对于二阶滤波，量测预测值为

$$\hat{\boldsymbol{Z}}(k+1\mid k)=\boldsymbol{h}(k+1,\hat{\boldsymbol{X}}(k+1\mid k))+\frac{1}{2}\sum_{i=1}^{n}\boldsymbol{e}_i\mathrm{tr}\left[\boldsymbol{h}_{XX}^{i}(k+1)\boldsymbol{P}(k+1\mid k)\right] \tag{10.50}$$

它的相应协方差(近似均方误差)为

$$\begin{aligned}\boldsymbol{S}(k+1)&=\boldsymbol{h}_X(k+1)\boldsymbol{P}(k+1\mid k)\boldsymbol{h}_X^{\mathrm{T}}(k+1)\\&+\frac{1}{2}\sum_{i=1}^{n}\sum_{j=1}^{n}\boldsymbol{e}_i\boldsymbol{e}_j^{\mathrm{T}}\left[\boldsymbol{h}_{XX}^{i}(k+1)\boldsymbol{P}(k+1\mid k)\boldsymbol{h}_{XX}^{j}(k+1)\boldsymbol{P}(k+1\mid k)\right]+\boldsymbol{R}(k+1)\end{aligned} \tag{10.51}$$

式中，$\boldsymbol{h}_X(k+1)$ 是雅可比矩阵，且

$$\boldsymbol{h}_X(k+1)=\left[\boldsymbol{\nabla}_x\boldsymbol{h}^{\mathrm{T}}(k+1,X)\right]_{X=\hat{\boldsymbol{X}}(k+1\mid k)}^{\mathrm{T}} \tag{10.52}$$

$$\boldsymbol{h}_{XX}^{i}(k+1)=\left[\boldsymbol{\nabla}_x\boldsymbol{\nabla}_x^{\mathrm{T}}\boldsymbol{h}^{\mathrm{T}}(k+1,X)\right]_{X=\hat{\boldsymbol{X}}(k+1\mid k)}^{\mathrm{T}} \tag{10.53}$$

增益为

$$\boldsymbol{K}(k+1)=\boldsymbol{P}(k+1\mid k)\boldsymbol{h}_X^{\mathrm{T}}(k+1)\boldsymbol{S}^{-1}(k+1) \tag{10.54}$$

状态更新方程为

$$\hat{\boldsymbol{X}}(k+1)=\hat{\boldsymbol{X}}(k+1|k)+\boldsymbol{K}(k+1)[\boldsymbol{Z}(k+1)-\boldsymbol{h}(k+1,\hat{\boldsymbol{X}}(k+1|k))] \tag{10.55}$$

协方差更新方程为

$$\begin{aligned}\boldsymbol{P}(k+1)=&[\boldsymbol{I}-\boldsymbol{K}(k+1)\boldsymbol{h}_X(k+1)]\boldsymbol{P}(k+1|k)[\boldsymbol{I}+\boldsymbol{K}(k+1)\boldsymbol{h}_X(k+1)]^{\mathrm{T}}\\&+\boldsymbol{K}(k+1)\boldsymbol{R}(k+1)\boldsymbol{K}^{\mathrm{T}}(k+1)\end{aligned} \tag{10.56}$$

泰勒级数展开式只保留到一阶项得到的一阶扩展卡尔曼滤波公式与二阶情况类似，即

$$\boldsymbol{X}(k+1)=\boldsymbol{f}(k,\hat{\boldsymbol{X}}(k))+\boldsymbol{f}_X(k)\left[\boldsymbol{X}(k)-\hat{\boldsymbol{X}}(k)\right]+\boldsymbol{f}_{\mathrm{ho}}(k)+\boldsymbol{V}(k)$$

状态的一步预测为

$$\hat{\boldsymbol{X}}(k+1\mid k)=\boldsymbol{f}(k,\hat{\boldsymbol{X}}(k)) \tag{10.57}$$

协方差的一步预测为

$$\boldsymbol{P}(k+1\mid k)=\boldsymbol{f}_X(k)\boldsymbol{P}(k)\boldsymbol{f}_X^{\mathrm{T}}(k)+\boldsymbol{Q}(k) \tag{10.58}$$

量测预测值为

$$\hat{\boldsymbol{Z}}(k+1\mid k)=\boldsymbol{h}(k+1,\hat{\boldsymbol{X}}(k+1\mid k)) \tag{10.59}$$

相应的协方差(近似均方误差)为

$$\boldsymbol{S}(k+1)=\boldsymbol{h}_X(k+1)\boldsymbol{P}(k+1\mid k)\boldsymbol{h}_X^{\mathrm{T}}(k+1)+\boldsymbol{R}(k+1) \tag{10.60}$$

增益为

$$\boldsymbol{K}(k+1)=\boldsymbol{P}(k+1\mid k)\boldsymbol{h}_X^{\mathrm{T}}(k+1)\boldsymbol{S}^{-1}(k+1)$$

状态更新方程为

$$\hat{\boldsymbol{X}}(k+1)=\hat{\boldsymbol{X}}(k+1|k)+\boldsymbol{K}(k+1)[\boldsymbol{Z}(k+1)-\boldsymbol{h}(k+1,\hat{\boldsymbol{X}}(k+1|k))]$$

协方差更新方程为

$$\begin{aligned}\boldsymbol{P}(k+1)=&[\boldsymbol{I}-\boldsymbol{K}(k+1)\boldsymbol{h}_X(k+1)]\boldsymbol{P}(k+1|k)[\boldsymbol{I}+\boldsymbol{K}(k+1)\boldsymbol{h}_X(k+1)]^{\mathrm{T}}\\&+\boldsymbol{K}(k+1)\boldsymbol{R}(k+1)\boldsymbol{K}^{\mathrm{T}}(k+1)\end{aligned}$$

可以发现，相比线性滤波，一阶扩展卡尔曼滤波用雅可比矩阵 $\boldsymbol{f}_X(k)$ 和 $\boldsymbol{h}_X(k+1)$ 分别代替系统转移矩阵 $\boldsymbol{F}(k)$ 和量测矩阵 $\boldsymbol{H}(k+1)$ 。

如果泰勒级数展开式中保留到三阶或四阶项，则可得到三阶或四阶扩展卡尔曼滤波。对不同阶次的扩展卡尔曼滤波性能进行仿真分析[2]，结果表明二阶扩展卡尔曼滤波的性能远比一阶好，而二阶以上的扩展卡尔曼滤波性能与二阶相比没有明显提高，一般不采用超过二阶以上的扩展卡尔曼滤波。二阶卡尔曼滤波的性能虽然优于一阶，但二阶的计算量很大，所以一般只采用一阶扩展卡尔曼滤波。

扩展卡尔曼滤波方法是一种比较常用的非线性滤波方法，其非线性因子的存在以及过程噪声和量测噪声的统计特性，均会对滤波稳定性和状态估计精度产生很大影响。此外，如果状态初始值和初始协方差误差较大，也容易导致滤波发散。

10.2.3　不敏卡尔曼滤波方法

当系统非线性强时，忽略了高阶项的扩展卡尔曼滤波会产生较大误差，甚至滤波发

散。不敏卡尔曼滤波不用线性化方法近似非线性状态方程或观测方程，而是采用类似蒙特卡罗仿真思想，利用选取好的西格玛采样点对状态向量的概率密度函数进行近似化。这组西格玛点集能够近似随机变量高斯分布的均值和协方差，当这些点经过非线性系统的传递后，得到的后验均值和协方差能够精确到二阶。由于不需要对非线性系统进行线性化，并可以很容易应用于非线性系统的状态估计，因此，不敏卡尔曼滤波在很多方面得到了广泛的应用。

1. 不敏变换原理

不敏卡尔曼滤波算法以不敏变换为基础。不敏变换是计算经过非线性变换随机变量概率的一种方法。设 $\boldsymbol{X}$ 是 n 维随机变量，由非线性变换 $\boldsymbol{f}:R^n\to R^m$ 得到 m 维随机变量 $\boldsymbol{y}=\boldsymbol{f}(\boldsymbol{X})$。使用不敏变换方法计算 $\boldsymbol{y}$ 的一阶矩和二阶矩步骤如下。

(1) 计算 $2n+1$ 个采样点 χ_i 及其权值 ω_i。假设 $\boldsymbol{X}$ 的均值和方差分别为 $\bar{\boldsymbol{X}}$ 和 $\boldsymbol{P}_X$，先选取特定的 $2n+1$ 个带有权值的采样点 $S_i=\{\omega_i,\chi_i\}$，这些点需要包含 $\boldsymbol{X}$ 的先验信息(均值、方差)。按如下方案选取可满足要求(采样点的方差和均值为 $\boldsymbol{X}$ 的先验方差和均值)：

$$\boldsymbol{\chi}_0=\bar{\boldsymbol{X}},\quad \omega_0=\kappa/(n+\kappa),\quad i=0 \tag{10.61}$$

$$\boldsymbol{\chi}_i=\bar{\boldsymbol{X}}+\left(\sqrt{(n+\kappa)\boldsymbol{P}_X}\right)_i,\quad \omega_i=1/[2(n+\lambda)],\quad i=1,2,\cdots,n \tag{10.62}$$

$$\boldsymbol{\chi}_i=\bar{\boldsymbol{X}}-\left(\sqrt{(n+\kappa)\boldsymbol{P}_X}\right)_{i-n},\quad \omega_i=1/[2(n+\lambda)],\quad i=n+1,n+2,\cdots,2n \tag{10.63}$$

式中，n 为状态向量的维数；$\left(\sqrt{(n+\kappa)\boldsymbol{P}_X}\right)_i$ 为 $(n+\kappa)\boldsymbol{P}_X$ 的平方根矩阵的第 i 行(列)，可以利用乔莱斯基(Cholesky)分解法(又称“平方根法”)进行计算(平方根矩阵的选择可以是任意的，但为了计算的有效性和稳定性，一般选择 Cholesky 分解)；λ 为一个尺度参数，满足 $\lambda=\alpha^2(n+\kappa)-n$，参数 α、κ 决定西格玛点以均值为原点的分散程度；ω_i 为第 i 个采样点 X_i 的权值，并有

$$\sum_{i=0}^{2n}\omega_i=1 \tag{10.64}$$

(2) 通过非线性方程传递采样点：

$$\boldsymbol{y}_i=\boldsymbol{f}(\boldsymbol{\chi}_i),\quad i=0,1,\cdots,2n \tag{10.65}$$

(3) 估算 $\boldsymbol{y}$ 的均值和协方差：

$$\bar{\boldsymbol{y}}=\sum_{i=0}^{2n}\omega_i\boldsymbol{y}_i \tag{10.66}$$

$$\boldsymbol{P}_y=\sum_{i=0}^{2n}\omega_i(\boldsymbol{y}_i-\bar{\boldsymbol{y}})(\boldsymbol{y}_i-\bar{\boldsymbol{y}})^{\mathrm{T}} \tag{10.67}$$

以上均值和方差的估计精度能够到 $\boldsymbol{f}(\boldsymbol{X})$ 泰勒展开式的二阶项，误差只由三阶以上的高阶项引起。不敏变换通过调节采样点与分布均值的距离，提供了一种自由控制采样点距离的方法。

2. 不敏卡尔曼滤波设计

假设 k 时刻的状态估计值和状态估计协方差分别为 $\hat{\boldsymbol{X}}(k)$ 和 $\boldsymbol{P}(k)$，则可以利用

式(10.62)、式(10.63)计算出相应的西格玛点 $\boldsymbol{\chi}_i(k)$ 和对应权值 ω_i。然后，基于非线性状态方程，得到西格玛点的一步预测：

$$\boldsymbol{\chi}_i(k+1|k)=\boldsymbol{f}(k,\boldsymbol{\chi}_i(k)),\quad i=0,1,\cdots,2n \tag{10.68}$$

利用西格玛点的一步预测 $\chi_i(k+1|k)$ 及权值 ω_i，计算状态预测估计和状态预测协方差：

$$\hat{\boldsymbol{X}}(k+1|k)=\sum_{i=0}^{2n}\omega_i\boldsymbol{\chi}_i(k+1|k) \tag{10.69}$$

$$\boldsymbol{P}(k+1|k)=\sum_{i=0}^{2n}\omega_i[\boldsymbol{\chi}_i(k+1|k)-\hat{\boldsymbol{X}}(k+1|k)][\boldsymbol{\chi}_i(k+1|k)-\hat{\boldsymbol{X}}(k+1|k)]^{\mathrm{T}}+\boldsymbol{Q}(k) \tag{10.70}$$

利用量测方程得到预测量测采样点：

$$\boldsymbol{Z}_i(k+1|k)=\boldsymbol{h}(k+1,\boldsymbol{\chi}_i(k+1|k)),\quad i=0,1,\cdots,2n \tag{10.71}$$

则预测量测均值和相应的协方差为

$$\hat{\boldsymbol{Z}}(k+1|k)=\sum_{i=0}^{2n}\omega_i\boldsymbol{Z}_i(k+1|k) \tag{10.72}$$

$$\boldsymbol{P}_{zz}(k+1|k)=\sum_{i=0}^{2n}\omega_i[\boldsymbol{Z}_i(k+1|k)-\hat{\boldsymbol{Z}}(k+1|k)][\boldsymbol{Z}_i(k+1|k)-\hat{\boldsymbol{Z}}(k+1|k)]^{\mathrm{T}}+\boldsymbol{R}(k+1) \tag{10.73}$$

量测值和状态向量的交互协方差为

$$\boldsymbol{P}_{xz}(k+1|k)=\sum_{i=0}^{2n}\omega_i[\boldsymbol{\chi}_i(k+1|k)-\hat{\boldsymbol{X}}(k+1|k)][\boldsymbol{Z}_i(k+1|k)-\hat{\boldsymbol{Z}}(k+1|k)]^{\mathrm{T}} \tag{10.74}$$

卡尔曼增益为

$$\boldsymbol{K}(k+1)=\boldsymbol{P}_{xz}(k+1|k)\boldsymbol{P}_{zz}^{-1}(k+1|k) \tag{10.75}$$

如果 $k+1$ 时刻的量测值为 $\boldsymbol{Z}(k+1)$，则状态更新和状态更新协方差可以表示为

$$\hat{\boldsymbol{X}}(k+1)=\hat{\boldsymbol{X}}(k+1|k)+\boldsymbol{K}(k+1)(\boldsymbol{Z}(k+1)-\hat{\boldsymbol{Z}}(k+1|k)) \tag{10.76}$$

$$\boldsymbol{P}(k+1)=\boldsymbol{P}(k+1|k)-\boldsymbol{K}(k+1)\boldsymbol{P}_{zz}(k+1|k)\boldsymbol{K}^{\mathrm{T}}(k+1) \tag{10.77}$$

10.2.4　粒子滤波方法

粒子滤波方法使用大量随机样本，采用蒙特卡罗仿真技术完成递推贝叶斯滤波过程，其核心是利用一组具有相应权值的随机样本(也称为“粒子”)来表示系统状态的后验分布。粒子滤波的基本思路是选取一个重要性概率密度从中随机抽样，得到带有相应权值的随机样本后，在量测数据的基础上调节权重大小和粒子位置，使用调整后的样本逼近系统状态后验分布，最后将这组样本的加权求和作为状态估计值。

粒子滤波不受系统模型线性和高斯假设约束，采用样本形式对状态概率密度进行描述，是目前处理非线性非高斯系统状态估计问题的热点研究领域。本小节在简要介绍粒

子滤波涉及的数学知识后，给出标准粒子滤波算法基本步骤。

1. 序贯重要性采样法

递推贝叶斯滤波给出了计算后验密度函数 $p(\boldsymbol{X}(k)|\boldsymbol{Z}^k)$ 的递推公式，其中包含复杂的概率密度函数积分运算。为了应对这些复杂的积分运算，通常使用蒙特卡罗方法将积分转化为离散样本加权和的形式来进行状态估计。但在使用蒙特卡罗方法时，可能无法从 $p(\boldsymbol{X}(k)|\boldsymbol{Z}^k)$ 中直接进行采样，因此，引入重要性采样法来解决这一问题。

序贯重要性采样(sequential importance sampling，SIS)在采样时刻不会改动过去的状态序列，因而得到广泛应用。由于无法从后验概率密度函数中直接采样，需要寻找一个容易进行采样(已知概率分布)的概率密度函数 $q(\boldsymbol{X}(k)|\boldsymbol{Z}^k)$，即重要性密度函数。函数 $\boldsymbol{f}(\boldsymbol{X}(k))$ 的统计平均值可以进行如下变形：

$$E\left[\boldsymbol{f}\left(\boldsymbol{X}(k)\right)\right]=\int \boldsymbol{f}\left(\boldsymbol{X}(k)\right)\frac{p\left(\boldsymbol{X}(k)|\boldsymbol{Z}^k\right)}{q\left(\boldsymbol{X}(k)|\boldsymbol{Z}^k\right)}q\left(\boldsymbol{X}(k)|\boldsymbol{Z}^k\right)\mathrm{d}\boldsymbol{X}(k) \tag{10.78}$$

对 $p\left(\boldsymbol{X}(k)|\boldsymbol{Z}^k\right)$ 应用贝叶斯公式得

$$p\left(\boldsymbol{X}(k)|\boldsymbol{Z}^k\right)=\frac{p\left(\boldsymbol{Z}^k|\boldsymbol{X}(k)\right)p\left(\boldsymbol{X}(k)\right)}{p\left(\boldsymbol{Z}^k\right)} \tag{10.79}$$

定义非归一化重要性权值 ω_k 如下：

$$\omega_k=\frac{p\left(\boldsymbol{Z}^k|\boldsymbol{X}(k)\right)p\left(\boldsymbol{X}(k)\right)}{q\left(\boldsymbol{X}(k)|\boldsymbol{Z}^k\right)} \tag{10.80}$$

将式(10.80)代入式(10.78)，整理得

$$E\left[\boldsymbol{f}\left(\boldsymbol{X}(k)\right)\right]=\frac{1}{p\left(\boldsymbol{Z}^k\right)}\int \omega_k\boldsymbol{f}\left(\boldsymbol{X}(k)\right)q\left(\boldsymbol{X}(k)|\boldsymbol{Z}^k\right)\mathrm{d}\boldsymbol{X}(k) \tag{10.81}$$

式中，

$$p\left(\boldsymbol{Z}^k\right)=\int p\left(\boldsymbol{Z}^k\mid\boldsymbol{X}(k)\right)p\left(\boldsymbol{X}(k)\right)\mathrm{d}\boldsymbol{X}(k) \tag{10.82}$$

将式(10.82)代入式(10.81)，并利用重要性密度函数 $q\left(\boldsymbol{X}(k)|\boldsymbol{Z}^k\right)$ 整理得

$$E\left[\boldsymbol{f}\left(\boldsymbol{X}(k)\right)\right]=\frac{\int \omega_k\boldsymbol{f}\left(\boldsymbol{X}(k)\right)q\left(\boldsymbol{X}(k)|\boldsymbol{Z}^k\right)\mathrm{d}\boldsymbol{X}(k)}{\int\frac{p\left(\boldsymbol{Z}^k|\boldsymbol{X}(k)\right)p\left(\boldsymbol{X}(k)\right)}{q\left(\boldsymbol{X}(k)|\boldsymbol{Z}^k\right)}q\left(\boldsymbol{X}(k)|\boldsymbol{Z}^k\right)\mathrm{d}\boldsymbol{X}(k)} \tag{10.83}$$

再将重要性权值 ω_k 代入得到

$$E\left[\boldsymbol{f}\left(\boldsymbol{X}(k)\right)\right]=\frac{\int \omega_k\boldsymbol{f}\left(\boldsymbol{X}(k)\right)q\left(\boldsymbol{X}(k)|\boldsymbol{Z}^k\right)\mathrm{d}\boldsymbol{X}(k)}{\int \omega_k q\left(\boldsymbol{X}(k)|\boldsymbol{Z}^k\right)\mathrm{d}\boldsymbol{X}(k)} \tag{10.84}$$

通过 $q\left(\boldsymbol{X}(k)|\boldsymbol{Z}^k\right)$ 产生一组粒子 $\left\{x^i(k)\left(i=1,2,\cdots,N\right)\right\}$，应用蒙特卡罗方法将式(10.84)近似变换为

$$E\left[\boldsymbol{f}\left(\boldsymbol{X}(k)\right)\right]\approx\frac{\frac{1}{N}\sum_{i=1}^{N}\omega_k\left(x^i(k)\right)f\left(x^i(k)\right)}{\frac{1}{N}\sum_{i=1}^{N}\omega_k\left(x^i(k)\right)} \tag{10.85}$$

定义如下归一化的重要性权重：

$$\hat{\omega}_k^i=\frac{\omega_k\left(x^i(k)\right)}{\sum_{j=1}^{N}\omega_k\left(x^j(k)\right)} \tag{10.86}$$

将式(10.86)代入式(10.85)得

$$E\left[f\left(\boldsymbol{X}(k)\right)\right]\approx\sum_{i=1}^{N}\hat{\omega}_k^i f\left(x^i(k)\right) \tag{10.87}$$

此时，后验概率密度函数用点估计近似为

$$p\left(\boldsymbol{X}(k)|\boldsymbol{Z}^k\right)=\sum_{i=1}^{N}\hat{\omega}_k^i\delta\left(x(k)-x^i(k)\right) \tag{10.88}$$

为了在采样时刻不改动过去时刻的状态序列，选择的重要性密度函数 $q(\boldsymbol{X}(k)|\boldsymbol{Z}^k)$ 满足：

$$q\left(\boldsymbol{X}(k)|\boldsymbol{Z}^k\right)=q\left(\boldsymbol{X}(k)|\boldsymbol{X}(k-1),\boldsymbol{Z}^k\right)q\left(\boldsymbol{X}(k-1)|\boldsymbol{Z}^{k-1}\right) \tag{10.89}$$

假设系统状态向量符合一阶马尔可夫过程，且不同量测值是相互条件独立的，即

$$\begin{cases}p\left(\boldsymbol{X}(k)\right)=p\left(\boldsymbol{X}(0)\right)\prod_{j=1}^{k}p\left(\boldsymbol{X}(j)\mid\boldsymbol{X}(j-1)\right)\\ p\left(\boldsymbol{Z}^k\mid\boldsymbol{X}(k)\right)=\prod_{j=1}^{k}p\left(\boldsymbol{Z}(j)\mid\boldsymbol{X}(j)\right)\end{cases} \tag{10.90}$$

将式(10.89)和式(10.90)代入式(10.80)，得到权重 ω_k 的递推公式为

$$\omega_k=\omega_{k-1}\frac{p\left(\boldsymbol{Z}(k)\mid\boldsymbol{X}(k)\right)p\left(\boldsymbol{X}(k)\mid\boldsymbol{X}(k-1)\right)}{q\left(\boldsymbol{X}(k)|\boldsymbol{X}(k-1),\boldsymbol{Z}^k\right)} \tag{10.91}$$

进而得到归一化重要性权重 $\hat{\omega}_k^i$ 的递推公式为

$$\hat{\omega}_k^i=\hat{\omega}_{k-1}^i\frac{p\left(\boldsymbol{Z}(k)\mid x^i(k)\right)p\left(x^i(k)\mid x^i(k-1)\right)}{q\left(x^i(k)|x^i(k-1),\boldsymbol{Z}^k\right)} \tag{10.92}$$

2. 退化问题

在序贯重要性采样法中，重要性权重的方差会随时间增长而增大，必然会导致粒子

退化现象(degeneracy phenomenon，DP)，即经过若干次迭代之后，除少数几个粒子外，其余粒子的权重将小到可忽略不计，从而使得大量递推浪费在对逼近 $p\left(\boldsymbol{X}(k)|\boldsymbol{Z}^k\right)$ 几乎不起任何作用的粒子上。

因此，提出了有效样本数(effective sample size)来衡量算法的粒子退化程度，其定义为

$$N_{\text{eff}}=\frac{N}{1+\operatorname{Var}\left(\tilde{\omega}_k^i\right)} \tag{10.93}$$

式中，$\tilde{\omega}_k^i=p\left(x^i(k)|\boldsymbol{Z}^k\right)/q\left(x^i(k)|x^i(k-1),\boldsymbol{Z}^k\right)$，称为真权重(true weight)。有效样本数无法通过严格计算得到，但可以用以下估计值获得，即

$$N_{\text{eff}}\approx\frac{1}{\sum\limits_{i=1}^{N}\left(\hat{\omega}_k^i\right)^2} \tag{10.94}$$

式中，$\hat{\omega}_k^i$ 为式(10.86)中定义的归一化重要性权重。如果 $N_{\text{eff}}\leqslant N$，则认为 N_{eff} 很小，意味着粒子严重退化。

粒子退化现象在粒子滤波中是不希望看到的，可以采用非常大的样本容量削弱粒子退化作用。然而，许多情况下无限地扩大样本容量是不现实的，可以考虑选择合适的重要性密度函数或使用重采样法，来降低粒子退化现象带来的负面影响。

3. 重要性密度函数的选择和重采样法

重要性密度函数(importance density function，IDF)的选择对于算法效率和权重退化速度的影响非常明显。一个好的重要性密度函数应覆盖所有的后验概率分布，旨在使方差 $\operatorname{Var}\left(\tilde{\omega}_k^i\right)$ 最小化，从而使 N_{eff} 最大化。如果重要性密度函数为

$$\begin{aligned}&q\left(\boldsymbol{X}(k)|\boldsymbol{X}(k-1),\boldsymbol{Z}^k\right)\\=&q\left(\boldsymbol{X}(k)|\boldsymbol{X}(k-1),\boldsymbol{Z}(k)\right)\\=&p\left(\boldsymbol{X}(k)|\boldsymbol{X}(k-1),\boldsymbol{Z}(k)\right)\end{aligned} \tag{10.95}$$

将式(10.95)代入式(10.91)，得到权重递推公式满足：

$$\omega_k\propto\omega_{k-1}p\left(\boldsymbol{Z}(k)\mid\boldsymbol{X}(k-1)\right)=\omega_{k-1}\int p\left(\boldsymbol{Z}(k)\mid\boldsymbol{X}(k)\right)p\left(\boldsymbol{X}(k)\mid\boldsymbol{X}(k-1)\right)\mathrm{d}\boldsymbol{X}(k) \tag{10.96}$$

对于给定的 $\boldsymbol{X}(k-1)$，无论 $q\left(\boldsymbol{X}(k)|\boldsymbol{X}(k-1),\boldsymbol{Z}^k\right)$ 如何采样，ω_k 取值相同，所以该重要性密度函数的选择是最优的。但是，这种重要性密度函数对其直接采样往往比较困难，且对新状态进行积分运算。

通常情况下，应用最优重要性密度函数进行序贯重要性采样很难实现，更为常用的是次优重要性密度函数，即

$$q\left(\boldsymbol{X}(k)|\boldsymbol{X}(k-1),\boldsymbol{Z}^k\right)=p\left(\boldsymbol{X}(k)|\boldsymbol{X}(k-1)\right) \tag{10.97}$$

进而得到权重递推公式满足：

$$\omega_k = \omega_{k-1} p\left(\boldsymbol{Z}(k) \mid \boldsymbol{X}(k)\right) \tag{10.98}$$

这种方案中的重要性密度函数很容易获取，权重计算直观且易于实现，但是由于未能利用最新的量测信息，使得采样粒子的方差较大。

重采样(resampling)也是抑制粒子退化现象的一种有效手段，其主要思想是在粒子权重更新后引入重采样步骤，以减少权重较小的粒子数目，而把注意力集中在权重较大的粒子上。

预先设定有效样本数 N_{eff} 的阈值 N_{thr}。当所有权重 $\hat{\omega}_k^i = 1/N\left(i=1,2,\cdots,N\right)$ 时，$N_{\text{eff}} = N$；当只有一个权重 $\hat{\omega}_k^i = 1$，其余权重 $\hat{\omega}_k^i = 0$ 时，$N_{\text{eff}} = 1$。粒子退化现象可由 N_{eff} 的大小判断，当 $N_{\text{eff}} \leqslant N_{\text{thr}}$ 时，就认为发生了明显的粒子退化现象。

重采样的步骤是对后验概率密度函数 $q\left(\boldsymbol{X}(k)|\boldsymbol{Z}^k\right)$ 的离散近似：

$$p\left(\boldsymbol{X}(k)|\boldsymbol{Z}^k\right) = \sum_{i=1}^{N} \hat{\omega}_k^i \delta\left(x(k) - x^i(k)\right) \tag{10.99}$$

进行 N 次采样生成一组新的粒子集 $\left\{x^{i*}(k)\right\}_{i=1}^{N}$，使得 $p\left(x^{i*}(k) = x^j(k)\right) = \hat{\omega}_k^i$。同时，将原来的加权粒子集 $\left\{x_k^i, \hat{\omega}_k^i\right\}$ 映射到具有相等权值的新粒子集 $\left\{x_k^{i*}, 1/N\right\}$ 上。

重采样方法虽然在某种程度上可以抑制粒子退化问题，但经过重采样之后的粒子轨迹在统计意义上将不再独立。不满足样本独立同分布的要求，从而使得蒙特卡罗积分的收敛性难以保证。权重较大的粒子将会被多次复制，权重较低的粒子逐渐消失，从而失去了多样性。对于任何基于蒙特卡罗方法的估计问题，经过重采样之后其估计精度一定会有所下降。因此，应该在重采样之前计算样本的某些统计特性。重采样步骤只与所采用的重采样算法有关，重采样算法的优劣直接影响估计准确度。

4. 标准粒子滤波算法

选择重要性概率密度函数为先验概率密度，并在标准的序贯重要性采样中引入重采样步骤，便形成了标准粒子滤波算法的基本框架，由此给出如下标准粒子滤波算法步骤。

1) 初始化

根据先验概率 $p\left(\boldsymbol{X}(0)\right)$ 采样，得到粒子群 $\left\{x^i(0), i=1,2,\cdots,N\right\}$，所有粒子权重为 $1/N$。

2) 序贯重要性采样

(1) 选取重要性密度函数 $p\left(\boldsymbol{X}(k)|\boldsymbol{X}(k-1)\right)$，并从中抽取 N 个新粒子：

$$x^i(k) \sim p\left(x^i(k) \mid x^i(k-1)\right) \tag{10.100}$$

(2) 计算新粒子权重：

$$\omega_k^i = \omega_{k-1}^i p\left(\boldsymbol{Z}(k) \mid x^i(k)\right) \tag{10.101}$$

(3) 归一化权重：

$$\hat{\omega}_k^i = \omega_k^i \Big/ \sum_{i=1}^{N} \omega_k^i \tag{10.102}$$

3) 重采样

若 $N_{\text{eff}} \approx 1 \Big/ \sum_{i=1}^{N} \left(\hat{\omega}_k^i\right)^2 < N_{\text{thr}}$，进行重采样，将原来的带权样本 $\left\{x^i(k), \omega_k^i\right\}_{i=1}^{N}$ 映射为等权样本 $\left\{x^{i*}(k), 1/N\right\}_{i=1}^{N}$。

4) k 时刻状态估计和方差矩阵

基于采样结果，得到 k 时刻状态估计和方差矩阵为

$$\hat{x}(k) = \sum_{i=1}^{N} \hat{\omega}_k^i x^i(k) \tag{10.103}$$

$$\boldsymbol{P}(k) = \sum_{i=1}^{N} \hat{\omega}_k^i \left(x^i(k) - \hat{x}(k)\right)\left(x^i(k) - \hat{x}(k)\right)^{\mathrm{T}} \tag{10.104}$$

10.3 自适应滤波方法

10.3.1 自适应卡尔曼滤波方法

卡尔曼滤波方法要求先验的噪声统计特性，然而在很多实际系统中，过程噪声和量测噪声的统计特性是未知的、不准确的，甚至可能是时变的。作为系统的主要先验信息，过程噪声和量测噪声对卡尔曼滤波的估计性能和稳定性有着重要意义。此外，如果所建立的系统模型与实际模型不符也可能会引起滤波发散。在滤波过程中，自适应滤波一方面利用量测数据修正预测值，另一方面也对未知的或不确切的系统模型参数和噪声统计参数进行估计或修正。自适应滤波方法可分为四类[3]，包括贝叶斯法、极大似然法、相关函数法和协方差匹配法。

本书只讨论系统模型参数已知，而噪声统计特性未知情况下的自适应滤波。由于噪声统计特性最终通过增益矩阵影响滤波结果，因此在进行自适应滤波时，也可以不估计噪声统计参数而直接根据量测数据调整增益矩阵。下面简要介绍 Sage-Husa 自适应卡尔曼滤波方法，其工作原理是通过时变噪声统计估值器，实时估计和修正系统噪声与量测噪声的统计特性，从而达到降低系统模型误差、抑制滤波发散和提高滤波精度的目的。

对函数 $\boldsymbol{h}(\boldsymbol{X}(k+1))$ 进行泰勒级数展开得

$$\begin{aligned}\boldsymbol{h}(\boldsymbol{X}(k+1)) = {} & \boldsymbol{h}\left(\hat{\boldsymbol{X}}(k+1|k)\right) \\ & + \frac{\partial \boldsymbol{h}}{\partial \boldsymbol{X}}\Big|_{\hat{\boldsymbol{X}}(k+1|k)} \left(\boldsymbol{X}(k+1) - \hat{\boldsymbol{X}}(k+1|k)\right) + \boldsymbol{\nabla}^2\left(\boldsymbol{X}(k+1) - \hat{\boldsymbol{X}}(k+1|k)\right)\end{aligned} \tag{10.105}$$

量测方程可写为

$$\boldsymbol{Z}(k+1) = \boldsymbol{H}(k+1)\boldsymbol{X}(k+1) + \boldsymbol{h}\left(\hat{\boldsymbol{X}}(k+1|k)\right) - \boldsymbol{H}(k+1)\hat{\boldsymbol{X}}(k+1|k) + \hat{\boldsymbol{W}}(k+1) \tag{10.106}$$

式中，$\boldsymbol{H}(k+1)=\partial\boldsymbol{h}/\partial\boldsymbol{X}|_{\hat{\boldsymbol{X}}(k+1|k)}$；$\hat{\boldsymbol{W}}(k+1)=\nabla^2(\boldsymbol{X}(k+1)-\hat{\boldsymbol{X}}(k+1/k))+\boldsymbol{W}(k+1)$，为虚拟量测噪声，具有未知的时变统计特性。可以看出，引入虚拟量测噪声能够补偿模型线性化误差，有利于滤波性能的改善。

设随机线性离散系统方程为

$$\boldsymbol{X}(k+1)=\boldsymbol{F}(k)\boldsymbol{X}(k)+\boldsymbol{V}(k) \tag{10.107}$$

$$\boldsymbol{Z}(k+1)=\boldsymbol{H}(k+1)\boldsymbol{X}(k+1)+\boldsymbol{W}(k+1) \tag{10.108}$$

系统过程噪声和量测噪声的统计特性如下：

$$\begin{cases} E\left[\boldsymbol{V}(k)\right]=q(k), E\left[\boldsymbol{V}(k)\boldsymbol{V}^{\mathrm{T}}(j)\right]=\boldsymbol{Q}(k)\delta(k,j) \\ E\left[\boldsymbol{W}(k)\right]=r(k), E\left[\boldsymbol{W}(k)\boldsymbol{W}^{\mathrm{T}}(j)\right]=\boldsymbol{R}(k)\delta(k,j) \\ E\left[\boldsymbol{V}(k)\boldsymbol{W}^{\mathrm{T}}(j)\right]=0 \end{cases} \tag{10.109}$$

Sage-Husa 自适应滤波算法可描述为

$$\hat{\boldsymbol{X}}(k+1|k)=\boldsymbol{F}(k)\hat{\boldsymbol{X}}(k)+\hat{\boldsymbol{q}}(k) \tag{10.110}$$

$$\hat{\boldsymbol{X}}(k+1)=\hat{\boldsymbol{X}}(k+1|k)+\boldsymbol{K}(k+1)\left[\boldsymbol{Z}(k+1)-\boldsymbol{H}(k+1)\hat{\boldsymbol{X}}(k+1|k)-\hat{\boldsymbol{r}}(k+1)\right] \tag{10.111}$$

$$\boldsymbol{K}(k+1)=\boldsymbol{P}(k+1|k)\boldsymbol{H}^{\mathrm{T}}(k+1)\left[\boldsymbol{H}(k+1)\boldsymbol{P}(k+1|k)\boldsymbol{H}^{\mathrm{T}}(k+1)+\hat{\boldsymbol{R}}(k+1)\right]^{-1} \tag{10.112}$$

$$\boldsymbol{P}(k+1|k)=\boldsymbol{F}(k)\boldsymbol{P}(k)\boldsymbol{F}^{\mathrm{T}}(k)+\hat{\boldsymbol{Q}}(k) \tag{10.113}$$

$$\boldsymbol{P}(k+1)=\left[\boldsymbol{I}-\boldsymbol{K}(k+1)\boldsymbol{H}(k+1)\right]\boldsymbol{P}(k+1|k) \tag{10.114}$$

式中，$\hat{\boldsymbol{q}}(k)$、$\hat{\boldsymbol{Q}}(k)$ 和 $\hat{\boldsymbol{r}}(k+1)$、$\hat{\boldsymbol{R}}(k+1)$ 由以下时变噪声统计估值器获得

$$\hat{\boldsymbol{q}}(k+1)=(1-d_k)\hat{\boldsymbol{q}}(k)+d_k\left(\hat{\boldsymbol{X}}(k+1)-\boldsymbol{F}(k)\hat{\boldsymbol{X}}(k)\right) \tag{10.115}$$

$$\hat{\boldsymbol{Q}}(k+1)=(1-d_k)\hat{\boldsymbol{Q}}(k)+d_k\left(\boldsymbol{K}(k+1)\tilde{\boldsymbol{Z}}(k+1)\tilde{\boldsymbol{Z}}^{\mathrm{T}}(k+1)\boldsymbol{K}^{\mathrm{T}}(k+1)+\boldsymbol{P}(k+1)-\boldsymbol{F}(k)\boldsymbol{P}(k)\boldsymbol{F}^{\mathrm{T}}(k)\right) \tag{10.116}$$

$$\hat{\boldsymbol{r}}(k+1)=(1-d_k)\hat{\boldsymbol{r}}(k)+d_k\left(\boldsymbol{Z}(k+1)-\boldsymbol{H}(k+1)\hat{\boldsymbol{X}}(k+1|k)\right) \tag{10.117}$$

$$\hat{\boldsymbol{R}}(k+1)=(1-d_k)\hat{\boldsymbol{R}}(k)+d_k\left(\tilde{\boldsymbol{Z}}(k+1)\tilde{\boldsymbol{Z}}^{\mathrm{T}}(k+1)-\boldsymbol{H}(k+1)\boldsymbol{P}(k+1|k)\boldsymbol{H}^{\mathrm{T}}(k+1)\right) \tag{10.118}$$

式中，$\tilde{\boldsymbol{Z}}(k+1)=\boldsymbol{Z}(k+1)-\boldsymbol{H}(k+1)\hat{\boldsymbol{X}}(k+1|k)-\hat{\boldsymbol{r}}(k+1)$；$d_k=\dfrac{1-b}{1-b^{k+1}}$，$0<b<1$ 为遗忘因子。

10.3.2　自适应 α-β 滤波方法和自适应 α-β-γ 滤波方法

1. 自适应 α-β 滤波

由式(10.22)确定常增益 α 和 β 的办法，随着采样时刻 k 的增大，滤波增益误差会随

之增大，而由式(10.21)确定常增益α、β的办法又必须已知目标机动指标。为了得到满意的滤波效果，有时需要采用自适应α-β滤波方法。

设线性离散系统的状态方程和量测方程仍同10.1.2小节相关内容，且$\boldsymbol{X}(k)=\begin{bmatrix}x & \dot{x}\end{bmatrix}^{\mathrm{T}}$、$\boldsymbol{H}(k)=\begin{bmatrix}1 & 0\end{bmatrix}^{\mathrm{T}}$，

$$\boldsymbol{F}(k)=\begin{bmatrix}1 & T\\ 0 & 1\end{bmatrix} \tag{10.119}$$

状态预测协方差矩阵为

$$\boldsymbol{P}(k+1|k)=\begin{bmatrix}p_{11} & p_{12}\\ p_{12} & p_{22}\end{bmatrix} \tag{10.120}$$

将卡尔曼滤波中给出的新息协方差代入滤波增益，可得到该情况下的新息协方差为$S(k+1)=p_{11}+\sigma_W^2$，进而得到滤波增益$\boldsymbol{K}=[\alpha,\beta/T]$中各元素为

$$\alpha=\frac{p_{11}}{p_{11}+\sigma_W^2},\quad \frac{\beta}{T}=\frac{p_{12}}{p_{11}+\sigma_W^2} \tag{10.121}$$

式中，σ_W^2为量测噪声协方差。

协方差更新方程为

$$\boldsymbol{P}(k+1)=\boldsymbol{P}(k+1|k)-\left(p_{11}+\sigma_W^2\right)\boldsymbol{K}(k+1)\boldsymbol{K}^{\mathrm{T}}(k+1) \tag{10.122}$$

由式(10.121)可以看出，此时的α-β滤波已能够自适应调整滤波增益。

2. 自适应α-β-γ滤波

设线性离散系统的状态方程和量测方程仍同10.2.5小节，状态向量$\boldsymbol{X}(k)$、状态转移矩阵$\boldsymbol{F}(k)$和量测矩阵$\boldsymbol{H}(k)$均同10.2.5小节，并且假设状态预测协方差矩阵为

$$\boldsymbol{P}(k+1|k)=\begin{bmatrix}p_{11} & p_{12} & p_{13}\\ p_{21} & p_{22} & p_{23}\\ p_{13} & p_{23} & p_{33}\end{bmatrix} \tag{10.123}$$

同理，滤波增益$\boldsymbol{K}=\left[\alpha,\beta/T,\gamma/T^2\right]$中的元素分别为

$$\alpha=\frac{p_{11}}{p_{11}+\sigma_W^2},\quad \frac{\beta}{T}=\frac{p_{12}}{p_{11}+\sigma_W^2},\quad \frac{\gamma}{T^2}=\frac{p_{13}}{p_{11}+\sigma_W^2} \tag{10.124}$$

式中，σ_W^2为量测噪声协方差。此时，实现了α-β-γ滤波增益随着预测协方差的变化而自适应调整变化。

10.3.3 基于神经网络的卡尔曼滤波方法

过程噪声和量测噪声作为系统的主要先验信息，对卡尔曼滤波的估计性能和稳定性有重要意义。因此，有学者一直致力于研究估计噪声协方差矩阵的相关方法。Mehra[2]

将这些估计方法划分为四类：贝叶斯估计、极大似然估计、相关函数估计和协方差匹配估计。这四类方法均可辅助卡尔曼滤波算法实现自适应卡尔曼滤波，但由于受到计算量和未知变量的限制，贝叶斯估计、极大似然估计和相关函数估计并没有得到普及。相比之下，协方差匹配估计基于滤波新息来自适应地估计噪声协方差，其原理是将残差协方差的实际值等效为残差协方差的理论值。

滤波新息定义为

$$\tilde{\boldsymbol{Z}}(k)=\boldsymbol{Z}(k)-\hat{\boldsymbol{Z}}(k|k-1)=\boldsymbol{Z}(k)-\boldsymbol{H}(k)\hat{\boldsymbol{X}}(k|k-1) \tag{10.125}$$

表示从第 k 次观测量 $\boldsymbol{Z}(k)$ 中减去预测值 $\hat{\boldsymbol{Z}}(k|k-1)$，是观测量 $\boldsymbol{Z}(k)$ 的附加信息。利用加权新息 $\boldsymbol{K}(k)\left[\boldsymbol{Z}(k)-\hat{\boldsymbol{Z}}(k|k-1)\right]$ 修正状态一步预测 $\hat{\boldsymbol{X}}(k|k-1)$，就可以得到状态估计 $\hat{\boldsymbol{X}}(k)$。

将 $\boldsymbol{Z}(k)=\boldsymbol{H}(k)\boldsymbol{X}(k)+\boldsymbol{W}(k)$ 代入式(10.125)得

$$\tilde{\boldsymbol{Z}}(k)=\boldsymbol{H}(k)\left[\boldsymbol{X}(k)-\hat{\boldsymbol{X}}(k|k-1)\right]+\boldsymbol{W}(k) \tag{10.126}$$

由式(10.126)可得 $\tilde{\boldsymbol{Z}}(k)$ 的理论协方差为

$$\boldsymbol{S}_{\tilde{\boldsymbol{Z}}(k)}=\boldsymbol{H}(k)\hat{\boldsymbol{P}}(k|k-1)\boldsymbol{H}^{\mathrm{T}}(k)+\boldsymbol{R}(k) \tag{10.127}$$

$\tilde{\boldsymbol{Z}}(k)$ 的实际协方差可表示为

$$\hat{\boldsymbol{S}}_{\tilde{\boldsymbol{Z}}(k)}=\frac{1}{N}\sum_{i=k-N+1}^{k}\tilde{\boldsymbol{Z}}(i)\tilde{\boldsymbol{Z}}^{\mathrm{T}}(i) \tag{10.128}$$

式中，$\hat{\boldsymbol{S}}_{\tilde{\boldsymbol{Z}}(k)}$ 为 $\boldsymbol{S}_{\tilde{\boldsymbol{Z}}(k)}$ 的统计样本协方差估计；N 为滑动窗口的大小。

根据协方差匹配估计的基本原理，将协方差的实际值等效为理论值。因此，可通过 $\hat{\boldsymbol{S}}_{\tilde{\boldsymbol{Z}}(k)}$ 求得观测噪声协方差矩阵 $\boldsymbol{R}(k)$ 的估计值 $\hat{\boldsymbol{R}}(k)$，即

$$\hat{\boldsymbol{R}}(k)=\hat{\boldsymbol{S}}_{\tilde{\boldsymbol{Z}}(k)}-\boldsymbol{H}(k)\hat{\boldsymbol{P}}(k|k-1)\boldsymbol{H}^{\mathrm{T}}(k) \tag{10.129}$$

该方法通过调节滑动窗口自适应地估计噪声协方差矩阵 $\boldsymbol{R}(k)$，其性能受滑动窗口大小的影响，较小的滑动窗口计算时间较少，但匹配结果的波动性较大。通常，滑动窗口的大小根据经验值设定，但在一些实际应用当中，仍会出现估计噪声谱幅值发生剧烈变化的情况，严重地影响了该方法的应用。

神经网络具有强大的学习能力和复杂的映射能力，通过对神经网络进行离线训练并用其在线辨识噪声协方差矩阵，可以克服协方差匹配方法在估计噪声协方差上的不足。由于噪声协方差与滤波新息之间存在着非常复杂的映射关系，因此可将滤波新息作为神经网络的输入，期望的噪声协方差值作为神经网络的目标输出值，对构建好的神经网络进行离线训练。然后，用训练好的神经网络在线估计噪声协方差矩阵，并将其提供给卡尔曼滤波以提高滤波估计的精度和可靠性。

神经网络训练成功后，即可利用其辅助卡尔曼滤波进行状态估计。神经网络辅助卡尔曼滤波流程如图 10.2 所示。

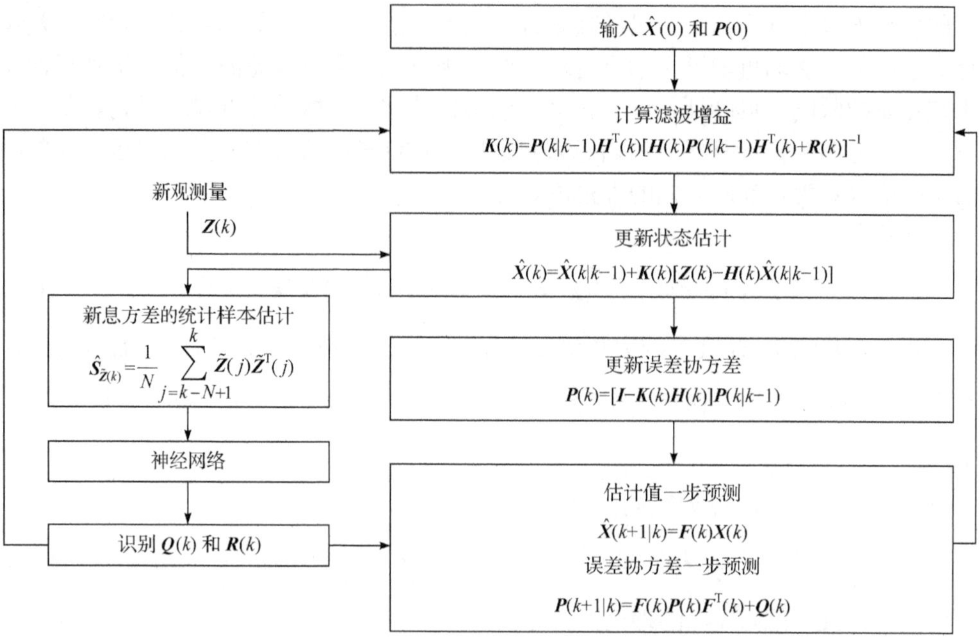

图 10.2 神经网络辅助卡尔曼滤波流程图

可以发现，当接收到观测量 $Z(k)$ 后，滤波器将提供状态估计值及滤波新息 $Z(k)-\hat{Z}(k|k-1)$，用于计算 $\tilde{Z}(k)=H(k)\left[X(k)-\hat{X}(k|k-1)\right]+W(k)$ 的协方差 $\hat{S}_{\tilde{Z}(k)}$。然后，将计算得到的协方差 $\hat{S}_{\tilde{Z}(k)}$ 输入训练好的神经网络中，经神经网络计算后得到噪声协方差矩阵。最后，将得到的噪声协方差矩阵分别提供给卡尔曼滤波的估计误差协方差一步预测矩阵和滤波增益方程，实现神经网络辅助卡尔曼滤波的递推计算。由于神经网络辨识的噪声协方差矩阵能更好反映实际噪声的统计特性，因此其辅助的卡尔曼滤波具有较高的精度和可靠性。

习 题

10.1 简述卡尔曼滤波工作过程。

10.2 简述相比卡尔曼滤波，α-β 滤波和 α-β-γ 滤波的主要特征。

10.3 简述相比线性系统滤波，非线性系统滤波遇到的主要困难。

10.4 简述扩展卡尔曼滤波、不敏卡尔曼滤波和粒子滤波的适用场景。

10.5 简述自适应滤波的自适应工作原理。

参 考 文 献

[1] KALMAN R E. A new approach to linear filtering and prediction problem[J]. Journal of Basic Engineering, 1960, 82(1): 35-45.

[2] 赵琳等. 非线性系统滤波理论[M]. 北京：国防工业出版社, 2012.

[3] MEHRA R. Approach to adaptive filtering[J]. IEEE Transactions on Automatic Control, 1972, 17(5): 693-698.

第 11 章

无源定位与跟踪

在电子侦察和电子对抗领域，对辐射源目标的高精度定位非常重要。对目标的定位可以使用雷达、激光等有源设备进行，这种定位方式通常称为有源定位。有源定位具有全天候、高精度等优点，缺点是容易暴露自己，从而遭到敌方电子干扰的软杀伤或反辐射导弹等硬杀伤武器的攻击。

对目标的定位，还可以利用目标自身的辐射来进行，此类定位方式通常称为无源定位或被动定位。通过测量雷达、通信等辐射源目标的电磁波参数来确定辐射源及其载体的位置信息。无源定位具有作用距离远、隐蔽性好等优点，在电子战系统中占据着越来越重要的地位。

11.1 无源定位系统的观测量

无源定位系统接收辐射源目标辐射的电磁波，获得与目标位置、速度等信息相关的观测量。无源定位系统可获得的观测量主要有来波方向、来波到达时间及来波频率等[1]。

11.1.1 来波方向

以无源测量设备所处的位置为原点，在直角坐标系中定义的来波方向如图 11.1 所示。

在直角坐标系中，目标的位置为 (x_T, y_T, z_T)，方位角为 σ，俯仰角为 ε，则

$$\begin{cases} \sigma = \arctan\left(\dfrac{z_T}{x_T}\right) \\ \varepsilon = \arctan\left(\dfrac{y_T}{\sqrt{x_T^2 + z_T^2}}\right) \end{cases} \tag{11.1}$$

由式(11.1)可以看出，方位角 σ 与俯仰角 ε 可以确定目标径向矢量的方向。目标辐射信号的来波方向，可以由无源探测设备角度测量来获取。

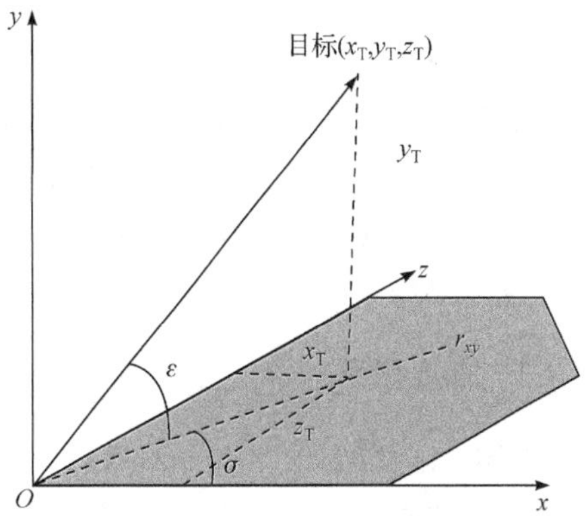

图 11.1 来波方向示意图

11.1.2 来波到达时间

假设目标辐射为重复周期T的脉冲信号，图 11.2 给出了目标与观测器之间有/无径向运动时目标发射信号及观测器接收来波之间的时间关系。观测器接收到的来波序列到达时间T_{Ai}为

$$T_{Ai} = T_0 + iT + \frac{r_i}{c} = T_0 + iT + \tau_{di}, \quad i = 0,1,2,\cdots \tag{11.2}$$

式中，T_0为起始发射信号的时刻；T为重复周期；r_i为第i个脉冲信号发射时目标与观测器之间的相对距离；τ_{di}为相应的传播时延。

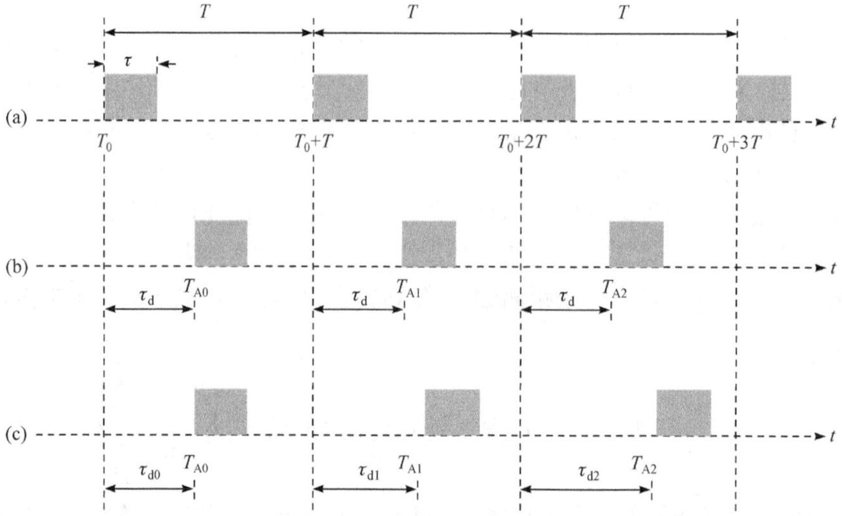

图 11.2 有/无径向运动的无源观测站接收来波时序图

(a) 目标辐射信号；(b) 无径向运动时的到达时间；(c) 有径向运动时的到达时间

(1) 当目标与观测器之间不存在径向运动时，r_i和τ_{di}均为常数，有

$$T_{Ai+1} - T_{Ai} = T \tag{11.3}$$

(2) 当目标与观测器之间有径向运动时，有

$$T_{Ai+1} - T_{Ai} = T + \frac{r_{i+1} - r_i}{c} = T + \frac{\Delta r_{i+1,i}}{c} = T + \Delta\tau_{di+1,i} \tag{11.4}$$

对于固定周期的来波信号，可以根据来波到达时间序列判断目标的运动状态；在已知或能够估计出来波序列周期T的情况下，也可由此获得目标相对距离的变化量。也就是，来波达到时间序列中含有目标距离及目标距离变化率的信号，可用于对目标辐射源的定位和跟踪。

11.1.3 来波频率

雷达目标辐射信号大都是脉冲调制的信号，假设其载频为f，当目标与观测器之间有径向运动速度V_r时，观测器接收到的脉冲信号的载频f_A为

$$f_A = f + \frac{V_r}{\lambda} = f\left(1 + \frac{V_r}{c}\right) \tag{11.5}$$

式中，λ 为发射信号波长；c 为电磁波传播速度。

观测站接收到的来波信号频率含有反应距离变化率的多普勒分量，在已知或可以估计出发射信号载频 f 的条件下，可以由此获得径向相对运动速度，即径向距离变化率的信息。

11.2　多站无源定位

无源探测定位系统可以采用几何站址分布设置的多个无源接收测量系统，来实现对目标辐射源的多站无源定位[1]。

11.2.1　测向交叉定位

测向交叉定位利用多个不同位置已知坐标的无源测量系统，同时测量目标辐射源电磁波到达方向，然后根据三角几何关系计算出辐射源坐标，也称为三角定位法。

假定在二维平面上，目标辐射源位于 (x_T, y_T)，两个观测站的位置分别为 (x_1, y_1) 和 (x_2, y_2)，测量得到的来波到达角度为 θ_1 和 θ_2，两条方向射线可以交于一点，该点即为目标的位置估计。测向交叉定位原理如图 11.3 所示。

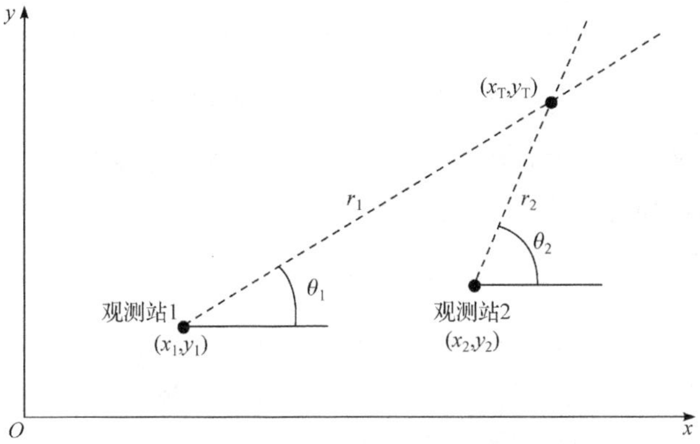

图 11.3　测向交叉定位原理图

根据角度定义可以得到：

$$\begin{cases} \tan\theta_1 = \dfrac{y_T - y_1}{x_T - x_1} \\ \tan\theta_2 = \dfrac{y_T - y_2}{x_T - x_2} \end{cases} \tag{11.6}$$

即

$$\begin{cases} (x_T - x_1)\tan\theta_1 = y_T - y_1 \\ (x_T - x_2)\tan\theta_2 = y_T - y_2 \end{cases} \tag{11.7}$$

写成矩阵形式为

$$AX = Z \tag{11.8}$$

式中，$A=\begin{bmatrix}-\tan\theta_1 & 1\\ -\tan\theta_2 & 1\end{bmatrix}$；$X=\begin{bmatrix}x_{\mathrm{T}}\\ y_{\mathrm{T}}\end{bmatrix}$；$Z=\begin{bmatrix}-x_1\tan\theta_1+y_1\\ -x_2\tan\theta_2+y_2\end{bmatrix}$。

可以得到目标位置的解析解：

$$X = A^{-1}Z \tag{11.9}$$

由于实际测量过程中得到的角度 θ_1 和 θ_2 存在误差，假定分别具有测角误差 σ_{θ_1} 和 σ_{θ_2}，这样两个测向站的交点就分布在一个不确定的模糊区域，如图 11.4 所示，该区域即为定位误差分布的区域。

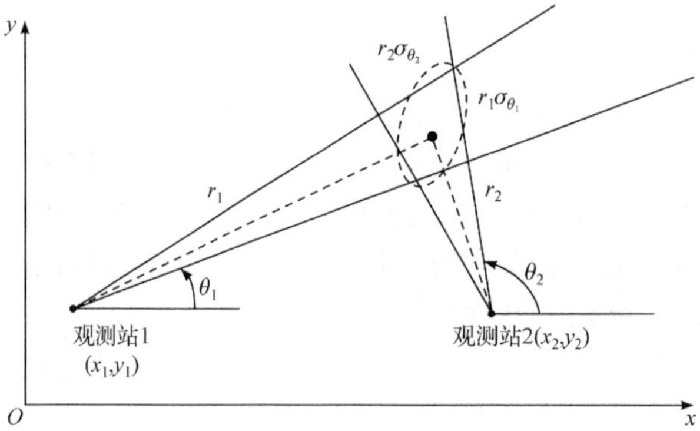

图 11.4 双站测向交叉定位原理及误差示意图

可以采用圆概率误差(CEP)来描述定位误差，由于误差实际的分布形状是椭圆，因此 CEP 是一种近似的说法，可近似表示为

$$\mathrm{CEP} \approx 0.75\sqrt{\sigma_x^2+\sigma_y^2} \tag{11.10}$$

另外，目标辐射源的位置不同时，即使相同的测角误差在不同位置所交的区域也不相同，因此对于站址固定测向观测站，定位误差还是目标位置$(x_{\mathrm{T}}, y_{\mathrm{T}})$的函数，给出一个新定义称为“定位误差的几何稀释(GDOP)”：

$$\mathrm{GDOP}(x,y) = \sqrt{\sigma_x^2+\sigma_y^2} \tag{11.11}$$

从图 11.4 可以看出，观测站与目标的距离越远，测向交叉定位的误差区域越大，即定位误差越大。为了更合理地评价无源定位系统的性能，常用相对误差的概念，即

$$\text{相对误差} = \frac{\sqrt{\sigma_x^2+\sigma_y^2}}{R}\times 100\% \tag{11.12}$$

11.2.2 时差无源定位

时差无源定位是一种通过测量辐射源到达不同观测站的信号时间差，实现对目标辐射源定位的方法。设两观测站在 x 轴上，两站距离为 L，两站的连线称为定位基线，坐

标系的原点为其中点，如图 11.5 所示。

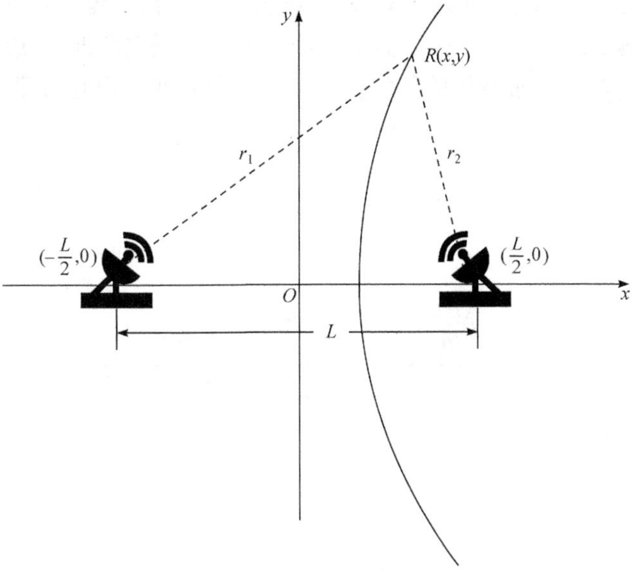

图 11.5　时差双曲线

假定某时刻发射的信号分别经过 t_1 和 t_2 后被两观测站接收，两观测站接收到同一辐射源信号的时间差为

$$\Delta t = t_1 - t_2 \tag{11.13}$$

即

$$\Delta r = r_1 - r_2 = c\Delta t \tag{11.14}$$

由几何知识可知，在平面上某一固定的距离差可以确定一条以两个观测站为焦点的双曲线，双曲线方程为

$$\frac{x^2}{\frac{\Delta r^2}{4}} - \frac{y^2}{\frac{L^2 - \Delta r^2}{4}} = 1 \tag{11.15}$$

如果平面上有三个观测站，可以确定两条双曲线，两条双曲线的交点即为目标所处的位置。如果两条双曲线存在两个交点，则其中一个点为模糊点(虚假定位点)，需要增加观测站或其他测量信息来消除模糊。

对于三维空间目标，至少需要三组独立的双站构成的双曲面相交来定位，即四站时差三维双曲面定位。

11.2.3　测向/时差组合定位

二维平面上测向/时差组合定位方法的原理如图 11.6 所示。在双站时差定位系统的基础上，其中一个观测站再增加测向功能，就构成了双站测向/时差组合定位系统。同一信号到达两个观测站的时间差为 Δt ，则

$$c\Delta t = r_2 - r_1 \tag{11.16}$$

到达时间差 Δt 在二维平面内确定了一条双曲线，在三维平面内确定了一个双曲面；测向系统的测量结果确定了一条方向射线。方向射线与双曲线或者双曲面的交点即为目标的位置点。因此，通过测量角度和时差，只需要两个观测站即可实现对辐射源的定位。

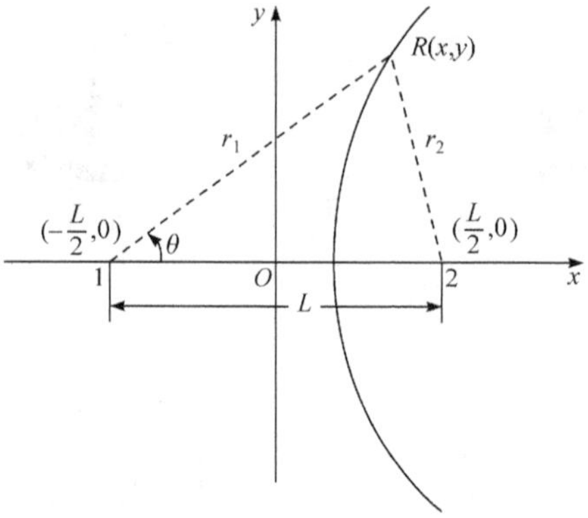

图 11.6 测向/时差组合定位原理图

11.3 单站无源定位

11.3.1 基于测向/来波到达时间的单站无源定位

典型场景：固定观测站采用被动探测方式测量来波方向和来波到达时间，对运动目标辐射源进行定位。在二维平面内，假设目标辐射源做匀速直线运动，速度大小为 V，如图 11.7 所示。辐射源以等重复周期 T 辐射脉冲信号，观测站可以测得来波方向高低角 $\varepsilon_i(i=1,2,\cdots)$ 以及到达时间 T_{A_i}，那么相邻两次测量 $(i=1,2)$ 得出的观测方程为

$$\begin{cases} \varepsilon_1 = \arctan\left(\dfrac{y_1}{x_1}\right) = \arctan\left(\dfrac{y_0 + V_y T}{x_0 + V_x T}\right) = f_{\varepsilon_1}\left(x_0, y_0, V_x, V_y\right) \\ \varepsilon_2 = \arctan\left(\dfrac{y_2}{x_2}\right) = \arctan\left(\dfrac{y_0 + 2V_y T}{x_0 + 2V_x T}\right) = f_{\varepsilon_2}\left(x_0, y_0, V_x, V_y\right) \end{cases} \tag{11.17}$$

$$\Delta T_{A_{2,1}} = T_{A_2} - T_{A_1} = T + \frac{r_2 - r_1}{c} \tag{11.18}$$

式中，V_x、V_y 为目标在 x 轴和 y 轴的分量速度；$\Delta T_{A_{2,1}}$ 为相邻两个脉冲信号的到达时间差；c 为电磁波传播速度。

若 T 已知，则可得方程：

$$\begin{aligned} c\left(\Delta T_{A_{2,1}} - T\right) &= \Delta r_{2,1} = r_2 - r_1 = \sqrt{x_2^2 + y_2^2} - \sqrt{x_1^2 + y_1^2} \\ &= \sqrt{\left(x_0 + 2V_x T\right)^2 + \left(y_0 + 2V_y T\right)^2} - \sqrt{\left(x_0 + V_x T\right)^2 + \left(y_0 + V_y T\right)^2} \\ &= f_{\Delta r_{2,1}}\left(x_0, y_0, V_x, V_y\right) \end{aligned} \tag{11.19}$$

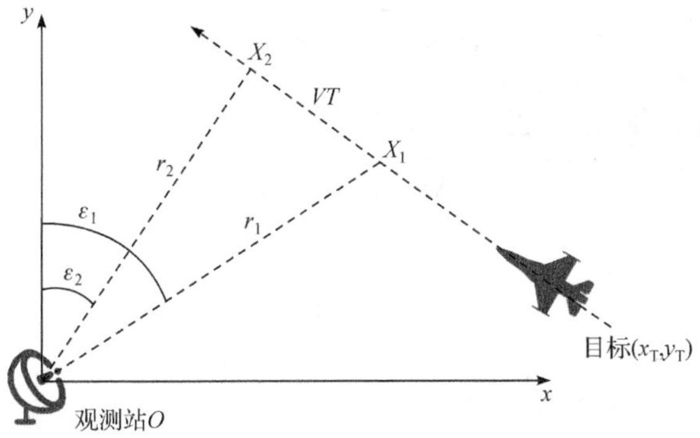

图 11.7　测向/来波到达时间单站无源定位示意图

三次测量可以得出五个非线性方程：

$$\begin{cases} \varepsilon_i = f_\varepsilon\left(x_0, y_0, V_x, V_y\right), & i = 1,2,3 \\ \Delta r_{j,j-1} = f_{\Delta r_{j,j-1}}\left(x_0, y_0, V_x, V_y\right), & j = 2,3 \end{cases} \tag{11.20}$$

求解非线性方程组，可得四个未知的变量 x_0、y_0、V_x、V_y，实现对目标的定位。

11.3.2　基于相位差变化率的单站无源定位

典型场景：运动观测单站采用被动探测方式测量来波信号相位差变化率，对静止目标辐射源进行定位。如图 11.8 所示，假设运动平台上的两个天线阵元 A、B 接收的来波信号相位差为 $\Delta\varphi$，则

$$\Delta\varphi = \omega\Delta t = \frac{2\pi d}{c} f\cos\theta \tag{11.21}$$

式中，ω 为来波角频率；Δt 为来波到达 A、B 两个阵元的时间差；d 为阵元间距；c 为光速；f 为来波频率；θ 为来波方位角。

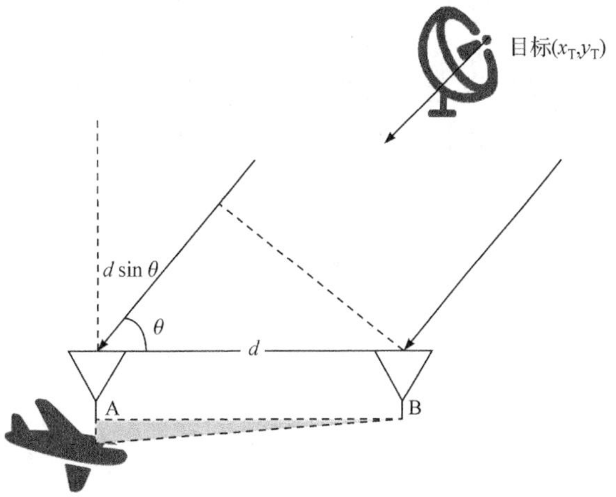

图 11.8　来波信号相位差示意图

对式(11.21)求导，可得

$$\Delta\dot{\varphi} = -\frac{2\pi d}{c} f \sin\theta \cdot \dot{\theta} \tag{11.22}$$

若记 $k = -2\pi d / c$，则式(11.22)可简化为

$$\Delta\dot{\varphi} = kf \sin\theta \cdot \dot{\theta} \tag{11.23}$$

显然有

$$\dot{\theta} = \frac{\Delta\dot{\varphi}}{kf \sin\theta} \tag{11.24}$$

另外，由几何知识可知在某时刻 i，有

$$\theta = \arctan\frac{y_{\mathrm{T}} - y_{oi}}{x_{\mathrm{T}} - x_{oi}} = \theta_i \tag{11.25}$$

式中，$(x_{\mathrm{T}}, y_{\mathrm{T}})$ 为固定目标辐射源的位置坐标；(x_{oi}, y_{oi}) 为空中运动平台在 i 时刻的位置坐标。

对式(11.25)的两边求导，可得

$$\dot{\theta} = \frac{-\dot{y}_{oi}\left(x_{\mathrm{T}} - x_{oi}\right) + \dot{x}_{oi}\left(y_{\mathrm{T}} - y_{oi}\right)}{\left(x_{\mathrm{T}} - x_{oi}\right)^2 + \left(y_{\mathrm{T}} - y_{oi}\right)^2} = \dot{\theta}_i \tag{11.26}$$

由式(11.26)可得

$$\left(x_{\mathrm{T}} - x_{oi}\right)^2 + \left(y_{\mathrm{T}} - y_{oi}\right)^2 = -\frac{\dot{y}_{oi}}{\dot{\theta}_i}\left(x_{\mathrm{T}} - x_{oi}\right) + \frac{\dot{x}_{oi}}{\dot{\theta}_i}\left(y_{\mathrm{T}} - y_{oi}\right) \tag{11.27}$$

整理可得

$$\left(x_{\mathrm{T}} - x_{oi} + \frac{\dot{y}_{oi}}{2\dot{\theta}_i}\right)^2 + \left(y_{\mathrm{T}} - y_{oi} - \frac{\dot{x}_{oi}}{2\dot{\theta}_i}\right)^2 = \frac{\dot{x}_{oi}^2 + \dot{y}_{oi}^2}{4\dot{\theta}_i^2} \tag{11.28}$$

即目标在经过点 (x_{oi}, y_{oi})、圆心为 $\left(x_{oi} - \dfrac{\dot{y}_{oi}}{2\dot{\theta}_i}, y_{oi} + \dfrac{\dot{x}_{oi}}{2\dot{\theta}_i}\right)$、半径为 $\dfrac{\sqrt{\dot{x}_{oi}^2 + \dot{y}_{oi}^2}}{2\dot{\theta}_i}$ 的圆上。

从几何上看，相位差变化率 $\Delta\dot{\varphi}_i$ 确定的圆和方位角 θ_i 确定的射线必然交于两点 $(x_{\mathrm{T}}, y_{\mathrm{T}})$ 和 (x_{oi}, y_{oi})，而 (x_{oi}, y_{oi}) 是已知的观测平台位置，$(x_{\mathrm{T}}, y_{\mathrm{T}})$ 就是所要求的未知辐射源位置。这就是在已知观测平台位置坐标和飞行速度 V_{oi} 的条件下，利用相位差变化率和方位角对地面固定辐射源进行交叉定位的原理，如图 11.9 所示。

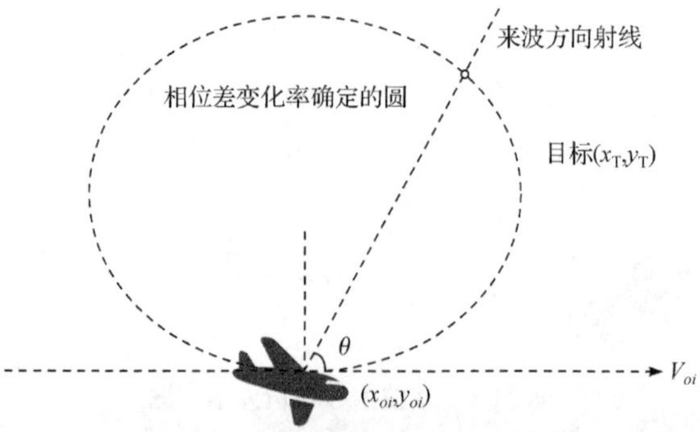

图 11.9 辐射源交叉定位示意图

联立方位角表达式(11.25)及其求导方程(11.26)，求解可得

$$\begin{cases} x_{\mathrm{T}} = x_{oi} + \dfrac{\cos\theta_i\left(\dot{x}_{oi}\sin\theta_i - \dot{y}_{oi}\cos\theta_i\right)}{\dot{\theta}_i} \\ y_{\mathrm{T}} = y_{oi} + \dfrac{\sin\theta_i\left(\dot{x}_{oi}\sin\theta_i - \dot{y}_{oi}\cos\theta_i\right)}{\dot{\theta}_i} \end{cases} \tag{11.29}$$

式中，$\dot{\theta}_i = \Delta\dot{\varphi}_i / \left(kf\sin\theta_i\right)$。

式(11.29)实现了基于相位差变化率 $\Delta\dot{\varphi}_i$ 和方位角 θ_i 对地面固定辐射源的定位，并且通过一次测量即可完成定位。

11.4　只测角单站无源定位实例

代码

单个运动平台利用搭载的被动探测系统测量目标视线角度，并结合导航系统输出的平台位置和姿态信息，通过非线性滤波算法，得到目标定位结果，这种无源定位方式称为只测角单站无源定位。

11.4.1　只测角单站无源定位原理

二维平面内只测角单站无源定位的原理如图 11.10 所示。目标坐标为$\left(x_{\mathrm{T}}, y_{\mathrm{T}}\right)$，运动观测平台坐标为$\left(x_0, y_0\right), \left(x_1, y_1\right), \cdots, \left(x_N, y_N\right)$，在不同位置处测量得到的视线角为 q_0，$q_1, \cdots, q_N$。

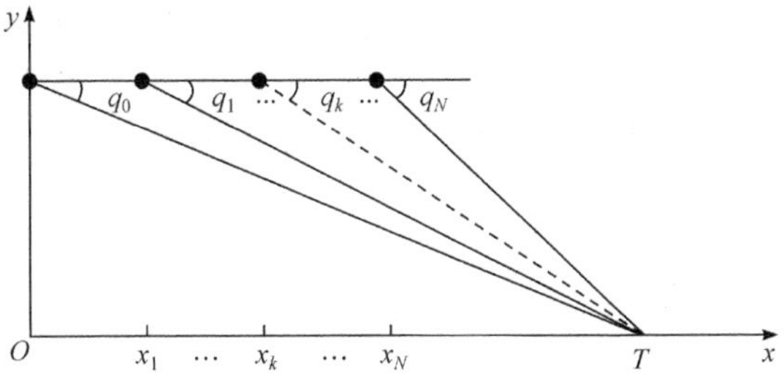

图 11.10　二维平面内只测角单站无源定位原理示意图

由几何关系可知，目标视线高低角真值为

$$\begin{cases} q_0 = \tan^{-1}\left(\dfrac{y_{\mathrm{T}} - y_0}{x_{\mathrm{T}} - x_0}\right) \\ q_1 = \tan^{-1}\left(\dfrac{y_{\mathrm{T}} - y_1}{x_{\mathrm{T}} - x_1}\right) \end{cases} \tag{11.30}$$

通过两次测量，求解非线性方程组(11.30)，即可得到目标坐标$\left(x_{\mathrm{T}}, y_{\mathrm{T}}\right)$。实际上，测角信息中不可避免地含有噪声，即

$$\begin{cases} q_0 = \tan^{-1}\left(\dfrac{y_T - y_0}{x_T - x_0}\right) + v_0 \\ q_1 = \tan^{-1}\left(\dfrac{y_T - y_1}{x_T - x_1}\right) + v_1 \\ \qquad \vdots \\ q_k = \tan^{-1}\left(\dfrac{y_T - y_k}{x_T - x_k}\right) + v_k \end{cases} \tag{11.31}$$

因此，只测角单站无源定位问题实质上是一个非线性最优估计问题。

11.4.2 只测角单站无源定位系统数学建模

对于静止目标，选取发射坐标系目标点位置或弹目相对位置作为状态变量。如选取目标点坐标为状态变量，即

$$\boldsymbol{X} = [x_1 \quad x_2 \quad x_3]^{\mathrm{T}} = [x_t \quad y_t \quad z_t]^{\mathrm{T}} \tag{11.32}$$

则状态方程为

$$\boldsymbol{X}(k+1) = \boldsymbol{\Phi}(k+1|k)\boldsymbol{X}(k) \tag{11.33}$$

式中，$\boldsymbol{\Phi}(k+1|k) = \begin{bmatrix} 1 & 0 & 0 \\ 0 & 1 & 0 \\ 0 & 0 & 1 \end{bmatrix}$。

捷联被动探测系统测量的角度为平台坐标系目标视线高低角和目标视线方位角，如图 11.11 所示。

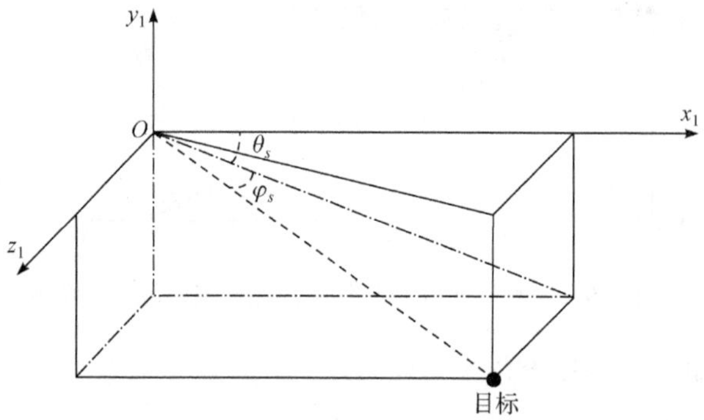

图 11.11 捷联被动探测系统测角示意图

发射坐标系平台-目标相对位置矢量在平台坐标系中的投影为

$$\begin{bmatrix} x_{r1} \\ y_{r1} \\ z_{r1} \end{bmatrix} = \boldsymbol{T}_0^1[\vartheta,\psi,\gamma]\begin{bmatrix} x_t - x_m \\ y_t - y_m \\ z_t - z_m \end{bmatrix} = \boldsymbol{T}_0^1[\vartheta,\psi,\gamma]\begin{bmatrix} x_r \\ y_r \\ z_r \end{bmatrix} \tag{11.34}$$

式中，$\boldsymbol{T}_0^1[\vartheta,\psi,\gamma]$ 为地面坐标系到平台坐标系的转换矩阵：

$$\boldsymbol{T}_0^1[\vartheta,\psi,\gamma]=\begin{bmatrix} C_1 & C_2 & C_3 \\ C_4 & C_5 & C_6 \\ C_7 & C_8 & C_9 \end{bmatrix}$$
$$=\begin{bmatrix} \cos\vartheta\cos\psi & \sin\vartheta & -\cos\vartheta\sin\psi \\ -\sin\vartheta\cos\psi\cos\gamma+\sin\psi\sin\gamma & \cos\vartheta\cos\gamma & \sin\vartheta\sin\psi\cos\gamma+\cos\psi\sin\gamma \\ \sin\vartheta\cos\psi\sin\gamma+\sin\psi\cos\gamma & -\cos\vartheta\sin\gamma & -\sin\vartheta\sin\psi\sin\gamma+\cos\psi\cos\gamma \end{bmatrix} \tag{11.35}$$

平台坐标系目标视线高低角和目标视线方位角的真值为

$$\begin{cases} \theta_s=\tan^{-1}\left(\dfrac{y_{r1}}{\sqrt{x_{r1}^{\ 2}+z_{r1}^{\ 2}}}\right)=\tan^{-1}\left(\dfrac{C_4x_r+C_5y_r+C_6z_r}{\sqrt{(C_1x_r+C_2y_r+C_3z_r)^2+(C_7x_r+C_8y_r+C_9z_r)^2}}\right) \\ \varphi_s=-\tan^{-1}\left(\dfrac{z_{r1}}{x_{r1}}\right)=-\tan^{-1}\left(\dfrac{C_7x_r+C_8y_r+C_9z_r}{C_1x_r+C_2y_r+C_3z_r}\right) \end{cases} \tag{11.36}$$

捷联被动探测系统测量的平台坐标系目标视线角为

$$\begin{cases} \tilde{\theta}_s(k)=\tan^{-1}\left(\dfrac{C_4(k)x_r(k)+C_5(k)y_r(k)+C_6(k)z_r(k)}{\sqrt{(C_1(k)x_r(k)+C_2(k)y_r(k)+C_3(k)z_r(k))^2+(C_7(k)x_r(k)+C_8(k)y_r(k)+C_9(k)z_r(k))^2}}\right)+v_1(k) \\ \tilde{\varphi}_s(k)=-\tan^{-1}\left(\dfrac{C_7(k)x_r(k)+C_8(k)y_r(k)+C_9(k)z_r(k)}{C_1(k)x_r(k)+C_2(k)y_r(k)+C_3(k)z_r(k)}\right)+v_2(k) \end{cases} \tag{11.37}$$

式中，v_1、v_2 为测量信号的噪声。

以捷联被动探测系统测量的平台坐标系目标视线角作为只测角单站无源定位的观测量，建立观测方程为

$$\boldsymbol{Z}(k)=\boldsymbol{h}(\boldsymbol{X}(k))+\boldsymbol{v}(k) \tag{11.38}$$

式中，

$$\boldsymbol{Z}(k)=\left[\tilde{\theta}_s(k)\quad \tilde{\varphi}_s(k)\right]^{\mathrm{T}}$$

$$\boldsymbol{v}(k)=\left[v_1(k)\quad v_2(k)\right]^{\mathrm{T}}$$

$$\boldsymbol{h}(\boldsymbol{X}(k))=\begin{bmatrix} h_1(\boldsymbol{X}(k)) \\ h_2(\boldsymbol{X}(k)) \end{bmatrix}$$
$$=\begin{bmatrix} \tan^{-1}\left(\dfrac{C_4(k)x_r(k)+C_5(k)y_r(k)+C_6(k)z_r(k)}{\sqrt{(C_1(k)x_r(k)+C_2(k)y_r(k)+C_3(k)z_r(k))^2+(C_7(k)x_r(k)+C_8(k)y_r(k)+C_9(k)z_r(k))^2}}\right) \\ -\tan^{-1}\left(\dfrac{C_7x_r+C_8y_r+C_9z_r}{C_1x_r+C_2y_r+C_3z_r}\right) \end{bmatrix}$$

$$\begin{bmatrix} x_r(k) \\ y_r(k) \\ z_r(k) \end{bmatrix} = \begin{bmatrix} x_t - x_m(k) \\ y_t - y_m(k) \\ z_t - z_m(k) \end{bmatrix}$$

由只测角单站被动定位的数学模型可知，状态方程为线性方程，观测方程为非线性方程：

$$\begin{cases} \boldsymbol{X}(k+1) = \boldsymbol{\Phi}(k+1|k)\boldsymbol{X}(k) + \boldsymbol{\Gamma}(k)\boldsymbol{u}(k) \\ \boldsymbol{Z}(k) = \boldsymbol{h}\big(X(k)\big) + \boldsymbol{v}(k) \end{cases} \tag{11.39}$$

因此，需要采用非线性滤波算法实现对辐射源目标的被动定位。不同的滤波算法，收敛速度、定位精度有区别，选择收敛速度快、定位精度高，并且能够适应测向误差特性的滤波算法。

11.4.3 只测角单站无源定位的应用

只测角单站无源定位技术应用在机载侦察定位和火控系统中。例如，光电侦察系统采用被动探测方式对目标进行定位，电子侦察系统采用被动探测方式对目标辐射源进行定位。

反辐射制导武器采用只测角单站无源定位技术可实现对目标辐射源的远距离自主定位，具备抗目标关机能力，提高目标辐射源远距离关机条件下其他制导模式导引头对目标的捕获概率。基于只测角单站无源定位技术的抗关机方案原理：在目标辐射源关机前，利用被动雷达导引头的测角信息、组合导航系统输出的位置信息、姿态角信息等，采用非线性滤波方法估计目标位置；当雷达关机时，利用目标定位信息及组合导航系统输出的位置信息，继续引导反辐射制导武器飞行，并引导反辐射导引头或者多模复合导引头再次截获目标。

影响只测角单站无源定位精度和收敛速度的主要因素：被动探测系统测角精度、导航系统精度、弹道可观测性(可用目标视线角速度表征)、滤波时间、滤波算法等。

习 题

11.1 列举无源定位系统的主要观测量并解释其含义。

11.2 列举多站无源定位常见的方法，并描述其原理。

11.3 列出基于测向/来波到达时间的单站无源定位方法的观测方程。

11.4 列出只测角单站无源定位的观测方程和状态方程。

参 考 文 献

[1] 刘聪锋. 无源定位与跟踪[M]. 西安: 西安电子科技大学出版社, 2011.

第 12 章

机动目标跟踪方法

机动目标跟踪是基于传感器信息对机动目标进行状态估计的过程。相应技术在国防科技和国民经济领域有着广泛的应用。机动目标跟踪理论主要针对两个具有挑战性的问题：原始测量数据的不确定性问题和目标机动运动的不确定性问题。其中，目标机动运动的不确定性是机动目标跟踪技术研究的重点与难点。实际运动目标的机动方式具有随机性和不确定性，而目标与跟踪者之间并无直接的信息交流，使得跟踪者无法对目标当前或即将发生的机动动作进行直接而精确的判断，因此无法直接获取目标的运动状态。

12.1　机动目标跟踪建模

微课

目前的目标跟踪算法主要基于模型实现，包括描述目标运动状态随时间变化的动态运动模型和对目标的观测模型。目标跟踪面临的主要挑战是目标运动模式的不确定性。因此，目标跟踪的首要任务就是建立一个能准确描述目标运动效果且易于跟踪处理的模型。

12.1.1　坐标系选择

坐标系主要有直角坐标系、极坐标系、柱坐标系和球坐标系四类，应根据使用场景的不同选择合适的坐标系。坐标系选择得合适与否直接决定系统状态方程和观测方程的结构，从而对机动目标跟踪结果产生影响。本书仅给出如下常用坐标系的定义[1]。

1) 惯性坐标系 $OX_IY_IZ_I$

原点选在地球球心，X_I、Y_I、Z_I 三轴互相垂直，并各自指向某相应恒天体。地球绕 Z_I 轴依右手螺旋方向自转，如图 12.1 所示。

在所考虑的问题允许范围内近似认为惯性坐标系固连在地球表面，原点设在地面或海平面上适当选择的某点，三坐标轴互相垂直，各轴方向视具体情况来规定。

2) NED 坐标系 $ONED$

NED 坐标系又称地理坐标系。原点设在载机质心上，N 定义为地理指北针方向(北)；E 为地球自转切向(东)，D 为载机到地平面之垂线并指向地心的方向(下)，如图 12.1 所示。NED 坐标系是一个近似的惯性坐标系。

3) 平移坐标系 $OX_PY_PZ_P$

平移坐标系 $OX_PY_PZ_P$ 建立在载机上，并随载机一起运动，坐标轴与惯性坐标系的对应坐标轴相平行。

4) 载机坐标系 $OX_BY_BZ_B$

载机坐标系又称机体坐标系或观测器坐标系。原点取在载机质心上，X_B 轴定为载机纵轴机头正向，Y_B 轴取为右机翼正向，Z_B 轴方向由右手螺旋定则确定，并朝向机身下方。

5) 目标坐标系 $OX_tY_tZ_t$

目标坐标系固连于目标上，X_t 轴定为目标纵轴正向，当 X_t 轴平行于 X_B 轴时，Y_t 轴与 Z_t 轴分别平行于 Y_B 轴与 Z_B 轴。

6) 雷达天线坐标系 *Ored*

雷达天线坐标系的原点设在载机上，并与 NED 坐标系和载机坐标系同心，r 轴沿雷达天线光学轴方向，e 轴和 d 轴是与 r 轴垂直的一对正交轴；r、e、d 三轴依次按食指、中指和拇指顺序构成右手坐标系，如图 12.2 所示。

7) 目标视线坐标系 $Or'e'd'$

目标视线坐标系的原点与雷达天线坐标系相同，r' 轴沿目标视线方向；r'、e'、d' 三轴两两正交，并依次按食指、中指、拇指顺序构成右手坐标系，如图 12.2 所示。

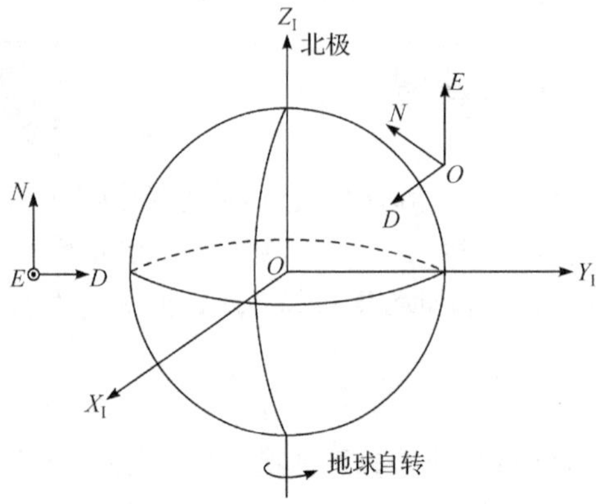

图 12.1　惯性坐标系与 NED 坐标系

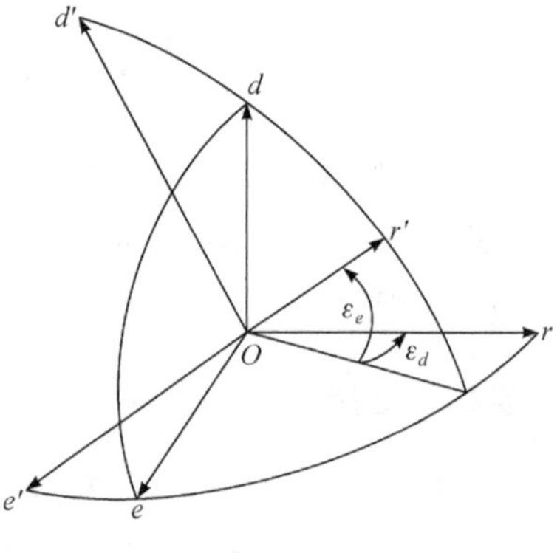

图 12.2　雷达天线坐标系与目标视线坐标系

1. 混合坐标系

在实际应用中，往往同时采用多种坐标系来实现对目标的跟踪。不同坐标系的组合使用构成混合坐标系。在目标跟踪问题过程中，目标的状态方程在直角坐标系或地理坐标系(NED 坐标系)中可以线性地表示，但目标的测量则使用球面坐标系，两坐标系之间的变换是非线性的。因此，目标轨迹外推逻辑，包括协方差矩阵的传播及滤波增益的计算，均可在这些坐标系中完成，目标新息的获取则可在球面坐标系中完成。混合坐标系程序框图如图 12.3 所示。

2. 坐标变换关系

不同坐标系的使用会涉及坐标变换问题。设有任意矢量 $\boldsymbol{V}$ 在坐标系 $OX_aY_aZ_a$ 中有分量：

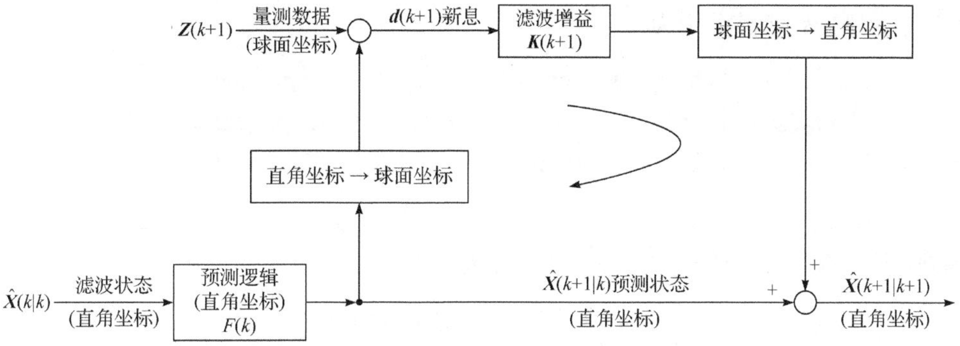

图 12.3　混合坐标系程序框图

$$\boldsymbol{V}_a=\begin{bmatrix} V_{Xa} \\ V_{Ya} \\ V_{Za} \end{bmatrix}$$

在坐标系 $OX_bY_bZ_b$ 中有分量：

$$\boldsymbol{V}_b=\begin{bmatrix} V_{Xb} \\ V_{Yb} \\ V_{Zb} \end{bmatrix}$$

由两坐标轴系间的几何关系可知：

$$\boldsymbol{V}_b=\boldsymbol{L}_{ab}\boldsymbol{V}_a$$

式中，

$$\boldsymbol{L}_{ba}=\begin{bmatrix} l_{11} & l_{12} & l_{13} \\ l_{21} & l_{22} & l_{23} \\ l_{31} & l_{32} & l_{33} \end{bmatrix}$$
$$=\begin{bmatrix} \cos(X_b,X_a) & \cos(X_b,Y_a) & \cos(X_b,Z_a) \\ \cos(Y_b,X_a) & \cos(Y_b,Y_a) & \cos(Y_b,Z_a) \\ \cos(Z_b,X_a) & \cos(Z_b,Y_a) & \cos(Z_b,Z_a) \end{bmatrix}$$

称为由 $OX_aY_aZ_a$ 坐标系到 $OX_bY_bZ_b$ 坐标系的变换矩阵，各元素是相应坐标轴之间的方向余弦。

不难证明，坐标变换矩阵 $\boldsymbol{L}_{ab}$ 满足如下可逆和正交条件：

$$\boldsymbol{L}_{ba}^{\mathrm{T}}=\boldsymbol{L}_{ba}^{-1}=\boldsymbol{L}_{ab}$$

坐标变换矩阵可由基本旋转矩阵合成得到。若坐标系 $OX_aY_aZ_a$ 仅绕 X_a 轴沿逆时针方向转过角度 φ_1 达到 $OX_bY_bZ_b$，则旋转矩阵为

$$\boldsymbol{L}_1(\varphi_1)=\begin{bmatrix} 1 & 0 & 0 \\ 0 & \cos\varphi_1 & \sin\varphi_1 \\ 0 & -\sin\varphi_1 & \cos\varphi_1 \end{bmatrix}$$

类似地，若坐标系 $OX_aY_aZ_a$ 仅绕 Y_a 轴或 Z_a 轴沿逆时针方向转过角度 φ_2 或 φ_3 达到

$OX_bY_bZ_b$，则旋转矩阵分别为

$$L_2(\varphi_2)=\begin{bmatrix}\cos\varphi_2 & 0 & -\sin\varphi_2\\ 0 & 1 & 0\\ \sin\varphi_2 & 0 & \cos\varphi_2\end{bmatrix},\quad L_3(\varphi_3)=\begin{bmatrix}\cos\varphi_3 & \sin\varphi_3 & 0\\ -\sin\varphi_3 & \cos\varphi_3 & 0\\ 0 & 0 & 1\end{bmatrix}$$

上面给定的 $\boldsymbol{L}_1(\varphi_1)$、$\boldsymbol{L}_2(\varphi_2)$、$\boldsymbol{L}_3(\varphi_3)$ 称为基本旋转矩阵，由此可得出由 $OX_aY_aZ_a$ 坐标系到 $OX_bY_bZ_b$ 坐标系的一般坐标变换矩阵 $\boldsymbol{L}_{ab}$ 为

$$\boldsymbol{L}_{ab}=\boldsymbol{L}_1(\varphi_1)\cdot\boldsymbol{L}_2(\varphi_2)\cdot\boldsymbol{L}_3(\varphi_3)$$

由 $\boldsymbol{L}_{ab}$ 即可确定两坐标系之间的坐标变换关系。

12.1.2 目标运动模型

目标跟踪与预测依赖于目标运动的假定，其目的在于采用合适的数学模型描述目标真实运动情况。特别是在机动目标跟踪中，合适的目标机动数学模型可以有效改善跟踪滤波器的工作效果。考虑到缺乏有关目标运动的精确数据，通常在目标运动模型中引入状态噪声的概念，以从统计意义上描述目标运动过程中的不确定因素。因此，在建立目标机动模型时考虑加速度分布特性，要求加速度的分布函数尽可能地描述目标机动的实际情况。下面简要介绍一些典型的目标运动模型。

1. 匀速模型

匀速(constant velocity，CV)模型是用来模拟目标匀速运动状态的运动模型。考虑到实际情况中目标加速度并不完全为零，可以看作均值为零，方差为 δ^2 的高斯白噪声 $w(t)$。

系统状态变量为 $\boldsymbol{X}(t)=[x(t)\quad \dot{x}(t)]^{\mathrm{T}}$，$x(t)$ 和 $\dot{x}(t)$ 分别为运动目标的位置和速度分量，其连续时间的状态方程如下所示：

$$\dot{\boldsymbol{X}}(t)=\begin{bmatrix}\dot{x}(t)\\ \ddot{x}(t)\end{bmatrix}=\begin{bmatrix}0 & 1\\ 0 & 0\end{bmatrix}\begin{bmatrix}x(t)\\ \dot{x}(t)\end{bmatrix}+\begin{bmatrix}0\\ 1\end{bmatrix}w(t) \tag{12.1}$$

其离散化形式为

$$\begin{bmatrix}x(k+1)\\ \dot{x}(k+1)\end{bmatrix}=\begin{bmatrix}1 & T\\ 0 & 1\end{bmatrix}\begin{bmatrix}x(k)\\ \dot{x}(k)\end{bmatrix}+\begin{bmatrix}0.5T^2\\ T\end{bmatrix}w(k) \tag{12.2}$$

2. 匀加速模型

匀加速(constant acceleration，CA)模型是用来模拟目标匀加速运动状态的运动模型。同样地，考虑到实际情况中加速度的变化量不可能为零，也可以看作均值为零，方差为 δ^2 的高斯白噪声 $w(t)$。

与 CV 模型类似，取系统状态变量 $\boldsymbol{X}(t)=\begin{bmatrix}x(t) & \dot{x}(t) & \ddot{x}(t)\end{bmatrix}^{\mathrm{T}}$，$x(t)$、$\dot{x}(t)$ 和 $\ddot{x}(t)$ 分别为运动目标的位置、速度和加速度分量，其连续时间的状态方程如下所示：

$$\begin{bmatrix}\dot{x}(t)\\ \ddot{x}(t)\\ \dddot{x}(t)\end{bmatrix}=\begin{bmatrix}0 & 1 & 0\\ 0 & 0 & 1\\ 0 & 0 & 0\end{bmatrix}\begin{bmatrix}x(t)\\ \dot{x}(t)\\ \ddot{x}(t)\end{bmatrix}+\begin{bmatrix}0\\ 0\\ 1\end{bmatrix}w(t) \tag{12.3}$$

其离散化形式为

$$\begin{bmatrix}x(k+1)\\ \dot{x}(k+1)\\ \ddot{x}(k+1)\end{bmatrix}=\begin{bmatrix}1 & T & T^2/2\\ 0 & 1 & T\\ 0 & 0 & 1\end{bmatrix}\begin{bmatrix}x(k)\\ \dot{x}(k)\\ \ddot{x}(k)\end{bmatrix}+\begin{bmatrix}T^3/6\\ T^2/2\\ T\end{bmatrix}w(k) \tag{12.4}$$

3. 一阶时间相关模型(Singer 模型)

根据平稳随机过程相关函数的特性，如对称性、衰减性等，设机动加速度的时间相关函数为指数衰减形式：

$$R_a=E\{a(t)a(t+\tau)\}=\delta_a^2\mathrm{e}^{-\alpha|\tau|},\quad \alpha\geqslant 0 \tag{12.5}$$

式中，δ_a^2 为机动加速度方差；α 为机动时间常数的倒数，即机动频率。通常机动频率的经验取值范围是转弯机动 $\alpha=1/60$，逃避机动 $\alpha=1/20$，大气扰动 $\alpha=1$，其确切值只有通过实时测量才能确定。

假定 Singer 模型中机动加速度的概率密度函数近似服从均匀分布，如图 12.4 所示，均值为零，方差为

$$\delta_a^2=\frac{A_{\max}^2}{3}[1+4P_{\max}-P_0] \tag{12.6}$$

式中，$A_{\max}$ 为最大机动加速度；P_0 为非机动概率。

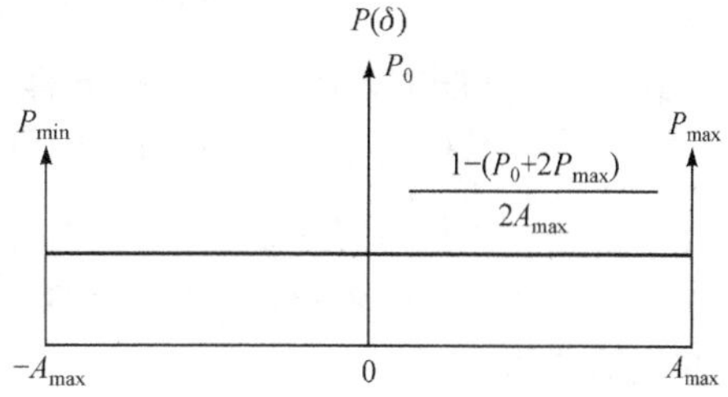

图 12.4　Singer 模型中机动加速度的概率密度函数

对时间相关函数 $R_a(t)$ 应用 Wiener-Kolmogorov 白化程序后，机动加速度 $a(t)$ 可用输入为白噪声的一阶时间相关模型来表示，即

$$\dot{a}(t)=-\alpha a(t)+w(t) \tag{12.7}$$

式中，$w(t)$ 是均值为零、方差为 $2\alpha\delta_a^2$ 的高斯白噪声。

最后，得到下述一阶时间相关模型，即 Singer 模型：

$$\begin{bmatrix}\dot{x}(t)\\ \ddot{x}(t)\\ \dddot{x}(t)\end{bmatrix}=\begin{bmatrix}0 & 1 & 0\\ 0 & 0 & 1\\ 0 & 0 & -\alpha\end{bmatrix}\begin{bmatrix}x(t)\\ \dot{x}(t)\\ \ddot{x}(t)\end{bmatrix}+\begin{bmatrix}0\\ 0\\ 1\end{bmatrix}w(t) \tag{12.8}$$

其离散化形式为

$$\begin{bmatrix} x(k+1) \\ \dot{x}(k+1) \\ \ddot{x}(k+1) \end{bmatrix} = \begin{bmatrix} 1 & T & \dfrac{-1+\alpha T+\mathrm{e}^{-\alpha T}}{\alpha^2} \\ 0 & 1 & \dfrac{1-\mathrm{e}^{-\alpha T}}{\alpha} \\ 0 & 0 & \mathrm{e}^{-\alpha T} \end{bmatrix} \begin{bmatrix} x(k) \\ \dot{x}(k) \\ \ddot{x}(k) \end{bmatrix} + \begin{bmatrix} \left(\dfrac{1-\mathrm{e}^{-\alpha T}}{\alpha}+\dfrac{\alpha T^2}{2}-T\right)/\alpha^2 \\ \left(T-\dfrac{1-\mathrm{e}^{-\alpha T}}{\alpha}\right)/\alpha \\ \dfrac{1-\mathrm{e}^{-\alpha T}}{\alpha} \end{bmatrix} w(k) \quad (12.9)$$

4. 机动目标“当前”统计模型

当目标正以某一加速度机动时，下一时刻的加速度取值只能在“当前”加速度的邻域内，为此提出了机动目标“当前”统计模型。该模型机动加速度的“当前”概率密度用修正瑞利分布描述，均值为“当前”加速度预测值，在时间轴上仍符合一阶时间相关过程，即

$$\ddot{x}(t) = \overline{a}(t) + a(t) \quad (12.10)$$

$$\dot{a}(t) = -\alpha a(t) + w(t) \quad (12.11)$$

式中，$\overline{a}(t)$ 为机动加速度“当前”均值，在每一采样周期内为常数。

若令 $a_1(t) = \overline{a}(t) + a(t)$，并代入上面两式，可得

$$\ddot{x}(t) = a_1(t) \quad (12.12)$$

$$\dot{a}_1(t) = -\alpha a_1(t) + \alpha\overline{a}(t) + w(t) \quad (12.13)$$

将式(12.12)和式(12.13)写为状态方程，即为机动目标“当前”统计模型：

$$\begin{bmatrix} \dot{x}(t) \\ \ddot{x}(t) \\ \dddot{x}(t) \end{bmatrix} = \begin{bmatrix} 0 & 1 & 0 \\ 0 & 0 & 1 \\ 0 & 0 & -\alpha \end{bmatrix} \begin{bmatrix} x(t) \\ \dot{x}(t) \\ \ddot{x}(t) \end{bmatrix} + \begin{bmatrix} 0 \\ 0 \\ \alpha \end{bmatrix} \overline{a}(t) + \begin{bmatrix} 0 \\ 0 \\ 1 \end{bmatrix} w(t) \quad (12.14)$$

其离散化形式为

$$\boldsymbol{X}(k+1) = \boldsymbol{F}(k)\boldsymbol{X}(k) + \boldsymbol{\varGamma}(k)\overline{a}(k) + \boldsymbol{W}(k) \quad (12.15)$$

式中，$\boldsymbol{X}(k) = [x(k) \quad \dot{x}(k) \quad \ddot{x}(k)]^{\mathrm{T}}$；$\overline{a}(k)$ 为机动加速度均值；$\boldsymbol{W}(k)$ 是离散时间白噪声序列，

$$\boldsymbol{F}(k) = \begin{bmatrix} 1 & T & (\alpha T-1+\mathrm{e}^{-\alpha T})/\alpha^2 \\ 0 & 1 & (1-\mathrm{e}^{-\alpha T})/\alpha \\ 0 & 0 & \mathrm{e}^{-\alpha T} \end{bmatrix}$$

$$\boldsymbol{\varGamma}(k) = \begin{bmatrix} \left(-T+\dfrac{\alpha T^2}{2}+\dfrac{1-\mathrm{e}^{-\alpha T}}{\alpha}\right)/\alpha \\ T-\dfrac{1-\mathrm{e}^{-\alpha T}}{\alpha} \\ 1-\mathrm{e}^{-\alpha T} \end{bmatrix}$$

“当前”统计模型采用非零均值和修正瑞利分布表征机动加速度特性，与传统的 Singer 模型相比，能真实地反映目标机动范围和强度的变化。

5. 匀速率转弯模型

目标的匀速率转弯(constant turning，CT)运动是二维平面中常见的一种运动形式，其特点是目标的角速度和速度大小保持不变，而速度方向时刻变化。对于离散情况下的目标转弯运动，设目标的转弯速率为 ω ，目标的状态向量为 $\boldsymbol{X}=[x,\dot{x},y,\dot{y}]^{\mathrm{T}}$ ，二维平面内目标的转弯运动模型可以表示为

$$\boldsymbol{X}_{k+1}=\begin{bmatrix} 1 & \dfrac{\sin\omega T}{\omega} & 0 & -\dfrac{1-\cos\omega T}{\omega} \\ 0 & \cos\omega T & 0 & -\sin\omega T \\ 0 & \dfrac{1-\cos\omega T}{\omega} & 1 & \dfrac{\sin\omega T}{\omega} \\ 0 & \sin\omega T & 0 & \cos\omega T \end{bmatrix}\boldsymbol{X}_k+\begin{bmatrix} T^2/2 & 0 \\ T & 0 \\ 0 & T^2/2 \\ 0 & T \end{bmatrix}\boldsymbol{W}_k \tag{12.16}$$

除上述模型外，还有一些其他的机动目标模型。例如，目标轨迹噪声模型中假定所考虑的目标使用具有平稳随机过程的轨迹来描述，适合于长时间跟踪场合，如监视或搜索。关于其他模型，由于不太实用，这里就不一一列举了。

12.1.3 量测模型

量测是指与目标状态有关的受噪声污染的观测值，有时也称为测量或观测。量测通常并不是传感器的原始数据点，而是经过信号处理后的输出数据。

量测模型可用方程表示为

$$\boldsymbol{Z}(k)=\boldsymbol{H}(k)\boldsymbol{X}(k)+\boldsymbol{V}(k) \tag{12.17}$$

式中， $\boldsymbol{H}(k)$ 为量测矩阵； $\boldsymbol{X}(k)$ 为状态向量； $\boldsymbol{V}(k)$ 为量测噪声，一般假定其为零均值的高斯白噪声。

在现代战场环境中，由于多种因素的影响，量测有可能是来自目标的正确量测，也有可能是来自杂波、虚假目标、干扰目标的错误量测，而且还有可能存在漏检情况。同时，量测模型的形式与目标状态的选择有关，会直接影响到滤波算法的实现方式，从而影响跟踪滤波的效果。下面针对不同坐标系下的量测模型分别给予介绍，以熟悉不同坐标系下量测模型的实现方式和特点。

1. 传感器坐标模型

传感器坐标系统在许多情况下是三维的球形或者二维的极面，并且有如图 12.5 所示的量测分量：距离 r 、方位角 b 、仰角 e 以及距离变化率 $\dot{r}$ 。

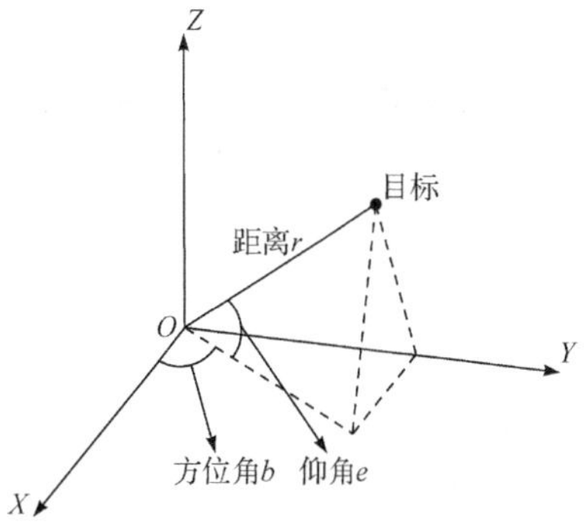

图 12.5 球形坐标系测量模型

并不是所有的传感器都能获得以上量测分量。例如，一些主动式传感器并不提供多普勒参数或者

仰角参数，被动式传感器仅提供角度参数。以三维情况下的量测模型为例，相应的二维模型可以从三维模型中直接得到，在传感器坐标系中，上述量测参数通常以加性噪声的形式建模为

$$\begin{cases} r = r_t + v_r \\ b = b_t + v_b \\ e = e_t + v_e \\ \dot{r} = \dot{r}_t + v_{\dot{r}} \end{cases} \tag{12.18}$$

式中，(r_t, b_t, e_t) 代表目标在传感器球坐标系下的真实位置；$v_r, v_b, v_e, v_{\dot{r}}$ 代表相应的零均值高斯白噪声，即

$$\begin{aligned} &\boldsymbol{V} \sim N(0, R), \quad R = \mathrm{diag}(\sigma_r^2, \sigma_b^2, \sigma_e^2, \sigma_{\dot{r}}^2) \\ &\boldsymbol{V} = [v_r, v_b, v_e, v_{\dot{r}}]^{\mathrm{T}} \end{aligned} \tag{12.19}$$

2. 笛卡儿坐标系

利用笛卡儿坐标系建立量测模型时，传感器坐标系中的量测要转换到笛卡儿坐标系。设 $\boldsymbol{Z}_c = [x_t, y_t, z_t]^{\mathrm{T}} = \boldsymbol{HX}$ 表示传感器无误差量测在笛卡儿坐标系的等效表示。对跟踪者而言，目标在笛卡儿坐标系下的真实位置是一个未知量，一旦目标位置的带噪声量测转换到笛卡儿坐标系，量测方程便转换为如下“线性”形式：

$$\boldsymbol{Z}_p = \boldsymbol{Z}_c + \boldsymbol{V} = \boldsymbol{HX} + \boldsymbol{V} \tag{12.20}$$

式中，$\boldsymbol{V}$ 是相应的零均值高斯白噪声。

3. 非线性量测模型线性化

应用最广的非线性量测模型线性化方法是将量测函数 $\boldsymbol{h}(\boldsymbol{X})$ 在预测状态 $\bar{x}$ 处展开，并且忽略所有的非线性项，即

$$\boldsymbol{h}(\boldsymbol{X}) \approx \boldsymbol{h}(\bar{\boldsymbol{X}}) + \left.\frac{\partial \boldsymbol{h}}{\partial \boldsymbol{X}}\right|_{\boldsymbol{X}=\bar{\boldsymbol{X}}} (\boldsymbol{X} - \bar{\boldsymbol{X}}) \tag{12.21}$$

等价于用如下线性模型近似非线性模型：

$$\boldsymbol{Z} = \boldsymbol{H}(\bar{\boldsymbol{X}})\boldsymbol{X} + \boldsymbol{d}(\bar{\boldsymbol{X}}) + \boldsymbol{V} \tag{12.22}$$

式中，$\boldsymbol{H}(\bar{\boldsymbol{X}}) = \left.\frac{\partial \boldsymbol{h}}{\partial \boldsymbol{X}}\right|_{\boldsymbol{X}=\bar{\boldsymbol{X}}}$ 是 $\boldsymbol{h}(x)$ 的雅可比矩阵；$\boldsymbol{d}(\bar{\boldsymbol{X}}) = \boldsymbol{h}(\bar{\boldsymbol{X}}) - \boldsymbol{H}(\bar{\boldsymbol{X}})\bar{\boldsymbol{X}}$；$\boldsymbol{V}$ 是相应的零均值高斯白噪声。

12.2 数据预处理

传感器获得目标数据通常不会直接用于跟踪处理系统。一方面，这些数据必然存在测量误差，甚至出于种种原因存在错误数据。另一方面，高采样率和多传感器带来的大

量数据会降低跟踪的实时性。因此，需要对传感器获得的数据进行一定的处理，而后再作为跟踪数据。这些处理称为数据预处理，具体方法通常包括野值剔除和数据压缩，本节将对这两类预处理手段进行介绍。

12.2.1　野值剔除

在各种数据处理问题中，出于传感器本身或者数据传输中的种种原因，不可避免地使给出的量测序列中包含某些错误的量测量，工程上称为野值。野值在量级上与正常量测量相差很大，或者虽没有明显差别，但是误差超越了传感器正常状态所允许的误差范围。如果不将野值预先剔除，将给数据处理带来较大的误差，并可能导致滤波发散。

工程实践表明，野值剔除是数据处理工作的重要一环，对改进处理结果的精度、提高处理质量都极为重要。

1. 野值的分析

测量数据集合中出现野值点的原因很多。单就雷达数据而言，产生野值的主要原因有如下几个方面：

(1) 操作和记录时的失误，以及数据复制和计算处理时所出现的过失性错误，由此产生的误差称为过失误差。

(2) 探测环境的突然变化。

(3) 某些服从长尾分布的随机变量作用的结果，如服从 t 分布的随机变量。

数据处理过程中出现的野值点主要有孤立型野值和野值斑点，其特征分别描述如下：

(1) 孤立型野值是指孤立出现的野值点，其与前一时刻及后一时刻的测量数据质量无必然联系。

(2) 野值斑点是指成片出现的异常数据，在它前面时刻出现的野值，可能带动后续时刻严重偏离真值。

2. 野值的定义

测量数据集合中严重偏离大部分数据呈现变化趋势的小部分数据称为野值。

如果采用矩阵向量的形式来定义野值，则可以描述成如下形式：

设量测序列为 $\boldsymbol{Z}(1),\boldsymbol{Z}(2),\cdots,\boldsymbol{Z}(k)$，对状态 $\boldsymbol{X}(k+1)$ 的预测值为 $\hat{\boldsymbol{X}}(k+1|k)$，此时可得预测残差 $\boldsymbol{d}(k+1)$ 为

$$\boldsymbol{d}(k+1)=\boldsymbol{Z}(k+1)-\boldsymbol{H}(k+1)\hat{\boldsymbol{X}}(k+1|k) \tag{12.23}$$

式中，$\boldsymbol{H}(k+1)$ 为观测方程的系数矩阵。

假设 $\boldsymbol{d}(k+1)$ 是均值为零的高斯随机变量，其协方差矩阵为

$$E[\boldsymbol{d}(k+1)\boldsymbol{d}^{\mathrm{T}}(k+1)]=\boldsymbol{H}(k+1)\boldsymbol{P}(k+1|k)\boldsymbol{H}^{\mathrm{T}}(k+1)+\boldsymbol{R}(k+1) \tag{12.24}$$

式中，$\boldsymbol{P}(k+1|k)$ 为预测误差协方差矩阵；$\boldsymbol{R}(k+1)$ 为观测噪声协方差矩阵。

利用预测残差的上述统计特征对 $\boldsymbol{Z}(k+1)$ 的每个分量进行判别，判别式为

$$|\boldsymbol{d}_i(k+1)| \leqslant C\cdot\sqrt{[\boldsymbol{H}(k+1)\boldsymbol{P}(k+1|k)\boldsymbol{H}^{\mathrm{T}}(k+1)+\boldsymbol{R}(k+1)]_{i,i}} \tag{12.25}$$

式中，下角标“i,i”表示矩阵对角线上的第 i 个元素； $\boldsymbol{d}_i(k+1)$ 表示 $\boldsymbol{d}(k+1)$ 的第 i 个分量； C 表示常数，可取 3 或 4。

如果式(12.25)成立，则 $Z_i(k+1)$ 为正确观测量；反之， $Z_i(k+1)$ 为野值。

3. 野值的自动剔除方法

在递推滤波过程中，自动剔除野值的基本思想：当式(12.25)不成立，即判定 $Z_i(k+1)$ 为野值，在递推滤波求得增益矩阵 $\boldsymbol{K}(k+1)$ 时，通过软件程序自动把 $\boldsymbol{K}(k+1)$ 的第 i 行元素全部冲为零，其余计算滤波值 $\hat{\boldsymbol{X}}(k+1|k+1)$ 和滤波误差协方差矩阵 $\boldsymbol{P}(k+1|k+1)$ 的公式不变。

12.2.2 数据压缩

随着各类传感器的数据采样率越来越高，目标的跟踪精度也随着越来越多可获得的目标运动信息而越来越高。相应地，跟踪器的计算代价也随之增大。因此，在实际工程中，经常采用数据压缩技术妥善处理滤波精度和数据量之间的矛盾。

数据压缩主要有两个概念：一个概念是指在单传感器数据处理系统中，将不同时刻的数据压缩成一个时刻的数据；另一个概念是在多传感器数据处理系统中，将多个传感器的数据压缩成单个传感器的数据。本小节重点讨论单传感器目标跟踪问题，下面将介绍针对单传感器的数据压缩技术，该类技术分为等权平均量测预处理和变权平均量测预处理两种。

1. 等权平均量测预处理

等权平均量测预处理的基本思想是，用包含更多目标信息，且量测噪声影响更小的等权平均残差 $\boldsymbol{d}_{\mathrm{pm}}(k+1)$ 代替一次量测残差 $\boldsymbol{d}(k+1)$ 来计算目标状态估值。

设运动目标的离散状态方程和观测方程为

$$\begin{cases}\boldsymbol{X}(k+1)=\boldsymbol{F}(k)\boldsymbol{X}(k)+\boldsymbol{V}(k)\\ \boldsymbol{Z}(k+1)=\boldsymbol{H}(k+1)\boldsymbol{X}(k+1)+\boldsymbol{W}(k+1)\end{cases} \tag{12.26}$$

式中， $\boldsymbol{F}(k)$ 和 $\boldsymbol{H}(k+1)$ 分别为状态转移矩阵和观测矩阵； $\boldsymbol{V}(k)$ 和 $\boldsymbol{W}(k+1)$ 分别为相互独立的高斯白噪声状态噪声向量和量测噪声向量。

设在每一采样周期内对目标进行 M 次量测，量测序列为

$$\left\{\boldsymbol{Z}\left(k+\frac{1}{M}\right),\cdots,\boldsymbol{Z}\left(k+\frac{i}{M}\right),\cdots,\boldsymbol{Z}(k+1)\right\} \tag{12.27}$$

定义 M 次量测的等权平均残差为 $\boldsymbol{d}_{\mathrm{pm}}(k+1)$ ，则由标准卡尔曼滤波方程可得

$$\begin{aligned}\boldsymbol{d}_{\mathrm{pm}}(k+1)&=\frac{1}{M}\sum_{i=1}^{M}\boldsymbol{d}\left(k+\frac{i}{M}\right)\\&=\frac{1}{M}\sum_{i=1}^{M}\left[\boldsymbol{Z}\left(k+\frac{i}{M}\right)-\boldsymbol{H}\left(k+\frac{i}{M}\right)\hat{\boldsymbol{X}}\left(k+\frac{i}{M}\mid k\right)\right]\\&=\frac{1}{M}\sum_{i=1}^{M}\left[\boldsymbol{H}\left(k+\frac{i}{M}\right)\boldsymbol{X}\left(k+\frac{i}{M}\right)+\boldsymbol{W}\left(k+\frac{i}{M}\right)-\boldsymbol{H}\left(k+\frac{i}{M}\right)\boldsymbol{F}\left(k+\frac{i}{M}\mid k\right)\hat{\boldsymbol{X}}(k\mid k)\right]\\&=\frac{1}{M}\sum_{i=1}^{M}\boldsymbol{H}\left(k+\frac{i}{M}\right)\left[\boldsymbol{X}\left(k+\frac{i}{M}\right)-\boldsymbol{F}\left(k+\frac{i}{M}\mid k\right)\hat{\boldsymbol{X}}(k\mid k)\right]+\frac{1}{M}\sum_{i=1}^{M}\boldsymbol{W}\left(k+\frac{i}{M}\right)\end{aligned}\tag{12.28}$$

式中，最后一项表示等权平均量测噪声，即

$$\boldsymbol{W}_{\mathrm{pm}}(k+1)=\frac{1}{M}\sum_{i=1}^{M}\boldsymbol{W}\left(k+\frac{i}{M}\right)\tag{12.29}$$

其协方差矩阵为

$$\begin{aligned}\boldsymbol{R}_{\mathrm{pm}}(k+1)&=E\left[\boldsymbol{W}_{\mathrm{pm}}(k+1)\boldsymbol{W}_{\mathrm{pm}}^{\mathrm{T}}(k+1)\right]\\&=E\left[\frac{1}{M^2}\sum_{i=1}^{M}\sum_{j=1}^{M}\boldsymbol{W}\left(k+\frac{i}{M}\right)\boldsymbol{W}^{\mathrm{T}}\left(k+\frac{j}{M}\right)\right]=\frac{1}{M}\boldsymbol{R}(k+1)\end{aligned}\tag{12.30}$$

式中，$\boldsymbol{R}(k+1)$ 为量测噪声 $\boldsymbol{W}(k+1)$ 的协方差矩阵。可以发现，等权平均残差中随机测量噪声的影响已大大减小。

2. 变权平均量测预处理

变权平均量测预处理的核心思想同样是用包含更多目标信息，且量测噪声影响更小的变权平均残差 $\boldsymbol{d}_{\mathrm{vm}}(k+1)$ 代替一次量测残差 $\boldsymbol{d}(k+1)$ 来估计目标状态估，其目的是加强最新量测数据对滤波的作用。

相比等权平均残差 $\boldsymbol{d}_{\mathrm{pm}}(k+1)$，定义 M 次量测的变权平均残差 $\boldsymbol{d}_{\mathrm{vm}}(k+1)$ 为

$$\begin{aligned}\boldsymbol{d}_{\mathrm{vm}}(k+1)&=\frac{\sum_{i=1}^{M}i\cdot\boldsymbol{d}\left(k+\frac{i}{M}\right)}{\sum_{i=1}^{M}i}\\&=\frac{1}{\sum_{i=1}^{M}i}\sum_{i=1}^{M}i\cdot\boldsymbol{H}\left(k+\frac{i}{M}\right)\left[\boldsymbol{X}\left(k+\frac{i}{M}\right)-\boldsymbol{F}\left(k+\frac{i}{M}\mid k\right)\hat{\boldsymbol{X}}(k\mid k)\right]+\boldsymbol{W}_{\mathrm{vm}}(k+1)\end{aligned}\tag{12.31}$$

式中，$\boldsymbol{W}_{\mathrm{vm}}(k+1)$ 为变权平均量测噪声：

$$\boldsymbol{W}_{\mathrm{vm}}(k+1)=\frac{\sum_{i=1}^{M}i\cdot\boldsymbol{W}\left(k+\frac{i}{M}\right)}{\sum_{i=1}^{M}i}\tag{12.32}$$

其协方差矩阵为

$$\boldsymbol{R}_{\mathrm{vm}}(k+1)=E\left[\boldsymbol{W}_{\mathrm{vm}}(k+1)\boldsymbol{W}_{\mathrm{vm}}^{\mathrm{T}}(k+1)\right]$$

$$=\frac{1}{\left(\sum_{i=1}^{M}i\right)^{2}}E\left\{\sum_{i=1}^{M}\sum_{j=1}^{M}i\cdot j\cdot\boldsymbol{W}\left(k+\frac{i}{M}\right)\boldsymbol{W}^{\mathrm{T}}\left(k+\frac{j}{M}\right)\right\}=\frac{\sum_{i=1}^{M}i^{2}}{\left(\sum_{i=1}^{M}i\right)^{2}}\boldsymbol{R}(k+1) \tag{12.33}$$

12.3 机动目标自适应跟踪方法

基本的目标跟踪滤波方法，虽然可以实现对多种机动运动目标状态的跟踪，但这些算法的运动模型需要事先假定，且是在系统噪声和观测噪声已知的条件下得到的。这些前提条件同实际目标跟踪环境不符，限制了基本的目标跟踪滤波方法的工作效果。现有的机动目标跟踪问题解决思路可以归纳为以下两种：

(1) 用尽可能准确的机动运动模型描述目标的机动情况。

(2) 利用自适应滤波思想，对目标运动模型或噪声统计特性进行估计，从而实现对机动目标的准确跟踪。

下面分别介绍三种常见的机动目标自适应跟踪方法。

12.3.1 机动检测自适应跟踪方法

机动发生将使原来的目标运动模型恶变，从而造成目标状态估计偏离真实状态，滤波残差(新息)特性发生变化。机动检测自适应跟踪方法基于目标机动检测机制，根据滤波残差(新息)的变化，一旦检测到机动发生或消除，立即进行模型转换或噪声方差调整。机动检测自适应滤波的不足之处在于机动发生时刻和检测时刻之间存在延迟，这种滞后性导致近程防御武器系统的快速反导作战要求不能很好地得到满足。

机动检测算法是实现自适应滤波的基础。如果目标出现机动，由机动检测算法来判断机动的开始时间。此外，也可以用来估计实际机动参数的幅度和持续时间。

考虑如下线性系统：

$$\begin{cases}\boldsymbol{X}(k+1)=\boldsymbol{F}(k)\boldsymbol{X}(k)+\boldsymbol{\Gamma}(k)\boldsymbol{V}(k)\\ \boldsymbol{Z}(k+1)=\boldsymbol{H}(k+1)\boldsymbol{X}(k+1)+\boldsymbol{W}(k+1)\end{cases} \tag{12.34}$$

式中，$\boldsymbol{X}(k)$ 是 n 维系统状态向量；$\boldsymbol{Z}(k+1)$ 是 m 维系统量测向量；$\boldsymbol{V}(k)$ 是 p 维系统过程噪声；$\boldsymbol{W}(k+1)$ 是 m 维量测噪声；$\boldsymbol{F}(k)$ 是 $n\times n$ 维系统状态转移矩阵；$\boldsymbol{\Gamma}(k)$ 是 $n\times p$ 维噪声输入矩阵；$\boldsymbol{H}(k+1)$ 是 $m\times n$ 维量测矩阵；k 是第 k 时刻。

假定系统过程噪声和量测噪声的统计特性如下：

$$\begin{cases}E\left[\boldsymbol{V}(k)\right]=0,E\left[\boldsymbol{V}(k)\boldsymbol{V}^{\mathrm{T}}(j)\right]=\boldsymbol{Q}(k)\delta(k,j),E[\boldsymbol{X}(0)\cdot\boldsymbol{V}^{\mathrm{T}}(k)]=0,\\ E[\boldsymbol{W}(k)]=0,E\left[\boldsymbol{W}(k)\boldsymbol{W}^{\mathrm{T}}(j)\right]=\boldsymbol{R}(k)\delta(k,j),E\left[\boldsymbol{X}(0)\cdot\boldsymbol{W}^{\mathrm{T}}\left(k\right)\right]=0,\\ \delta(k,j)=\begin{cases}1, & k=j\\ 0, & k\neq j\end{cases}\end{cases} \tag{12.35}$$

式中，$\boldsymbol{Q}(k)$ 是系统过程噪声 $\boldsymbol{V}(k)$ 的非负定方差矩阵；$\boldsymbol{R}(k)$ 是系统量测噪声 $\boldsymbol{W}(k)$ 的正定方差矩阵；$\delta(k,j)$ 是 Kronecker-δ 函数。

预测残差(新息)为

$$\boldsymbol{d}(k+1)=\boldsymbol{Z}(k+1)-\boldsymbol{H}(k+1)\hat{\boldsymbol{X}}(k+1|k) \tag{12.36}$$

均值为

$$E[\boldsymbol{d}(k+1)]=0 \tag{12.37}$$

方差为

$$\boldsymbol{S}_{k+1}=E[\boldsymbol{d}(k+1)\boldsymbol{d}^{\mathrm{T}}(k+1)]=\boldsymbol{H}(k+1)\boldsymbol{P}(k+1|k)\boldsymbol{H}^{\mathrm{T}}(k+1)+\boldsymbol{R}(k+1) \tag{12.38}$$

12.3.2 实时辨识自适应跟踪方法

典型的实时辨识自适应跟踪方法有协方差匹配法、自适应状态估计法、“当前”统计模型均值与方差自适应法等，通过在线辨识出机动加速度或其统计特性(表现为机动噪声均值和方差等)，利用自适应滤波思想，实现对机动目标的准确跟踪。

在“当前”统计模型均值与方差自适应法中，采用非零均值和修正瑞利分布描述机动加速度的统计特性，均值为当前时刻状态估计的加速度分量预测值，方差由均值决定。这使得在目标跟踪过程中，可以采用滤波方法实时辨识出机动加速度的均值，应用均值对机动加速度的概率分布进行修正，并通过系统过程噪声方差的形式反馈到下一个时刻的滤波过程中。这种模型和算法适用于任一种具体的战术场合和目标机动的当前状态，不存在任何估计滞后和修正问题。

当目标“当前”加速度为正时，概率密度函数为

$$p_r(a)=\begin{cases}\dfrac{a_{\max}-a}{\mu^2}\exp\left[\dfrac{(a_{\max}-a)^2}{2\mu^2}\right], & 0<a<a_{\max}\\ 0, & a\geqslant a_{\max}\end{cases} \tag{12.39}$$

式中，$a_{\max}>0$，为已知的目标加速度正上限；$\mu>0$，为常数；a 为目标的随机加速度，其均值和方差分别为

$$E[a]=a_{\max}-\sqrt{\frac{\pi}{2}}\mu,\quad \delta_a^2=\frac{4-\pi}{2}\mu^2 \tag{12.40}$$

当目标的“当前”加速度为负时，概率密度函数为

$$p_r(a)=\begin{cases}\dfrac{a-a_{-\max}}{\mu^2}\exp\left[-\dfrac{(a-a_{-\max})^2}{2\mu^2}\right], & 0>a>a_{-\max}\\ 0, & a\leqslant a_{-\max}\end{cases} \tag{12.41}$$

式中，$a_{-\max}$ 是已知的目标加速度负下限。目标随机加速度 a 的均值和方差分别为

$$E[a]=a_{-\max}+\sqrt{\frac{\pi}{2}}\mu,\quad \delta_a^2=\frac{4-\pi}{2}\mu^2 \tag{12.42}$$

当目标的“当前”加速度为零时，概率密度函数为

$$p_r(a) = \delta(a) \tag{12.43}$$

式中，$\delta(\cdot)$ 为 Dirac-δ 函数。

修正瑞利分布的概率密度函数曲线如图 12.6 所示。从图中可以看出，机动加速度的概率密度分布在每一瞬时都是不同的。该分布具有随均值变化而变化的特性，一旦“当前”加速度给定，加速度的概率密度函数便完全确定。

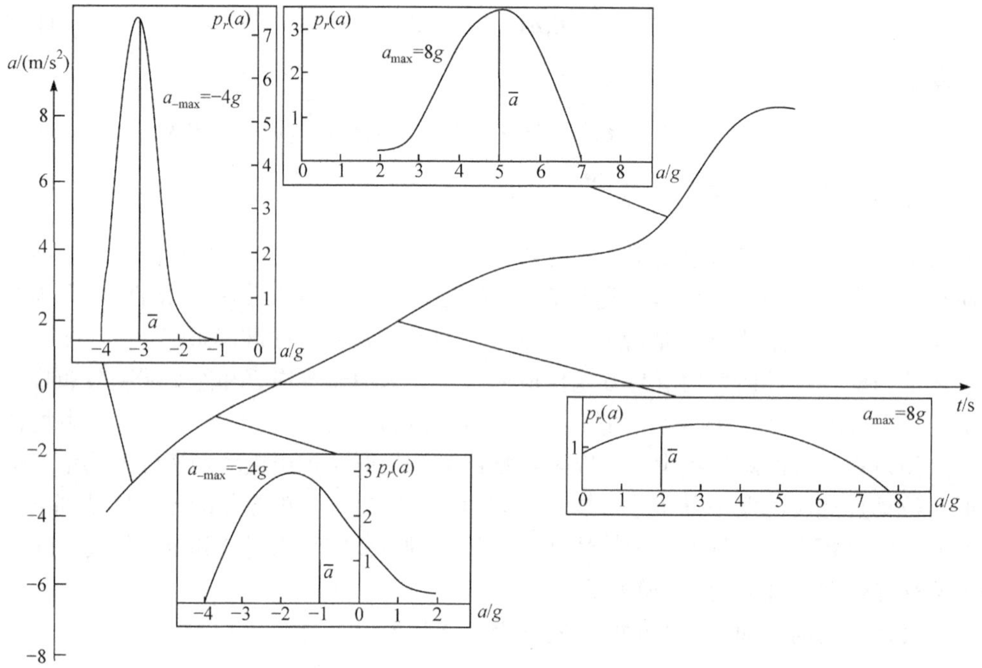

图 12.6　修正瑞利分布的概率密度函数曲线

当目标正以某一加速度机动时，采用零均值模型显然是不合理的。在“当前”统计模型概念下，用机动速度非零均值时间相关模型来代替 Singer 模型，即

$$\begin{cases} \ddot{x}(t) = \bar{a} + a(t) \\ \dot{a}(t) = -\alpha a(t) + w(t) \end{cases} \tag{12.44}$$

式中，$x(t)$ 为目标位置；$a(t)$ 为零均值有色加速度噪声；$\bar{a}$ 为机动加速度均值，且在每一采样周期内为常数；α 为机动(加速度)时间常数的倒数；$w(t)$ 为均值为零、方差为 $\delta_w^2 = 2\alpha\delta_a^2$ 的白噪声，δ_a^2 为目标加速度方差。

设 $a_1(t) = \bar{a} + a(t)$，则式(12.44)变成

$$\ddot{x}(t) = a_1(t),\ \dot{a}_1(t) = -\alpha a_1(t) + \alpha\bar{a} + w(t) = -\alpha a_1(t) + w_1(t) \tag{12.45}$$

式中，a_1 是目标加速度状态变量；$w_1(t)$ 是均值为 $\alpha\bar{a}$ 的白噪声。与 Singer 模型相比，该模型中 $a_1(t)$ 的均值为 $\bar{a}$，$w_1(t)$ 的均值为 $\alpha\bar{a}$。

12.3.3　机动目标多模型跟踪方法

由于目标机动状态的不确定性，用单个模型难以描述目标运动，往往需要在同一时

刻采用多个模型对目标运动状态进行估计。具体地说，多模型方法假设一个集合内的所有模型在同一时刻均可能与未知的目标运动相匹配，针对每个模型运行相应的滤波器，并分别给出相应的估计结果，基于这些估计结果得到最终的状态估计。多模型跟踪方法通过这种处理方式提供了一种将决策与估计相结合的机动目标跟踪方法，具有得到全局最优解的能力，和比“决策-估计”两步最优策略更好的跟踪性能。

传统的“决策-估计”策略先采用决策方法在一定判定标准下选择系统模型，并将该系统模型作为“真实”的目标运动模型进行状态估计。虽然较为直观，但在估计过程中没有直接考虑决策过程可能导致的误差，以及决策与估计的不可逆转性导致决策过程不能充分利用估计信息。在此基础上提出的决策估计迭代进行过程，即“决策→估计→再决策→再估计→……”，等价于一种退化的多模型跟踪方法。

总体来说，多模型跟踪方法有如下四个步骤。

(1) 模型集的给定，需要根据实际的目标运动特性设计或在线自适应模型集合。这是多模型跟踪与单模型跟踪的本质区别，多模型跟踪性能很大程度上取决于模型集合的给定。

(2) 协作策略，主要包括模型序列的合并、裁剪和挑选等。

(3) 条件滤波，基于各单模型进行基本状态的跟踪。

(4) 输出处理，包括对目标跟踪结果进行融合或挑选，以给出最优的总体跟踪结果。

12.4 机动目标智能跟踪方法概述

目标跟踪技术在 2010 年之前主要停留在一些经典的跟踪方法，如均值漂移(mean shift，MS)、粒子滤波(particle filter，PF)和卡尔曼滤波(Kalman filter，KF)、基于特征点匹配的光流等方法。随后，依据跟踪过程中外观模型的产生方式，目标跟踪方法演变为生成式跟踪方法和判别式跟踪方法。生成式跟踪方法通过搜索与被跟踪对象最相似的区域进行目标跟踪，判别式跟踪方法将目标跟踪作为一个二元分类问题，最大程度地区分目标和背景，且专注于发现目标跟踪的高信息量特征。

2010 年，最小输出误差平方和(minimum output sum of squared error，MOSSE)相关滤波器[2]的提出第一次将相关滤波引入目标跟踪领域，开启了基于相关滤波跟踪算法的大门。2013 年以来，基于深度学习的目标跟踪(deep learning tracker，DLT)方法逐渐在性能上超越了传统方法。从使用离线预训练结合在线微调解决目标跟踪中训练样本不足的问题，到随着大量人力物力的投入，大量可用的标注数据不断产生，更多基于深度卷积神经网络的目标跟踪算法也不断被提出。

12.4.1 基于学习算法的机动目标智能跟踪方法

1. 基于群优化算法的目标跟踪方法

目标跟踪的解决方法与元启发式优化算法的求解行为一致，通过在合理的运行时间内，在离散搜索空间中找到目标模型和一组潜在解之间的最佳匹配。元启发式优化算法通过模仿生物或物理现象来解决优化问题，作为一种近似求解算法，元启发式优化算法能为采用传统优化技术无法解决的优化问题提供技术保证。

元启发式优化算法可以分为基于进化的方法、基于物理的方法和基于群体的方法。

(1) 基于进化的方法受到自然进化规律的启发，搜索过程从随机产生的种群开始，进行几代种群的进化。其优点是最优个体总是结合在一起形成下一代个体，使得种群可以在进化的过程中得到优化。典型的基于进化的优化算法有遗传算法(genetic algorithm，GA)和遗传规划(genetic programming，GP)等。

(2) 基于物理的方法模拟宇宙中的物理规则，其典型算法有模拟退火(simulated annealing，SA)算法和引力搜索算法(gravitational search algorithm，GSA)等。

(3) 基于群体的方法模仿动物群体社会行为，即群优化算法。一种比较常用的群优化算法有粒子群优化(particle swarm optimization，PSO)算法，其灵感来自鸟类群体的社会行为；另一种比较常用的群优化算法是蚁群优化(ant colony optimization，ACO)算法，其灵感来自蚂蚁寻找离巢穴最近的路径和食物来源方面的行为。

其他受人类行为启发的元启发式优化算法有禁忌搜索(taboo search，TS)算法、群体搜索优化器(group search optimizer，GSO)算法和内部搜索算法(interior search algorithm，ISA)等。

在上述诸多元启发式优化算法中，模仿动物群体社会行为的群优化算法发展最快，它们的搜索过程分为两个阶段：探索阶段和开发阶段[3]。在探索阶段，应尽可能进行随机移动；在开发阶段，对搜索空间中有希望的区域进行详细调查。群体通过沟通和共享信息增强群体的整体智力，因此，群优化算法普遍具有较强的全局寻优能力，目前已被广泛应用于目标跟踪方法研究中。

2. 基于机器学习的目标跟踪方法

基于机器学习的目标跟踪方法通过提取的目标特征，采用不同的分类器构造相应的目标跟踪方法。下面将简单介绍基于两种经典分类器的目标跟踪方法。

1) 基于支持向量机的目标跟踪方法

支持向量机(support vector machine，SVM)分类器[4]是一种基于监督式学习的二分类算法，求解能够正确划分训练数据集的分离超平面，使得正负样本到该平面的最小间隔最大化。如图 12.7 所示，$w \cdot x + b = -1$ 和 $w \cdot x + b = 1$ 分别表示两类数据集的边界面，$w \cdot x + b = 0$ 为需要求解的分离超平面，将 SVM 求解最大分离超平面问题转化为约束最优化问题，再转化为无约束的拉格朗日目标函数，就可以求解出分离超平面和分类决策函数。将 SVM 分类方法应用到目标跟踪问题的基本思想是将含有目标特征的样本作为支持向量来训练具有强大判别能力的分类器。

2) 基于集成学习的目标跟踪方法

为了得到一个更好的强监督模型，集成学习将多个弱监督模型组合起来。因此，即使某个弱分类器得到错误的分类预测，其他弱分类器也可以把错误的预测纠正回来。基于集成学习的目标跟踪方法，首先利用训练数据集训练若干个分类器，然后使用这些分类器估计目标位置。

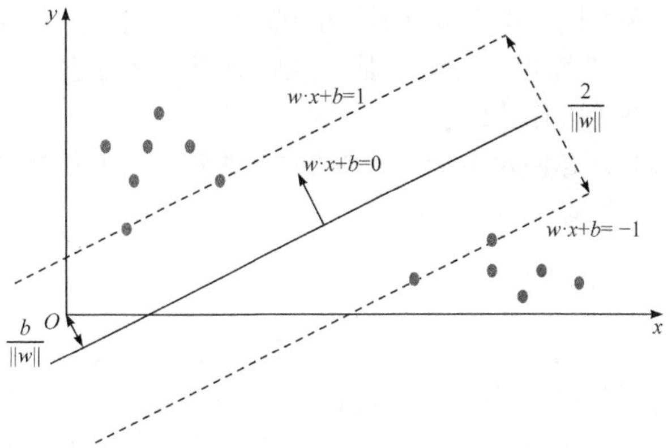

图 12.7　SVM 分类器示意图

3. 基于深度神经网络的目标跟踪方法

卷积神经网络(convolutional neural network，CNN)强大的特征提取能力，吸引着越来越多的研究人员将深度学习应用于视觉目标跟踪领域。按照深度特征的使用方式，基于深度神经网络的目标跟踪方法可以划分为三大类：基于预训练深度特征的目标跟踪方法、基于离线训练网络的目标跟踪方法以及将相关滤波与深度学习融合的目标跟踪方法[5]。

1) 基于预训练深度特征的目标跟踪方法

相比传统的目标跟踪方法，基于预训练深度特征的目标跟踪方法直接使用预训练好的卷积神经网络来替代传统的手工特征进行目标特征的提取，然后使用分类器方法或回归方法获取目标的位置和尺度。卷积神经网络的深度特征相比手工特征具有平移不变性和丰富的表达性，通过挖掘目标的深层特征信息可以极大地提高跟踪性能。深度特征一般还具有通用性，可以在其他视觉任务上学习深度特征，并将其迁移到目标跟踪任务中。在目标跟踪中，一般使用通用性较强的网络结构在大规模的图像或视频数据集上进行预训练。

2) 基于离线训练网络的目标跟踪方法

基于离线训练网络的目标跟踪方法通过端到端的网络结构来训练与目标最为匹配的特征，然后在跟踪过程中微调网络参数，代表性的方法是 MDNet 方法，但该方法的跟踪速度无法满足实时性要求；或者直接用离线训练好的网络作为特征提取器，从而获得更快更好的跟踪性能，代表性的方法是 SiamFC 方法。

3) 将相关滤波与深度学习融合的目标跟踪方法

CFNet 算法[6]将相关滤波器的结构修改为神经网络层结构，使其有效融合到特征提取网络中，实现了端到端的网络结构，并通过训练神经网络获得与相关滤波器较为匹配的卷积神经网络特征。

12.4.2　基于多传感器协同的机动目标智能跟踪方法

随着科学技术的飞速发展，现代战争已发展成陆、海、空、天、电五维空间的角逐。为了获得最佳作战效果，在现代指挥自动化技术作战系统中，依靠单传感器提供信息已无法满足作战需要，必须协同运用多传感器提供观测数据，实时进行综合处理，以获取状态估计、目标属性、行为意图、态势评估、威胁分析、火力控制、精确制导、电子对抗、作战模拟、辅助决策等作战信息。

多传感器协同目标跟踪涉及多个方面的方法和算法，主要包括多传感器时空配准、多目标数据关联和目标跟踪融合滤波等[7]。

1. 多传感器时空配准方法

不同传感器在类型、测量原理、精度和分辨率等方面存在差异，多传感器时空配准技术将来自不同传感器的数据进行对齐和转换，实现数据的一致性分析，为后续融合多传感器数据做铺垫。多传感器时空配准技术，主要涉及多传感器数据在时间维度和空间维度上的配准。

多传感器时间配准包含时间同步校准和时间插值补偿。其中，时间同步校准用于解决传感器硬件或系统延迟引起的时间偏差，时间插值补偿用于处理不同传感器数据的采样率不一致问题。多传感器时间配准算法可以根据已有的时间点和数据值，估计其他时间点上的数据值，从而实现时间上的配准。多传感器空间配准通过对传感器数据进行密集匹配，估计不同传感器之间的几何变换关系，实现空间上的配准。姿态校准算法可以解决传感器之间的姿态差异，实现空间上的对齐。

2. 多目标数据关联方法

数据关联根据目标信息与测量之间的关联规则划分为硬关联和软关联。硬关联在接收到量测数据时立即判决该测量是否来源于目标或者杂波，其特点是计算简单，但在信噪比低、目标密集情况下关联容易错误。面对多个测量建立相应的规则，软关联通过计算测量与目标的关联概率或者分值，能够应对杂波条件下密集目标跟踪。

3. 目标跟踪融合滤波算法

融合滤波依赖于贝叶斯框架，利用系统先验信息估计目标状态后验分布。第 10 章介绍的滤波算法，依赖精确的领域知识统计建模，在非理想模型情况下，基于这些算法的目标跟踪性能会显著下降。2014 年之后，基于数据驱动的深度学习跟踪算法蓬勃发展，虽已被证明能比传统方法有效降低目标跟踪误差，但这些算法极度依赖数据集，在缺少足够样本和可靠性要求高的实时复杂环境中较难以应用。综上所述，知识驱动因为基于统计模型，经常与实际样本模型有较大出入，而数据驱动方法容易受样本质量和数量困扰，对目标跟踪场景缺乏可解释性和普适性，将两者有效结合，有助于提升目标跟踪的整体性能。近年来，深度学习与自适应滤波结合越来越受到广泛关注。这种结合能够在数据和知识之间建立联系，但相关算法仍然受到统计模型的限制。

随着相关研究的深入，多传感器协同目标跟踪方法从早期的基于统计模型，演变到基于神经网络、深度学习，甚至联合统计知识等方法，目标跟踪的精确性、实时性、鲁棒性等性能进一步得到提升。

习　　题

12.1　简述坐标系选择的重要性。
12.2　简述一阶时间相关模型和机动目标“当前”统计模型的建立依据。
12.3　简述数据预处理的意义。
12.4　简述三种常见的机动目标自适应跟踪方法的主要特征。
12.5　简述基于学习算法的机动目标智能跟踪方法的工作原理。
12.6　简述基于多传感器协同的机动目标智能跟踪方法涉及的主要技术和算法。

参 考 文 献

[1] 石章松, 刘志坤, 吴中红. 目标定位跟踪方法与实践[M]. 北京: 电子工业出版社, 2019.
[2] BOLME D S, BEVERIDGE J R, DRAPER B A, et al. Visual object tracking using adaptive correlation filters[C]. IEEE Conference on Computer Vision and Pattern Recognition, San Francisco, USA, 2010: 2544-2550.
[3] 张焕龙. 目标跟踪中的群智能优化方法[M]. 北京: 电子工业出版社, 2020.
[4] BURGES C J C. A Tutorial on support vector machines for pattern recognition[J]. Data Mining and Knowledge Discovery, 1998, 2(2): 121-167.
[5] 刘利强. 基于相关滤波和深度神经网络的目标跟踪算法研究[D]. 西安: 中国科学院大学(中国科学院西安光学精密机械研究所), 2021.
[6] VALMADRE J, BERTINETTO L, HENRIQUES J F, et al. End-to-end representation learning for correlation filter based tracking[C]. IEEE Conference on Computer Vision and Pattern Recognition, Honolulu, USA, 2017: 2805-2813.
[7] 唐琴. 基于多源传感器信息的目标跟踪技术研究[D]. 成都: 电子科技大学, 2023.